JN303391

# ステップワイズ 生物統計学

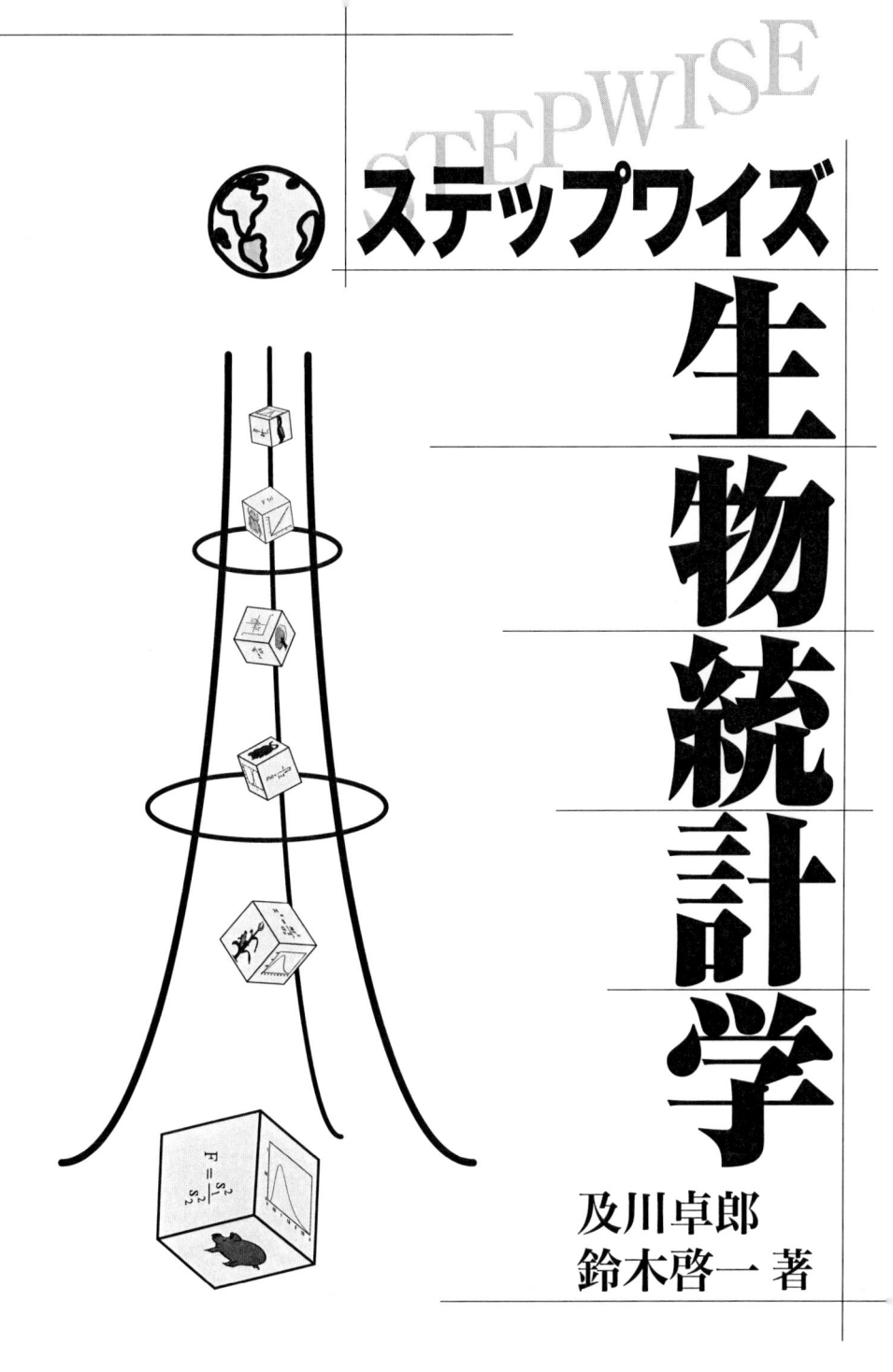

STEPWISE

及川卓郎
鈴木啓一 著

朝倉書店

# まえがき

　生物学で測定される一般的なデータの特徴をあげるとしたら，どんなものを思い浮かべるだろうか。たとえば，体重や血圧，脂肪量など生物を対象としたいろいろな測定値をみると，結構ばらつきが大きいことに気づくと思う。このばらつきは，さまざまな要因によって引き起こされたものであり，生物的多様性の源となっている。さて，多くの測定値を代表値として要約しようとすると，ばらつきは一見厄介なものにみえる。しかし，統計分析ではこれを有効に利用している。たとえば，区間推定ではばらつきを推定値の信頼性の指標として利用したり，検定では仮説の採択／棄却の基準に利用したりしている。本書では，このばらつきの特性およびその利用法を中心に，生物学で扱う測定値に対する統計分析について解説している。

　統計分析については，パソコンが普及している今，データさえ用意できればさまざまな分析を簡単に行えるようになった。しかし分析の適用条件をよく知らないと，誤った分析をしてしまう危険性も増している。したがって，学習面では逆に統計分析の考え方の理解が重要になっているといえる。本書の目的は，統計分析の原理，ロジックの進め方，実際の分析方法などを通して，統計分析の考え方を身につけることである。

**本書の 5 つの特徴**

> ①　ステップワイズな構成（構成の段階化）
> ②　統計分析の概念を中心に解説
> ③　章の構成のパターン化
> ④　主題と関連項目の分離
> ⑤　多様な例題と練習問題

①：多様な使い方に対応するため，簡単な 1 行の要点から本文へと段階的な構成を

とっている。
②：コンピュータ分析に対応するため，統計的手法の基にある概念の解説を重視している。
③：章の構成をパターン化し，一定の流れにそって学習できる。
④：各章の理解は，本文の内容だけで満たされる。章の理解に必須ではない補助的項目は，「ことばノート」，「豆知識」，「補足事項」として本文とは別にあげてある。
⑤：例題と練習問題では，植物，動物，人を含むさまざまな生物学の問題を扱っている。

## 本書の利用の仕方

基本的な章のセクションは，次のような順番で構成されている。

> 💡 ⇒ イントロ ⇒ チェックポイント ⇒ 計算式の要約 ⇒ 本文 ⇒ 例題 ⇒ 練習問題

● 「💡」
　各章の内容を1行に凝縮した要点を示している。本の構成について概観する場合や予習時の内容把握のための利用を想定している。また，復習時には章の内容を思い起こすきっかけとしてほしい。

● 「チェックポイント」
　復習時に重要項目をチェックするときに利用しよう。

● 「計算式の要約」
　すばやく計算方法を参照する場合や計算式の比較を行う目的でこの表を置いた。

● 「本文」
　たとえば第3部の「検定」では，「目的」，「条件」，「方法」から構成されている。その内容はパターン化されているので，章が違っても一定の流れに沿って読み進めることができる。

● 「例題」

統計的な方法が具体的な問題でどのように応用されているかについて確かめるために使ってほしい。いわば，実践力をつけるための橋渡し役といえる。

本書を読むにあたり，紙と鉛筆を用意して，本文中に出てくる計算式を確認しながら例題や練習問題を解いていくと，学習効果が大きい。

2008 年 4 月

著　　者

**ギリシャ文字の読み方**

| 大文字 | 小文字 | 読み方 | 大文字 | 小文字 | 読み方 |
|---|---|---|---|---|---|
| A | $\alpha$ | アルファ | N | $\nu$ | ニュー |
| B | $\beta$ | ベータ | $\Xi$ | $\xi$ | グザイ |
| $\Gamma$ | $\gamma$ | ガンマ | O | $o$ | オミクロン |
| $\Delta$ | $\delta$ | デルタ | $\Pi$ | $\pi$ | パイ |
| E | $\varepsilon$ | イプシロン | P | $\rho$ | ロー |
| Z | $\zeta$ | ゼータ | $\Sigma$ | $\sigma$ | シグマ |
| H | $\eta$ | エータ | T | $\tau$ | タウ |
| $\Theta$ | $\theta$ | シータ | $\Upsilon$ | $\upsilon$ | ウプシロン |
| I | $\iota$ | イオタ | $\Phi$ | $\phi$ | ファイ |
| K | $\kappa$ | カッパ | X | $\chi$ | カイ |
| $\Lambda$ | $\lambda$ | ラムダ | $\Psi$ | $\psi$ | プサイ |
| M | $\mu$ | ミュー | $\Omega$ | $\omega$ | オメガ |

# 目　　次

**第 1 部　統計学の基礎** ……………………………………………………… *1*

**1 章　観測値からの統計的推測** ………………………………〔及川卓郎〕*2*
　1.1　母集団と標本 ………………………………………………………… *2*
　1.2　統計学の重要な定理 ………………………………………………… *4*
　　1.2.1　中心極限定理　*4*
　　1.2.2　大数の法則　*6*
　練習問題 ………………………………………………………………………… *7*

**2 章　確率変数の分布** ……………………………………………〔及川卓郎〕*9*
　2.1　確率分布 ……………………………………………………………… *9*
　　2.1.1　確率変数　*9*
　　2.1.2　確率変数の平均と分散　*11*
　2.2　確率分布の種類 ……………………………………………………… *13*
　　2.2.1　2 項分布　*13*
　　2.2.2　正規分布　*14*
　　2.2.3　$t$ 分布　*17*
　　2.2.4　カイ 2 乗分布　*19*
　　2.2.5　$F$ 分布　*21*
　練習問題 ………………………………………………………………………… *22*

**3 章　データの視覚化** ……………………………………………〔鈴木啓一〕*24*
　3.1　測定の尺度 …………………………………………………………… *24*
　3.2　1 変数のデータ ……………………………………………………… *26*
　　3.2.1　度数分布表とヒストグラム　*26*
　　3.2.2　代表値　*30*
　3.3　2 変数のデータ ……………………………………………………… *30*

3.3.1　2変数データ　*30*
　　　3.3.2　相関係数　*31*
　3.4　確率プロット …………………………………………………*31*
　　　3.4.1　P-Pプロット、Q-Qプロット　*32*
　　　3.4.2　正規確率プロット　*35*
　練習問題 ……………………………………………………………*37*

## 第2部　推定 …………………………………………………………**38**
## 4章　点推定 ……………………………………………〔及川卓郎〕**39**
　4.1　分布の中心を示す母数 ………………………………………*40*
　4.2　分布の広がりを示す母数 ……………………………………*43*
　4.3　2変数の関係を示す母数 ……………………………………*49*
　練習問題 ……………………………………………………………*54*

## 5章　区間推定 …………………………………………〔及川卓郎〕**56**
　5.1　母数の区間推定 ………………………………………………*56*
　　　5.1.1　区間推定の意味　*56*
　　　5.1.2　方法の基礎　*57*
　　　5.1.3　さまざまな母数の区間推定　*59*
　5.2　標本数の見積もり ……………………………………………*63*
　練習問題 ……………………………………………………………*65*

## 第3部　検定 …………………………………………………………**67**
## 6章　検定の考え方 ……………………………………〔及川卓郎〕**68**
　6.1　検定の流れ ……………………………………………………*68*
　　　6.1.1　検定の準備　*69*
　　　6.1.2　ロジックの展開　*72*
　　　6.1.3　結論の導出　*77*
　6.2　数値計算例 ……………………………………………………*78*
　練習問題 ……………………………………………………………*83*

## 7章　母平均に関する検定 〔及川卓郎〕 **85**

- 7.1　母平均の検定 …………………………………………… *85*
- 7.2　母平均の差の検定 ……………………………………… *87*
    - 7.2.1　2群の観測値間に対応のある場合　*88*
    - 7.2.2　2観測値間に対応のない場合（母分散が既知）　*91*
    - 7.2.3　2観測値間に対応のない場合（母分散が未知）　*92*
    - 7.2.4　2観測値間に対応のない場合（2つの母分散は未知だが等しいとは仮定できない場合）　*94*
- 練習問題 …………………………………………………… *98*

## 8章　比率の検定 〔及川卓郎〕 **101**

- 8.1　比率に関する検定 …………………………………… *101*
- 8.2　2つの比率の差に関する検定 ……………………… *104*
- 練習問題 ………………………………………………… *107*

## 9章　分散の検定 〔及川卓郎〕 **108**

- 9.1　1つの分散に関する検定 …………………………… *109*
- 9.2　分散の比に関する検定 ……………………………… *111*
- 練習問題 ………………………………………………… *114*

## 10章　分散分析の基礎（1因子、2因子分散分析） 〔鈴木啓一〕 **117**

- 10.1　分散分析 ……………………………………………… *118*
- 10.2　1因子分散分析 ……………………………………… *119*
    - 10.2.1　分散分析の考え方　*119*
    - 10.2.2　分散分析の手順　*120*
- 10.3　2因子分散分析法，交互作用モデル ……………… *127*
- 練習問題 ………………………………………………… *134*

## 11章　分散分析の応用（乱塊法，ラテン方格法，枝分かれ配置法） 〔鈴木啓一〕 **136**

- 11.1　フィッシャーの3原則 ……………………………… *136*
- 11.2　完全無作為化法，乱塊法，ラテン方格法 ………… *139*

11.3　乱塊法の実際 ……………………………………………… *141*
　　11.3.1　分析方法　*142*
　　11.3.2　乱塊法使用の注意点　*146*
　11.4　ラテン方格法の実際 …………………………………… *147*
　　11.4.1　ラテン方格法の割りつけ　*147*
　　11.4.2　ラテン方格法の解析方法　*147*
　11.5　枝分かれ分類 …………………………………………… *150*
　練習問題 ………………………………………………………… *153*

**12章　一般線形モデル分析（General linear model analysis）**
　　　　………………………………………………〔及川卓郎〕**155**
　12.1　線形モデルの記述法 …………………………………… *156*
　12.2　一般線形モデル（GLM）における計算方法 ………… *159*
　12.3　線形モデルの例 ………………………………………… *162*
　12.4　母数に関する検定 ……………………………………… *166*
　12.5　一般線形モデル分析の進め方 ………………………… *169*
　練習問題 ………………………………………………………… *171*

**13章　ノンパラメトリック検定** ………………………………… **173**
　13.1　カイ2乗分布による適合度検定 ……………〔鈴木啓一〕*175*
　13.2　ウィルコクスンの順位和検定 ………………〔及川卓郎〕*177*
　13.3　クラスカル・ウォリスの検定 ………………〔及川卓郎〕*180*
　練習問題 ………………………………………………………… *182*

**参考図書** ………………………………………………………… ***185***
**付録　統計分布の数表** ………………………………………… ***187***
**練習問題の解答** ………………………………………………… ***197***
**索引** ……………………………………………………………… ***209***

# 第1部
# 統計学の基礎

## 観測値に基づく統計的推測の基礎について

　生物統計学は，生物学上のデータに対して数理的な処理を行う統計学の支流のひとつであるが，古くは統計学のルーツとしての一面ももっている．統計学の源流をたどれば，ゴールトン（F. Galton）が彼のいとこであるダーウィン（C. Darwin）の進化論を実証しようとして開始した生物統計学派に行き着く．ダーウィンが扱った生物の特性（形質）は，メンデル遺伝学で扱われる定性的な形質（たとえばえんどう豆の色，形など）とは異なり，定量的な形質（量的形質）であったため（ゾウガメの甲羅の高さ，フィンチのくちばしの長さなど）その実証研究には計量的な手法が必要であった．初期の生物統計学者には，観測値に対して回帰や相関分析を行ったゴールトン，モーメント推定法やカイ2乗適合度検定を開発したピアソン（K. Pearson），分散分析法や最尤法を開発したフィッシャー（R. A. Fisher）などがいる．生物統計学からはじまったという痕跡は，母集団，標本，実験配置といった統計学の用語にみることができる．

　生物統計学では，生物から得られた比較的少数の観測値をつかって統計的な推測を行う．ここでは，標本抽出の概念，生物学的な観測値に関する統計学上の位置づけ，生物の観測データにあてはめることの多い重要な統計分布，度数分布図の作成など観測データの視覚化について紹介する．

1. Geospiza magnirostris　2. Geospiza fortis
3. Geospiza parvula　4. Certhidea olivacea

ガラパゴス諸島のフィンチ類

# 1章 観測値からの統計的推測

> 標本は，母集団の特性をみるための窓

統計学でよく使われることばに「母集団」と「標本」がある．日常においてこれらのことばを使うことはほとんどないかもしれない．しかし，これらのことばは統計学の概念と密接に関連しており，統計処理を理解する上で重要な用語である．本書では，最初にこれらの概念について説明する．また，後半には観測値から統計的推論を行うときに重要な定理／法則について紹介する．

**チェックポイント**
- ☐ 実際の統計分析は標本を対象に行われるが，統計的推測の対象はあくまで母集団である
- ☐ 中心極限定理は，生物学で扱う測定値が正規分布に近い分布になることの根拠を与えている
- ☐ 大数の法則により，大標本では偶然性による誤差を排除しやすくなる

## 1.1 母集団と標本 (Population and sample)

統計分析は，概念上想定される母集団を対象に行われる．しかし，母集団全体に対する調査は，様々な制約（標本数，コストなど）のために困難なことが多い．そこで，母集団から抽出した標本を使って統計分析を行うことになる．なお，「母集団」ということばは，英語の population に対する訳語である．一方，標本を表す sample については，名詞として使われる場合は「標本」と訳され，動詞としては使われる場合は「抽出する」という動詞に訳される．

生物に関連する測定値／観測値における母集団の例としては，たとえば次のような例がある．

① 平成12年度における成人男性の血糖値

② 2005 年における新潟県の米の品質
③ 平成 19 年度における大学 2 年生の 50 m 走のタイム
④ 2004 年におけるわが国の乳牛の泌乳量

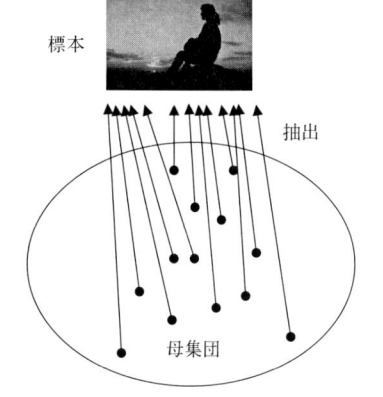

**図 1.1** 母集団と標本の関係を表した概念図. 母集団から抽出された標本という窓を通して，母集団の特性を調べる．

> **ことばノート**
>
> **無作為抽出**（Random sampling）
>   無作為抽出とは，偏りなく公平に母集団から標本を抽出することをいう．つまり，このとき母集団のすべての標本は同じ確率で抽出される状態にある．たとえば，くじ引きでは一つ一つのくじが無作為に抽出されることにより，公正なくじになる．無作為抽出の場合，標本誤差は標本数の平方根に反比例する．

　母集団全体の調査にかわるものとして，母集団から抽出した標本について調査を行うことになる．上の母集団に対する標本は，たとえば，平成 12 年度の全国の検診記録から無作為に抽出された 5000 人の血糖値，2005 年に新潟県の米の集積場において無作為に行われた 1000 回の抽出検査結果（検査項目は着色粒，整粒，水分％など），平成 19 年度に無作為に選ばれた大学 2 年生を対象に行われた 50 m 走の計測タイム，2004 年において無作為に抽出された 200 頭の雌牛に対する泌乳量の調査結果（乳検：乳用牛群能力検定）などである．ただし，標本抽出に際し抽出方法が適切に行われていないと，母集団を正しく反映した標本とならない．抽出方法にはさまざまな方法があるが，無作為抽出が原則となる．無作為抽出のほかに集団構造を考慮した層化抽出法，系統抽出法などの方法がある．

●母集団と標本における記号の使い分け

　一般に母集団の母数にはギリシア文字を使用し，標本の母数にはローマ字を使用する．

|  | 平均 | 標準偏差 | 分散 | 比率 | 相関 | 回帰 |
|---|---|---|---|---|---|---|
| 母集団 | $\mu$ | $\sigma$ | $\sigma^2$ | $\pi$ | $\rho$ | $\beta$ |
| 標本 | $\bar{x}$ | $s$ | $s^2$ | $p$ | $r$ | $b$ |

$\mu$, $\sigma$, $\pi$, $\rho$, $\beta$ は，それぞれミュー，シグマ，パイ，ロー，ベータと読む．

## 1.2 統計学の重要な定理

### 1.2.1 中心極限定理

生物学で扱う測定値は，正規分布（p.14 を参照のこと）に近い分布を仮定することが多い．この根拠となっているのが中心極限定理である．

中心極限定理は次のようになる．

> いま，$n$ 個の確率変数 $x_1, x_2, x_3, \cdots, x_n$ があるとき，これらの和からなる新たな変数 $y = x_1 + x_2 + x_3 + \cdots + x_n$ の分布を考える．元の確率変数 $x_i$ が正規分布するとき，変数 $y$ も正規分布をする（$i = 1, 2 \cdots n$）．

ただし，元の変数の正規性について緩めることが可能である．つまり次のようになる．

> たとえ元の確率変数 $x_i$ が正規分布しないとしても $n$ を大きくすると $y$ の分布は正規分布に近づく．

中心極限定理は，この緩和により適用範囲を大きく広げている．つまり，元の変数の分布がどのような分布型であろうと，それら元の変数の総和として表される変数の分布は，$n$ が増加するにしたがい正規分布に近づいていくことを示している．また，平均はその計算式の中に総和を含むので，同じく近似的に

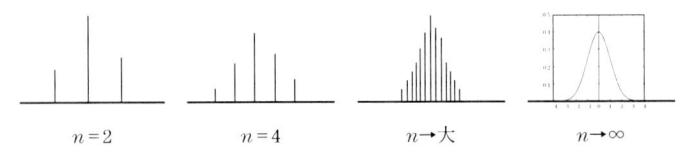

**図 1.2** 和の分布に対する変数の数（$n$）の影響（2 項分布の場合）．変数の元の分布が 2 項分布であっても，$n$ が大きくなるに従い，和の分布は正規分布に近づいていく．

正規分布を示す．

●生物学上の意味

　生物統計学においてこの中心極限定理は，きわめて重要である．これにより，生物学的な測定値の多くで正規分布を仮定できるし，また実際にその測定値の分布をみてみると，正規分布に近い分布を示すことが多い．この点について例をあげてみてみよう．

（例）　たとえば，動物の体重を考えてみる．動物の体重を決定している要因は，大きくは遺伝的要因と環境要因に分けることができる．これらを総合した現実の値としてわれわれは，表現型としての測定値をみているわけである．体重を決める要因の一つは遺伝的要因であるが，これにはさまざまな代謝経路で作用するタンパク質や酵素が介在している．また，これらの物質をコードしているのは多数の遺伝子である．一方環境要因には，成長のさまざまな段階に影響を与える栄養条件，母の養育能力，1日1日の気象条件，ヒトの飼育管理の状態などが考えられ，やはりこれらの環境要因の総和として体重測定値に表れる．このように生物的反応一般に対して多数の遺伝的および環境的な要因が関与していることは，すべての生物種に当てはまる事実である．

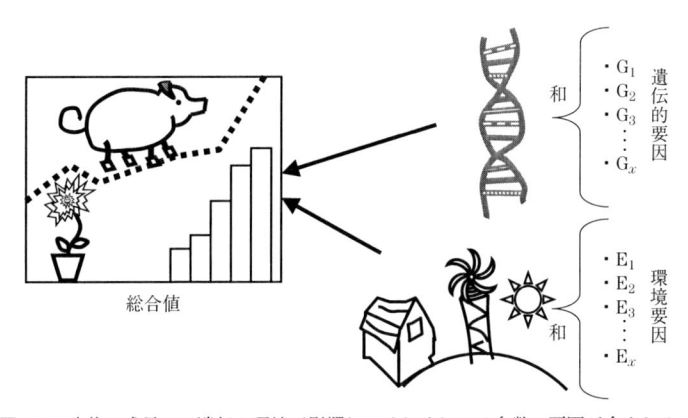

**図1.3**　生物の成長には遺伝と環境が影響し，それぞれには多数の要因が含まれる．

　このように，生物統計学で扱う測定値はさまざまな要因の合計値と考えられ，中心極限定理における確率変数とそれらの和である合成変数の条件と一致する．生物に関する測定値の多くにみられる正規分布は，このような背景によって根

拠が与えられているわけである．

### 1.2.2 大数の法則

> 同一の分布が仮定される互いに独立な $n$ 個の確率変数 $x_1, x_2, x_3, \cdots, x_n$ において，それぞれの確率変数の期待値が $\mu$ の時，
> $$\bar{x}_n = \frac{x_1 + x_2 + x_3 + \cdots + x_n}{n}$$
> は，$n$ が大きくなるにつれて $\mu$ に収束する．これは，確率的試行の回数が多くなるにしたがい，平均値はその理論上の期待値に近づいてゆくことを表している．
>
> このため，$n$ が増えると推定誤差は小さくなり，平均値は母平均の周辺に集まるようになる．

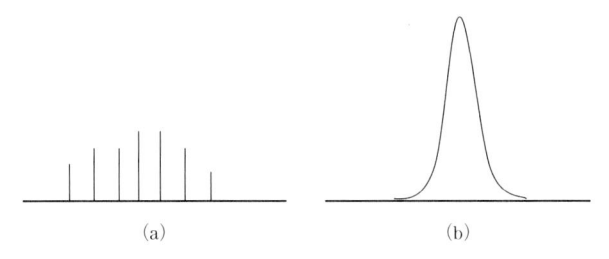

図1.4 分布における大数の法則の適用（正規分布の場合）．
小標本(a)では元の分布からかけ離れた性質を示しても，
標本数が増えれば(b)元の分布の性質を表すようになる．

大数の法則は，観測される標本の統計的性質を考える上で重要である．小標本では偶然性の影響が大きく，ある一定の統計的性質にあてはまらない結果が得られる可能性が大きい．一方，大標本では偶然性の影響が減り，統計的性質にあった結果になりやすくなる．たとえば上図において，標本がたとえ正規分布をする母集団から抽出されたものであっても標本数 $n$ が小さいときは，偶然性により元の正規分布とは違った分布を示すこともしばしばみられる．しかし $n$ が増えれば増えるほど，元の正規分布を示すようになる．

次に，大数の法則からギャンブルについて考えてみよう．どのギャンブルでも参加者の還元額の期待値は，必ず1以下になるように設定されている．なぜなら，ギャンブルを運営するのに必要なすべての経費，つまり税金，寄付金，

払戻金そして胴元の利益は，すべて賭け金によってまかなわれているからである．これら支出項目の大小により宝くじ，競馬，競輪，パチンコなどの還元率はさまざまに設定されている．大数の法則をあてはめれば，$n$ が大きくなれば，つまり賭ける回数がふえればふえるほど，還元額は期待値に近づいていく．つまり，ギャンブルするものは知らないうちに，統計的性質からはずれた偶然性に賭けていることになる．このような背景を認識すれば，だれも偶然性に大金をかける気にはならないだろう．

## 練習問題

1. いままでに自分で求めた平均値についてその標本と母集団について説明しなさい．もし求めたことがない場合は，これまで目にしたことのある平均値について説明しなさい．
2. 次の文は無作為標本について述べたものである．下記の標本の母集団をいいなさい．
   1) わが国において最近 1 週間に行われたサッカー 50 試合について算出したホームチームの勝った割合
   2) 北海道の農家 100 戸について昨年度の調査結果から算出したホルスタイン種雌牛の廃用（淘汰）時の平均年齢
   3) 日本全国の農村に暮らす住民 50000 人における過去 5 年間の調査結果から算出したタンパク質の年間摂取量
   4) 2003 年におけるお酒を毎日 2 合以上飲む関東地方に住む成人男性 1000 人のウエスト周囲長
   5) 2007 年における九州のジャージー牛を飼う酪農家 800 戸における 1 ヶ月間の牛乳出荷量
3. 次のサイコロを使った実験を行いなさい．サイコロを 4 回振って出た目の合計を求める実験を行う．この実験を 100 回繰り返し，度数分布表をつくりなさい．なお，サイコロの各目の出る確率はそれぞれ 1/6 であるから，元の分布は一様な分布をしているといえる．
4. 1 人が 1 回のギャンブルにかけるかけ金を $x_i$，それぞれのギャンブルでの還元率を $p_i$ とするとき，3 回のギャンブルでの得られると期待される金額を求める式を書きなさい（$i=1,2,3$）．

5. 宝くじ，競馬，競輪，パチンコなどのギャンブルにおける還元率（参加者の取り分）を調べてみなさい．

# 2章　確率変数の分布

> 💡 確率分布は数学的な式で定義され，検定などの幾何モデルにつかわれる

　この章では，生物学で扱われる測定値に対して当てはめられることの多い分布について解説する．2項分布は，観測結果がはっきり分かるような観測値に対して当てはめられる離散分布の中で代表的な分布である．一方，正規分布は連続的に変異するような観測値の多くに対して当てはめられる．この理由はすでに1章で説明されている．また，$t$ 分布は標本数が小さい場合に当てはめられる正規分布から派生した分布であるし，カイ2乗分布は正規変数を平方した場合の分布，$F$ 分布は2つのカイ2乗変数の比の分布である．本章で取り上げた分布の確率密度関数は，巻末にある各分布表における確率の計算に用いられているし，これらの各分布の数表は区間推定，検定などでつかわれる．

> チェックポイント
> ☐ 確率分布の面積は確率に対応しているので，合計は必ず1.0になる
> ☐ 確率変数が決まった値しかとらない離散分布では，基本的な分布として2項分布がある
> ☐ 正規変数の2乗の分布はカイ2乗分布，その比の分布は $F$ 分布となる

## 2.1　確率分布 (Probability distribution)

### 2.1.1　確率変数 (Random variable)

　確率実験における"事象"はそれぞれ他の事象とは区別できるという特徴をもっている．たとえばサイコロの一つ一つの目，コインの表と裏，箱から引いた赤玉と白玉などである．このような事象が数量に対応できるとき，この数量を確率変数という．たとえばサイコロの実験の場合は出た目の数が確率変数となる．また，コイン投げの実験では表と裏に数（0と1）を対応させると，こ

の数が確率変数となる．これらの確率変数は決まった値しかとらないので離散変数と呼ばれる．一方，連続的に変異する連続変数の場合は，この変数がそのまま確率変数となる．たとえば，体重の場合は体重の計測値が確率変数となる．確率分布（Probability distribution）はこの確率変数に対応した確率の傾向をあらわしたものである．確率分布に対しては，その合計が常に1に等しくなるという性質がある．つまり離散変数 $x$ に対して，$\sum_{i=1}^{n} P(x_i) = 1.0$ が成り立つ．ただし，$P_{xi} \geq 0$, $(i=1, 2, \ldots, n)$．$P(x_i)$ は確率変数 $X$ が $x_i$ という $i$ 番目の観測値をとる確率である．

また連続変数に対しては，$\int_{-\infty}^{+\infty} f(x)\,dx = 1.0$ が成り立つ．

ただし，$f(x) \geq 0$, $(-\infty < x < \infty)$

このような連続変数の確率分布は，確率密度関数 $f(x)$ によって明確に定義されている．一方，分布関数（Distribution function）または累積分布関数（Cumulative distribution function）と呼ばれる関数は次のように定義される．

$$F(x) = \Pr\{X \leq x\}$$

つまり，$F(x)$ は，$x$ 以下の値をとる確率の合計である．このため，$F(x)$ は常に0と1との間にあり，$x$ の増加にしたがいゼロまたはプラスとなる単調非減少関数である．

一般に任意の確率変数について，その分布関数を定めることができ，かつ分布関数は常に次の性質をもつ．

1) $0 \leq F(x) \leq 1$
2) $F(x)$ は単調非減少

離散分布の場合

$$F(x) = \sum_{y \leq x} P_y$$

連続分布の場合

$$F(x) = \int_{-\infty}^{x} f(y)\,dy$$

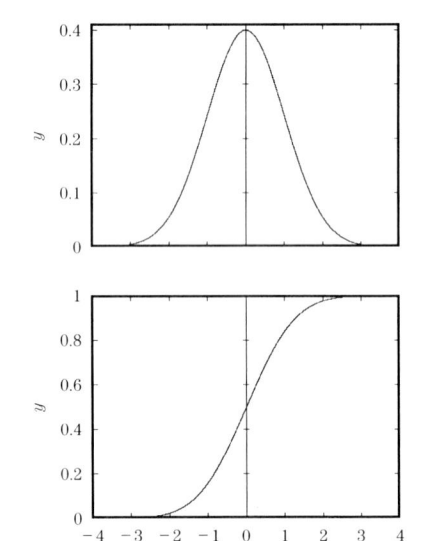

図2.1 標準正規分布の確率密度関数（上）と分布関数（下）の曲線．

図2.1は標準正規分布の密度関数と分布関数を表した図である．下の分布関数は，密度関数曲線における$-\infty$（図の左側；マイナス無限大）から点$x$までの面積の合計を表している．また，確率密度関数$f(x)$と分布関数$F(x)$との間には次の関係がある．

$$\frac{dF(x)}{dx}=f(x)$$

### ● 2.1.2 確率分布の平均と分散 ●

平均と分散は，確率分布の期待値をとることにより求めることができる．離散分布と連続分布の平均と分散は次のようになる．

**離散分布：** 平均は，確率変数のとりうる値をその値の確率で重みづけをすることで求めることができる．

$$\bar{x}=E(x)=\sum_{i=1}^{s}x_iP(x_i)=\sum xP(x)$$

ただし，右端の総和記号は省略形による表記である．分散は，平均からの偏差の平方について期待値をとることで求めることができる．

$$\mathrm{var}(x)=E(x-\mu)^2=\sum_{i=1}^{s}(x_i-\mu)^2P(x_i)=\sum(x-\mu)^2P(x)$$

**連続分布：** 連続変数の場合も離散変数の場合と同じ考え方で求めることができる．ただ連続変数の場合，総和の代わりに積分をつかう．

$$\bar{x}=E(x)=\int_{-\infty}^{\infty}xf(x)dx$$

連続変数の分散は次のようになる．

$$\mathrm{var}(x)=E(x-\mu)^2=\int_{-\infty}^{\infty}(x-\mu)^2f(x)dx$$

●期待値と分散の特性

**期待値：**

1) 2つの確率変数$x$，$y$に対して次の関係式がみられる．

$$E[x+y]=E[x]+E[y]$$
$$E[x-y]=E[x]-E[y]$$

つまり，2つの変数の和または差の期待値は，それぞれの変数の期待値の和または差に等しい．

2) 変数$x$と定数$a$の和の期待値は，$x$の期待値と$a$の和に等しい．

$$E[x+a]=E[x]+a$$

3) 変数 $x$ と定数 $a$ の積の期待値は，$x$ の期待値と $a$ の積に等しい．
$$E[ax]=aE[x]$$

4) 変数 $x$ と変数 $y$ が互いに独立なら，2 つの変数の積の期待値はそれぞれの変数の期待値の積に等しい．
$$E[xy]=E[x]E[y]$$

**分散：**

1) $x$ を確率変数，$a$ を定数とすると，次の関係式が成り立つ．
$$\mathrm{var}(x+a)=\mathrm{var}(x)$$
$$\mathrm{var}(ax)=a^2\mathrm{var}(x)$$
つまり，確率変数に定数を加えても分散には変化がないが，確率変数に定数 $a$ をかけると，分散は元の分散の $a^2$ 倍になる．

2) 2 つの確率変数 $x$，$y$ が互いに独立であるとすると，次の関係式が成り立つ．
$$\mathrm{var}(x+y)=\mathrm{var}(x)+\mathrm{var}(y)$$
$$\mathrm{var}(x-y)=\mathrm{var}(x)+\mathrm{var}(-y)=\mathrm{var}(x)+(-1)^2\mathrm{var}(y)$$
$$=\mathrm{var}(x)+\mathrm{var}(y)$$
つまり，上記の関係式では独立な変数の和または差の分散は，元の変数それぞれの分散の和になることを示している．

3) 上記から 2 変数間の独立性の前提を取り除くと次の関係式が成り立つ．ただし，$a$ と $b$ は定数とする．
$$\mathrm{var}(ax+by)=a^2\mathrm{var}(x)+b^2\mathrm{var}(y)+2ab\mathrm{cov}(x,y)$$
ここで，$\mathrm{cov}(x,y)$ は，$x$ と $y$ 間の共分散である．上式の $a$ と $b$ に $(1,1)$ と $(1,-1)$ を代入すると，次の関係式がえられる．
$$\mathrm{var}(x+y)=\mathrm{var}(x)+\mathrm{var}(y)+2\mathrm{cov}(x,y)$$
$$\mathrm{var}(x-y)=\mathrm{var}(x)+\mathrm{var}(y)-2\mathrm{cov}(x,y)$$

4) $x_1, x_2, x_3, \cdots, x_x$ が同じ確率分布にしたがい，かつ互いに独立のとき，次の関係式が成り立つ．

$$\mathrm{var}\Bigl[\sum_{i=1}^{n} x_i\Bigr] = n\,\mathrm{var}(x)$$

$$\mathrm{var}(\bar{x}) = \mathrm{var}\Bigl[\frac{1}{n}\sum_{i=1}^{n} x_i\Bigr] = \frac{1}{n^2}\,\mathrm{var}\Bigl[\sum_{i=1}^{n} x_i\Bigr] = \frac{1}{n}\,\mathrm{var}(x)$$

つまり，独立な確率変数の和の分散は，それぞれ個別の分散の和に等しく，また平均値の分散は個々の確率変数の分散の $n$ 分の 1 になることを示している．

## 2.2 確率分布の種類

### 2.2.1 2項分布（Binominal distribution）

2項分布は離散分布の中で基本となる分布である．いま，$n$ 回の確率実験を行い，各試行の結果は成功（S）または失敗（F）の2通りしかないとする．ただし，この成功と失敗の区別は名目上のことなので，0 と 1 などの変数で与えてもよい．

この $n$ 回の試行全体における成功回数の分布が2項分布となる．1回の試行における成功の確率を $p$，失敗の確率を $(1-p)$ とするとき，$n$ 回のうち $x$ 回成功する確率は，

$$\frac{n!}{x!(n-x)!}p^x(1-p)^{n-x} \tag{2.1}$$

と表すことができる．この式に従い，成功回数の $x$ を 0 回から $n$ 回まで変化させながら確率の変化をみたものが，2項分布である．2項分布の例としては，コイン投げ，子の性別，病気の罹患，生物の生死などがある．

2項分布の平均と分散は次のようになる．

**平均：** 2項分布する確率変数 $x$ に対して，その期待値を求めてみる．まず，成功回数に関する分布の平均を求めるため，成功に1，失敗に0の確率変数を割り当てる．1回の試行における期待値は，次のようになる．離散変数に対する期待値を求める式は

$$E(x) = \sum xP(x)$$

であるから，計算すると次のようになる．

$$E(x) = 0\cdot(1-p) + 1\cdot p = p$$

一方，$n$ 回の試行における成功の回数の平均は，試行の和の期待値として求め

ることができる．

$$E(\sum x) = \sum E(x) = np$$

したがって，成功回数の平均は，試行回数と成功の確率の積になる．

**分散**： 離散変数に関する分散を求める式は

$$\mathrm{var}(x) = \sum(x-\mu)^2 P(x) = (0-p)^2(1-p) + (1-p)^2 p = p(1-p)$$

となる．ただし，$\mu = p$．

確率変数の和の分散は次のように求められる．

$$\mathrm{var}(\sum x) = \sum \mathrm{var}(x) = np(1-p)$$

**(例題)** 1匹の雌のマウスが産む子の性別を考えてみる．1匹の雌が産む7匹の子のうち，雄の数 ($x$) の分布は2項分布から求めることができる．ただし雄の生まれる確率は50%と仮定する ($P(x) = 0.5$)．雌の子が0匹である確率は，式(2.1)から次のようになる．

$$P(0) = \frac{7!}{0!(7-0)!} p^0 (1-p)^{7-0} = 0.5^7 = 0.0078125 \cong 0.0078$$

同様に他の雌の子の数の確率を計算すると，次のようになる．

$P(1) = 0.0547,\ P(2) = 0.1641,$
$P(3) = 0.2734,\ P(4) = 0.2734,$
$P(5) = 0.1641,\ P(6) = 0.0547,$
$P(7) = 0.0078$

また，平均と分散は次のようになる．

$$\bar{x} = 7 \cdot 0.5 = 3.5$$
$$\mathrm{var}(\sum x) = np(1-p) = 7 \cdot 0.5^2 = 1.75$$

この2項分布をグラフに描くと図2.2のようになる．

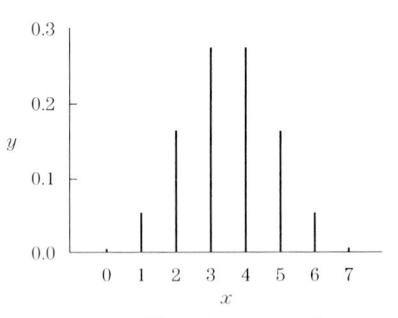

図2.2　2項分布（$n=7, p=0.5$）．

### 2.2.2 正規分布（Normal distribution）

正規分布は連続分布の中心となる分布で，ガウス分布と呼ばれることもある．生物に関する観測値を集めてその分布をみてみると，正規分布をあてはめることが多い．生物学にもっとも関係の深い分布といえる．正規分布の確率密度関数は次のようになる．

## 2.2 確率分布の種類

$$f(x) = \frac{1}{\sqrt{2\pi}\sigma} e^{-\frac{1}{2}\left(\frac{x-\mu}{\sigma}\right)^2}$$

ただし，$\mu$ は平均，$\sigma^2$ は分散とする．

平均が 0，分散が 1 の正規分布は標準正規分布と呼ばれ，その確率密度関数は

$$f(x) = \frac{1}{\sqrt{2\pi}} e^{-\frac{x^2}{2}}$$

となる．標準正規分布は略して N(0,1) と記述される（平均と分散を記述）．

標準正規分布では，標準偏差が ±1.0 の範囲内の面積は約 0.683 となり，また ±2.0 の範囲内では約 0.955，±3.0 の範囲内では約 0.997 となる．このように ±3.0 標準偏差単位内に分布のほとんどが含まれる．

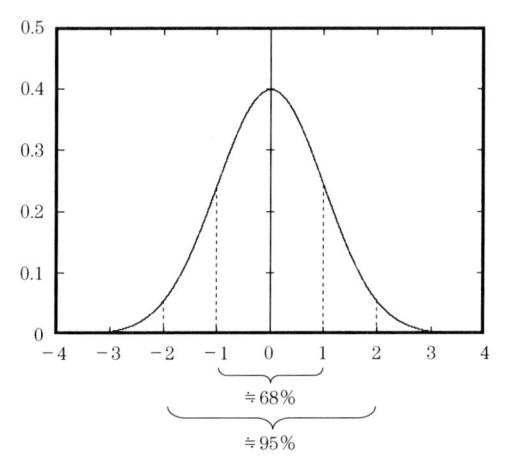

**図 2.3** 標準正規分布の標準偏差と面積の関係．

正規分布は，いろいろな確率分布の極限形として表される．たとえば，2 項分布

$$P(x) = \frac{1}{\sqrt{2\pi npq}} e^{-\frac{(x-np)^2}{2npq}}$$

の $n$ を無限大にしたとき，$\mu = np$，$\sigma^2 = npq$ とおくと，極限形は次のようになる．

$$\lim_{n \to \infty} P(x) = \frac{1}{\sigma\sqrt{2\pi}} e^{-\frac{(x-\mu)^2}{2\sigma^2}}$$

この式は正規分布の定義式に等しい．

統計的指標には，分布の偏りについて示す歪度，分布の尖り度について示す尖度がある．歪度が0のとき，分布に偏りがなく左右均等に分布している．歪度が正の値の場合，分布の右側に裾を長く引くような分布を示し，負の場合には，分布の左側に裾を長く引くような分布を示す．正規分布の歪度は0である．また，正規分布の尖度は3で，尖度が3より大きな場合には，急尖つまり裾野の広い分布を示し，3より小さい場合には，緩尖つまり平均値付近に分布が集中するような形を示す．

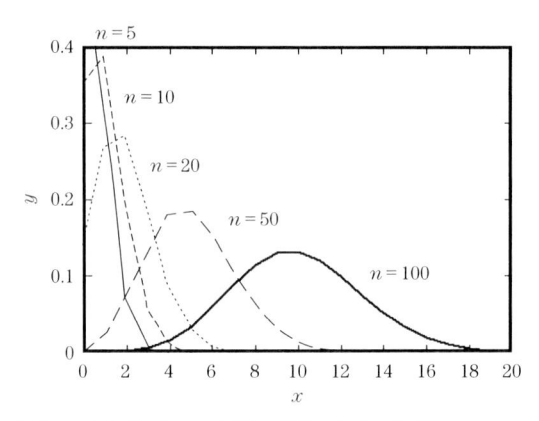

**図2.4** さまざまな$n$における2項分布（$p=0.01$）．
$n$が増加するに従い，分布は右側に移動し，左右対称型に変化する．

**（例題）** 偏差値は試験の点数に正規分布をあてはめ，平均50，標準偏差10に変換したものである．いま，点数の平均が680点，標準偏差が144点とするとき，次の点数を偏差値に変換しなさい．450点，620点，780点．

また，次の偏差値の生徒は上位から何パーセントに位置しているか．(52, 63, 75)．

---

**豆知識**

**その他の特性**

1. 正規分布は$-\infty$から$+\infty$まで分布しており，平均0を中心とした対称型をしている．
2. 平均，モード，メディアンがすべて一致し，分布の形はつりがね型をしている．また，正規分布の重心から鉛直に直線を描くと，横軸と交わる点が平均となる．
3. 標準偏差の点，つまり標準正規分布では$-1.0$と$1.0$，一般の正規分布では$\pm 1.0 \times$標準偏差が正規曲線の変曲点である．

[解] 1) 観測値と標準正規変数間の変換は次のようになる．観測値から標準正規変数への変換は，次のようになる．

$$z_x = \frac{x - \bar{x}}{s_x}$$

ここで，$x$ は観測値，$\bar{x}$ は観測値平均，$s_x$ は観測値の標準偏差，$z_x$ は $x$ の変換値である．
逆に標準正規変数から任意の変数への変換は次に式のようになる．

$$y = z_y s_y + \bar{y}$$

ここで，$z_y$ は $y$ を標準正規変数に変換した値，$\bar{y}$ は $y$ の平均，$s_y$ は $y$ の標準偏差である．
これらの式をつかうと，450 点は次のように変換できる．

$$z_{450} = \frac{450 - 680}{144} \cong -1.60$$

$$y = -1.60 \times 10 + 50 = 34$$

同様に 620 点と 780 点を計算するとそれぞれ，45.8，56.9 となる．

2) 偏差値 52 は標準正規変数への変換により次の値がえられる．

$$z_x = \frac{52 - 50}{10} = 0.2$$

巻末の正規分布表から $z = 0.2$ に対応の確率は 0.4207 である．したがってこの偏差値は上位から約 42.1% の位置に相当することがわかる．また，63 と 75 については，それぞれの $z$ 値 0.0968 と 0.0062 から上位約 9.7% と 0.6% であることがわかる．

● **2.2.3 $t$ 分布**（t distribution）●

中心極限定理により，標本平均値の分布は正規分布で近似される．つまり，標本平均値を母集団平均からの偏差で表し，それを平均値の分散の平方根で標準化した変数 $z$ は，標準正規分布に従う．

$$z = \frac{\bar{x} - \mu}{\sigma / \sqrt{n}}$$

ただし，母集団の標準偏差 $\sigma$ は通常未知なので，かわりに標本の標準偏差をつかうことになる．しかし，母集団標準偏差を標本標準偏差で置き換えた次の変数 $t$ は，もはや正規分布には従わない．

$$t = \frac{\bar{x} - \mu}{s / \sqrt{n}}$$

ただし，$s = \sqrt{\dfrac{\sum(x-\bar{x})^2}{n-1}}$．

　この変数が従う分布は自由度 $n-1$ の $t$ 分布と呼ばれる．この分布は，アイルランドのビール会社に勤めていたゴセット（W. Gosset）が最初に紹介したものである．しかし論文の公表を会社が認めなかったため，1908 年にスチューデント（Student）というペンネームで論文を発表した．そのため，スチューデントの $t$ 分布と呼ばれている．ただし，現在使われている $t$ 分布の形式は，ゴセットの統計量を発展させたフィッシャー（R. A. Fisher, 1925）によるものである．なお，$t$ 分布の確率密度関数は次のようになる．

$$f(x) = \dfrac{\Gamma\left(\dfrac{\nu+1}{2}\right)}{\sqrt{\nu\pi}\,\Gamma\left(\dfrac{\nu}{2}\right)}\left(1+\dfrac{x^2}{\nu}\right)^{-\frac{\nu+1}{2}}, \quad -\infty < x < \infty$$

ただし，$\nu$ は自由度，$\Gamma(m)$ は $m$ をパラメータにもつガンマ関数を表す．

$t$ 分布は，自由度が大きくなるにつれて正規分布に近づいていく．自由度の大きさが 30 以上になると $t$ 分布の形は正規分布とほとんど同じになる．

　$t$ 分布は正規分布に比べて裾野の重い分布である．したがって，

> **ことばノート**
>
> **ガンマ関数**
>
> ガンマ関数は以下の式で定義される関数である．
>
> $\Gamma(m) = \int_0^\infty e^{-x} x^{m-1} dx$
>
> また，ガンマ関数には以下の特性がある．
>
> $\Gamma(m+1) = m\Gamma(m)$
>
> $\Gamma(m+1) = m(m-1)(m-2)$
> $\cdots(m-k)\Gamma(m-k)$
>
> 上記の式で $m$ が整数のときは，$\Gamma(1)=1$ なので下記の式が得られる．
>
> $\Gamma(m+1) = m(m-1)(m-2)\cdots 3\cdot 2\cdot 1 = m!$

同じ有意水準でくらべると有意水準に対応した領域は，正規分布にくらべて分布の端に寄っている．したがって，有意差の判定点もより端に位置することになる．つまり，$t$ 分布に従う変数では，正規分布に比べてより大きな差異がないと有意な差と判定されない．$t$ 分布においても母集団は正規分布することが条件となっているが，母集団の正規性が厳密に満たされていなくとも $t$ 分布の形は大きく変化しない．このように $t$ 分布は分布の前提条件に対してロバストである（影響を受けにくい）といえる．

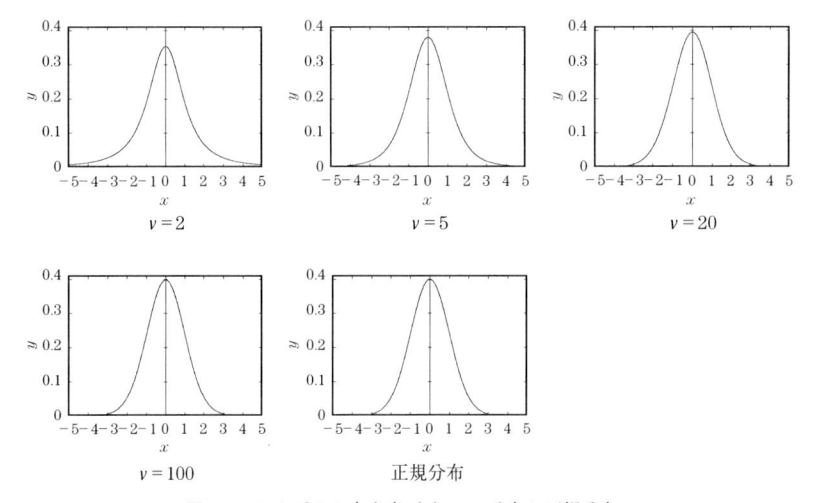

**図 2.5** さまざまな自由度（$\nu$）の $t$ 分布と正規分布.

### ● 2.2.4 カイ 2 乗分布 ●

一連の標本が，平均 0，分散 1 の標準正規分布に従う母集団から独立に抽出されたとする．この $n$ 個の標本を $\{x_1, x_2, \cdots, x_n\}$ とするとき，次の総和は自由度 $n$ のカイ 2 乗（$\chi^2$ と表記される）分布に従う．

$$k = \sum_{i=1}^{n} \chi_i^2$$

カイ 2 乗分布の確率密度関数は，次の式で表される．

$$f(k) = \frac{k^{\frac{n}{2}-1} e^{-\frac{1}{2}k}}{2^{\frac{n}{2}} \Gamma\left(\frac{n}{2}\right)}$$

$0 < \nu < \infty$

ただし，$\Gamma(m)$ は $m$ をパラメータにもつガンマ関数を表す．

カイ 2 乗分布の平均と分散は次のようになる．

$$E(k) = n$$

$$\mathrm{var}(k) = 2n$$

このようにカイ 2 乗分布の平均は，常にカイ 2 乗分布の自由度に等しく，分散は自由度の 2 倍に等しい．

観測値が標準正規分布に従わない場合は，この標本値を標準化すればよい．

母集団の平均値が $\mu$，分散が $\sigma^2$ の正規分布からの標本を $\{y_1, y_2, \cdots, y_n\}$ とする．この変数を標準化した $\dfrac{y_i-\mu}{\sigma}$ について考えてみる．つまり，

$$u = \sum_{i=1}^{n} \frac{(y_i - \mu)^2}{\sigma^2}$$

は自由度 $n$ のカイ 2 乗分布に従う．

母集団平均値が未知の場合は，上記の $\mu$ を標本平均 $\bar{y}$ で置き換えた次の式を利用するとよい．ただし，自由度は（$\nu$）1 減って，$n-1$ となる．

$$u = \sum_{i=1}^{n} \frac{(y_i - \bar{y})^2}{\sigma^2}$$

また，

$$\sum_{i=1}^{n} \frac{(y_i - \bar{y})^2}{\sigma^2} = \frac{(n-1)s^2}{\sigma^2}$$

となるので，これより次のことがいえる．

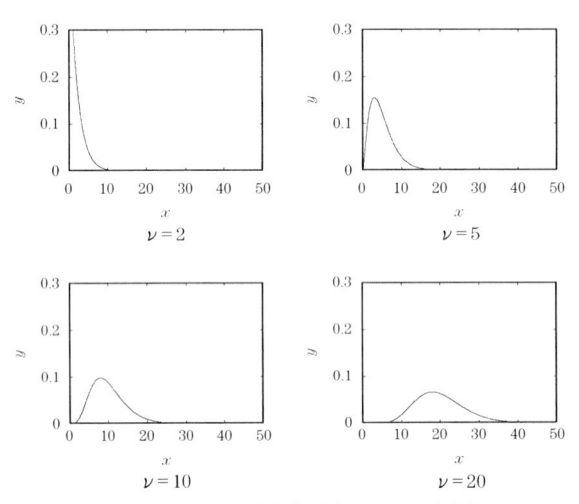

**図 2.6** さまざまな自由度（$\nu$）のカイ 2 乗分布．

母集団分散 $\sigma^2$ の正規分布から $n$ の標本が抽出され，その不偏分散が $s^2$ のとき，$(n-1)s^2/\sigma^2$ は自由度 $\nu \cdot n-1$ のカイ 2 乗分布に従う．この確率変数を構成している変数はすべて非負であるので，この $u$ に対して $0 \leq u \leq \infty$ である．分布の形は非対称であるが，$n$ が大きくなるに従い対称形に近づいていく．カ

イ2乗分布の数表にある数値は，ある確率に対応した自由度ごとのカイ2乗分布から求められた上側の領域である．

つまり，確率変数 $u$ が $u_0$ を上回る確率で，次の式で表される．

$$P(u > u_0) = \int_{u_0}^{\infty} f(u)\,du$$

### ● 2.2.5　$F$ 分 布 ●

互いに独立な確率変数，$u$，$v$ が，それぞれ自由度 $\nu_1$，$\nu_2$ のカイ2乗分布をするとき，これらの確率変数の比は自由度，$\nu_1$，$\nu_2$ の $F$ 分布をする．つまり，

$$F = \frac{u/\nu_1}{v/\nu_2}$$

で定義される確率変数は次の確率密度関数をもつ．

$$f(F) = g \cdot F^{\frac{\nu_1 - 2}{2}} \left(1 + \frac{\nu_1}{\nu_2} F\right)^{\frac{\nu_1 + \nu_2}{2}}$$

ただし，$0 < F < \infty$，そして

$$g = \frac{\Gamma\left(\dfrac{\nu_1 + \nu_2}{2}\right)}{\Gamma\left(\dfrac{\nu_1}{2}\right)\Gamma\left(\dfrac{\nu_2}{2}\right)} \left(\frac{\nu_1}{\nu_2}\right)^{\frac{\nu_1}{2}}$$

$F$ 分布の平均と分散は次のようになる．

$$E(F) = \frac{\nu_2}{\nu_2 - 2}$$

ただし，$\nu_2 > 2$．

$$\mathrm{var}(F) = \frac{2(\nu_1 + \nu_2 - 2)\nu_2^2}{\nu_1(\nu_2 - 2)^2(\nu_2 - 4)}$$

ただし，$\nu_2 > 4$．

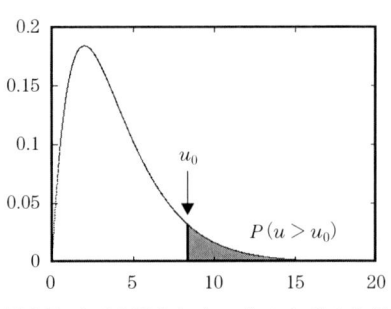

図 2.7　カイ2乗分布（$\nu=4$）における上側領域．

確率変数 $F$ の構成要素はカイ2乗分布をする変数である $u$，$v$ からなっている．したがって，$F \geq 0$ である．$F$ 検定で使う $F$ 分布の数表には閾値が分布の右側に位置する場合の確率を示してある．つまり，$F$ 統計量の分子が分母よりも大きい場合だけについて $F$ 分布に関する数表が用意されている．し

たがって，大きい数値が分子にくるように変数を選択すれば，$F$ 分布表をそのまま利用することができる．分母が大きい場合は，別に変換が必要になる．$F$ 分布表にある上側確率は次の式で計算されている．

$$P(F > F_0) = \int_{F_0}^{\infty} f(F)\,dF$$

$F$ 分布の形は自由度により分布型が変化するが，1例として $\nu_1 = 5$, $\nu_2 = 5$ についてその領域を示すと図 2.8 のようになる．

$F$ 分布の確率変数を構成する2つのカイ2乗分布の確率変数が，不偏分散 $s_1$, $s_2$ から計算されるとすると，それぞれのカイ2乗確率変数は，$\nu_1 s_1^2 / \sigma_1^2$ および $\nu_2 s_2^2 / \sigma_2^2$ となる．そして次の比，

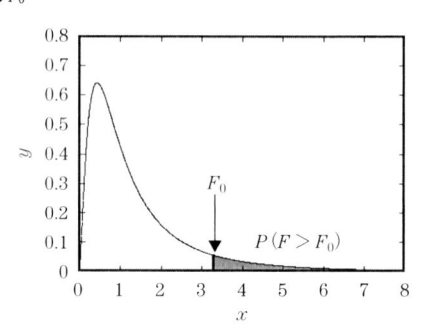

図 2.8 $F$ 分布（$\nu_1 = 5$, $\nu_2 = 5$）における上側確率．

$$\frac{\nu_1 s_1^2}{(\nu_1 - 1)\sigma_1^2} \frac{(\nu_2 - 1)\sigma_2^2}{\nu_2 s_2^2}$$

は自由度 $\nu_1 - 1$, $\nu_2 - 1$ の $F$ 分布に従う．

もし，2つの標本が同じ母集団から抽出されたとすると，母分散は等しくなるので，上記の式は次のように簡略化される．

$$\frac{s_1^2}{s_2^2}$$

この統計量は分散比とよばれ，自由度 $\nu_1 - 1$, $\nu_2 - 1$ の $F$ 分布をする．このことから分散の差の検定に用いられる．

## 練習問題

1. いま，1つのシャーレにある作物の種子を5個まいて発芽試験を行った．ただし，この作物の種子の発芽率は0.7であることがわかっている．シャーレの中ですべての種子が発芽する確率，4，3，2，1個が発芽する確率およびすべての種子が発芽しない確率を求めなさい．
2. ある確率変数の平均が20，標準偏差が5とすると，確率変数が次の範囲に入る確率を正規分布表から求めなさい．

$(-\infty, 10)$, $(14, 20)$, $(17, 22)$, $(25, +\infty)$.

3. ある鶏の品種で8週齢体重の平均が3200g, 標準偏差が160gとする. 体重の分布は正規分布をすると仮定すると, 体重が3360g以上になる鶏の割合, また体重が3000g以下になる鶏の割合を求めなさい.

4. あるリンゴ農家では220g以上を出荷できる果物の基準としている. いまリンゴの平均重量 (g) と分散 (g$^2$) を求めたところ, それぞれ300, 1600であった. 規格外に分類されるリンゴの割合を求めなさい.

5. エンドウ豆の形質について遺伝子型を調べたいと思っている. エンドウにおける遺伝子型と表現型の関係は次のようになる (ただし, 丸型はしわ型に対し優性).

　　$RR$　丸型
　　$Rr$　丸型
　　$rr$　しわ型

　いま, 丸型の豆をつけるが遺伝子型は不明の個体 $X$ の遺伝子型 (遺伝子型 $RR$ または $Rr$ のどちらか) を判定するため, $rr$ の遺伝子型をもつ個体と試験交配を行なった. 数多くの試験交配によりできた多数の後代の表現型がすべて丸型であれば, 個体 $X$ の遺伝子型は $RR$ と判定されるが, 試験交配回数はなるべく少なくしたいと考えている. 95%以上の確率で個体 $X$ が $RR$ 型と判定するためには, 何回の交配が必要か. また99%以上の確率の場合はどうか. ただし, $Rr$ と $rr$ を交配した場合, その後代の遺伝子型は $Rr : rr = 1 : 1$ とする.

# 3章 データの視覚化

## 視覚化によりデータの特徴をつかむ

データを得たならば，まずすべきことはデータの概略の把握である．データの概略をみるには平均値，標準偏差，変動係数，最大値，最小値などの基本統計量を算出することも重要だが，全体の傾向をみるためにはデータの視覚化，つまりグラフをつかってデータ全体をみることが大事なステップとなる．基本統計量などの数値だけをみてデータの特徴を把握しようとすると，数量には表れない偏りのために判断の誤りを起こしやすい．こうなると，いわゆる「木を見て森を見ず」という状態になる．視覚化された情報からは，1変数に対しては分布の対称性，分布の偏り，分布の正規性などをみることが有効であるし，2変数の関係に対しては，変数間関係の正負，分布の折れや分離の存在などの情報を得ることができる．

### チェックポイント
- [ ] データには，名義尺度，順序尺度，間隔尺度，比尺度がある
- [ ] 1変数の視覚化には，度数分布表からのヒストグラムが有効
- [ ] 2変数の視覚化には，散布図の作成が有効
- [ ] 確率プロット法にはP-Pプロット，Q-Qプロットがある
- [ ] 正規確率プロットは，観測値の分布が正規分布に従うか否かをみる

## 3.1 測定の尺度

調査や実験を行うことで各個体（生物以外のものも含む）に関する観測値（数量や属性）を得ることができる．観測値をまとめたものをデータという．分析対象となるデータが得られた場合，そのデータの特徴をはじめに調べる必

要がある．

統計処理に用いるデータは，観測値に文字や数値を割り当てたものが用いられる．スチーブンス（S.S. Stevens, 1959）はこれらを，順序関係と距離が意味をもっているか否かにより，データを名義尺度，順序尺度，間隔尺度，比尺度の4つに分類した．

1) 名義（名目）尺度（Nominal scale）：性別，人種，婚姻状態の'未婚''既婚''死別''離婚'など各値は異なるカテゴリーを表すラベルや名前として使われている．これらに与えた数値は，単に属性を識別するための記号であり，データをグループ化して分類するための変数として用いる．ただし，性別のような2値の場合，0と1の値を割り当て，数値変数と同じように扱うこともある．この場合，これをダミー変数という．

2) 順序尺度（Ordinal scale）：酒の等級，職種（社員，管理職，経営者），ある個体が他より大きい，他より良い，他より多いといえるなど，ある基準に基づいて，すべてのカテゴリーに順序や順位が割り当てられる場合を順序尺度という．

3) 間隔尺度（Interval scale）：順序に加え，値と値の間に距離のある場合，例えば，温度計はどの点をとっても，距離（目盛り）の意味は共通している．15℃と16℃の差は2℃と3℃の差と同じである．間隔尺度には絶対的な0（基準点）がなく，間隔だけが意味をもつ．つまり，摂氏や華氏では0℃は氷点から合意にもとづいて決められたものであり，熱量がゼロの点として定義されているわけではない．

4) 比（比率）尺度（Ratio scale）：間隔尺度のもつ順序と距離に加えて，ゼロ点が意味をもっている．給与，修学年数，就業年数，身長，体重，時間の経過など．体重には重さの基準点0があり，比率の比較ができる．

比尺度と間隔尺度からなるデータは量的データまたは数値データとよばれるが，このうち比尺度では加減乗除の演算が可能である．一方，間隔尺度では乗除の演算を直接行うことはできないが，差に対する比を比較することは可能である．また順序尺度では，順序の比較はできるが加減の演算はできない．名義尺度は他と区別するためにだけ意味をもつ標識としての数値で，カテゴリーデータとよばれる．名義尺度や順序尺度からなるデータを質的データといい，

これに対して間隔尺度と比尺度からなるデータを量的データという．

表 3.1 に示したように，間隔尺度，比尺度などの量的データと名義尺度，順序尺度などの質的データでは，1 変数，2 変数でのデータの分布を調べる手法が異なる．以下では主に数値変数について，1 変数と 2 変数の視覚化の方法を取り扱う．

表 3.1 データの分布を調べる手法

|  | 量的データ（間隔尺度，比尺度） | 質的データ（名義尺度，順序尺度） |
|---|---|---|
| 1 変数 | ヒストグラムと基礎統計量 | 棒グラフと度数 |
| 2 変数 | 散布図と相関・偏相関 | クロス集計 |
| 3 変数以上 | 主成分分析，3 次元プロット クラスター分析，デンドログラム | 層別クロス集計 |

## 3.2　1 変数のデータ

統計分析をはじめるとき，最初にすべきことは度数分布表の作成である．調査や実験で得られた観測値について，はじめに度数分布表を作ることから始める．表や図にすることで分布の状況が明らかになるからである．

### 3.2.1　度数分布表とヒストグラム

**a．度数分布表の作り方**

度数分布表は，観測値の取りうる値をいくつかの階級（Class）に分け，それぞれの階級における観測値数つまり度数（Frequency）を数えて表にまとめたものである．

まず，観測値について相対度数，累積相対度数，最頻値，四分位数などを調べておく．次に，ヒストグラム（柱状グラフ）を作成し，視覚的にデータの特徴を理解する．さらに，分布の平均値，代表値，分布のばらつき，歪度，尖度などの分布の形状などの基本統計量を計算し，度数分布表，ヒストグラムから得られた分布の特徴を視覚面と数値面から比較検証する．

度数分布は数多くのデータからそのデータの特性を読み取り，データの構造を直観的に見たりするために有効な方法である．

**例** ある試験で測定した 8 週齢時の子豚の体重について調べてみよう．

合計 2181 頭の子豚体重について，2.5 kg きざみで分けると 12 の階級に分けるこ

とができた．ここで，20.0 kg の子豚は 17.5〜20.0 の階級に属するとみなすことにする．不等式で表せば

$$17.5 < x \leqq 20.0$$

になる．このように，多くの測定値を適切な階級に分けてデータを示そうとするのが度数分布の考え方である．

表 3.2 子豚の度数分布表

| 階級 | 度数 | 相対度数 | 累積相対度数 |
| --- | --- | --- | --- |
| 7.5〜10.0 | 2 | 0.09% | 0.09% |
| 10.0〜12.5 | 26 | 1.19 | 1.28 |
| 12.5〜15.0 | 86 | 3.94 | 5.23 |
| 15.0〜17.5 | 215 | 9.86 | 15.08 |
| 17.5〜20.0 | 407 | 18.66 | 33.74 |
| 20.0〜22.5 | 488 | 22.38 | 56.12 |
| 22.5〜25.0 | 463 | 21.23 | 77.35 |
| 25.0〜27.5 | 306 | 14.03 | 91.38 |
| 27.5〜30.0 | 135 | 6.19 | 97.57 |
| 30.0〜32.5 | 46 | 2.11 | 99.68 |
| 32.5〜35.0 | 6 | 0.28 | 99.95 |
| 35.0〜37.5 | 1 | 0.05 | 100.0 |
| 計 | 2181 | 100 | |

　データ全体を 7.5〜10.0 のように階級に分類し，各階級に属するデータの個数である度数を示した表が度数分布表（Frequency distribution table）である．各階級の度数とそれ以前の度数を合計したものを累積度数（Cumulative frequency）という．つまり，17.5〜20.0 までの累積度数は 2+26+85+215+407=736，35.0〜37.5 までの累積度数は 2181 である．2181 は総度数ともいう．

　各階級の度数や累積度数を総度数で割った値をそれぞれ相対度数（Relative frequency），累積相対度数（Cumulative relative frequency）と呼ぶ．相対度数のそれぞれの値に 100 をかけるとパーセント（%）で表すことができる．

b．ヒストグラム

　度数分布表に示したデータを柱状グラフで表したのがヒストグラム（Histogram）と呼ばれるものであり，分布型をみるための最も基本的な視覚化法で

ある．横軸に階級を，縦軸に度数をとり，各階級に柱状のグラフを描けばよい．

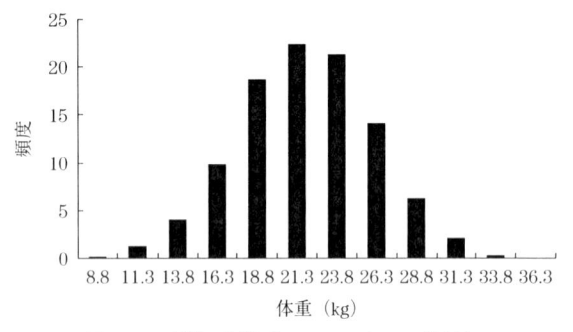

図3.1　8週齢子豚体重のヒストグラム（頻度）

## c．階級数と階級幅の決め方

度数分布表やヒストグラム作成の際の階級数に関して，階級数が少なすぎたり多すぎたりするとデータ分布が異なってくる場合がある．階級をどのようにとるかを決めるルールはないが，階級数に関してはスタージェスの公式（Sturges' formula）がある．この処理の手順は以下のようになる．

1) データの中で，最大値と最小値を探す．
2) 最大値−最小値を範囲 R（Range）といい，この範囲を $k$ 個の階級数に等区間に分割する．観測値の数を $n$ としたとき，階級数 $k$ は，次のスタージェスの公式から求める．

$$k \fallingdotseq 1 + \log_2 n = 1 + (\log_{10} n)/(\log_{10} 2)$$

なお，右辺の式は常用対数を用いた計算式である．

3) $k$ 個の階級 $a_0 \sim a_1$，$a_1 \sim a_2$，$\cdots$，$a_{n-1} \sim a_n$ を

$$a_1 = a_0 + R/k,\ a_2 = a_1 + R/k \cdots,\ a_{n-1} + R/k$$

で求め，各階級に属するデータの個数を数えてゆく．

**（例）** 前出の子豚のデータの分布にこの式を適用すると，$n = 2181$ より

$$k \fallingdotseq 1 + \log_2 n = 1 + (\log_{10} 2181)/(\log_{10} 2) = 12.09144$$

よって，$k = 12$ ととればよいので12個の階級に分けることになる．範囲 $R$ は

$$R = 35.8 - 7.5 = 28.3$$

なので，階級の幅は

$$28.3/12 = 2.4 ≒ 2.5$$

とすればよい．データの最小値が 7.5 だから，7.5 から 2.5 きざみで階級をとると表 3.2 の度数分布表が得られる．

　階級幅に関しては，一般には等しい階級幅とすることが望ましいが，分布の両端に近い場所で中心付近と比較して度数が極端に少ない場合は階級幅を広くとることが行なわれる．また，階級の上限値，下限値には，中間値として求められる階級の代表値，階級値も区切りのよい値となるように設定する．

---

**ことばノート**

**歪度，尖度**

歪度 (Skewness)：平均値をとおる垂線に対し分布の型が左右対称になっているかどうかを示す性質を歪度という．ゆがみ度といった方がわかりやすい．

　ゆがみの程度は平均値のまわりの 3 次の積率 $m_3$ で表され，データが度数分布で与えられている場合は，

$$m_3 = \frac{\sum_{i=1}^{k}(x_i - \bar{x})^3 f_i}{n}$$

$m_3$ を標準偏差の 3 乗に相当する $(m_2)^{3/2}$ で割った値をひずみと呼び，$a_3$ で示す：

$$a_3 = \frac{m_3}{(m_2)^{3/2}} = \left\{\frac{\sum_{i=1}^{k}(x_i - \bar{x})^3 f_i}{n}\right\} / \{S(x)\}^3 \quad \text{ここで，} S(x) \text{は標準偏差である．}$$

左右対称な分布では $a_3 = 0$，右側に裾をひく分布では $a_3 > 0$，左に裾をひく分布では $a_3 < 0$ となる．つまり，歪度は左右対称からのずれ（非対称性）を表す統計量である．

尖度 (kurtosis)：分布のとがりぐあいを示す量のことであり，$m_4$ を標準偏差の 2 乗に相当する $m_2^2$ で割った値をとがりと呼び，$a_4$ で示す：

$$m_4 = \frac{\sum_{i=1}^{k}(x_i - \bar{x})^4 f_i}{n} \qquad a_4 = m_4/m_2^2 = \left\{\frac{\sum_{i=1}^{k}(x_i - \bar{x})^4 f_i}{n}\right\} / \{S(x)\}^4$$

　$a_4 - 3$ を尖度と定義する場合もある．これは，正規分布の尖度がちょうど 3 に一致することから，$a_4 - 3 = 0$ が正規分布，正規分布にくらべて $a_4 < 3$ がなだらか，$a_4 > 3$ がとがっている状態を示す．

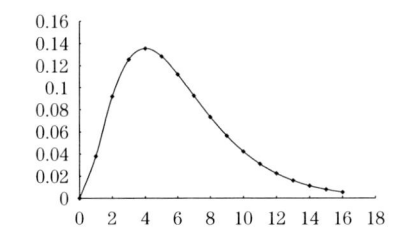

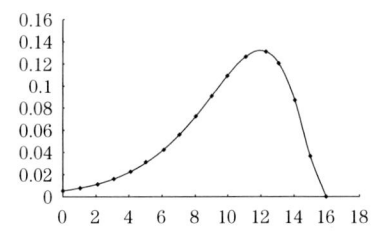

**表3.3** スタージェスの公式による $k$ の値

| $n$ | 50 | 100 | 500 | 1000 | 5000 |
|---|---|---|---|---|---|
| $k$ | 7 | 8 | 10 | 11 | 14 |

### 3.2.2 代表値

観測や実験で得られたデータの様子を示すものを，代表値（Measure of central tendency）という．中心的傾向を示す代表値として平均値，中央値，最頻値，最大値，最小値がある．また，データの変動の程度を示す指標（散布度）として，分散，標準偏差，平均偏差，四分位範囲などがある（4章参照）．さらに，データの特性を示す指標として，歪度，尖度などがある．

## 3.3 2変数のデータ

複数の変数を観測して $n$ 組のデータを得た場合，そのデータを多次元データ（Multi-dimensional data）という．一般に，$p$ 個の変数を取り扱う場合，$p$ 次元データという．単純にするため，$p=2$ で2変数 $x$，$y$ の関係の2次元プロットを考える．2変数の関係を数量化する方法には，変数間の関係の強さを表す相関（Correlation）と $x$ から $y$ への影響の程度を表す回帰（Regression）がある．

### 3.3.1 2変数データ（散布図，Scatter diagram）

体重と身長，年齢と血圧，所得と貯金額，豚の背脂肪厚と発育速度などのように2つの変数間の関係を調べるには，相関表（Correlation table）を作成する．これに基づいて2つの変数間の関係を直感的にみる目的で作成されるのが，散布図または相関図（Correlation diagram）である．これは，横軸に変数 $x$ を，縦軸に変数 $y$ をとり，各標本 $(x_i, y_i)$ を座標の点として表したものである．

**表3.4** 両親の平均と子の体重の相関表

| $x$：両親の平均 | 18.0 | 21.6 | 20.0 | 18.0 | 24.4 | 17.6 | 19.6 | 24.0 | 20.0 | 18.8 |
|---|---|---|---|---|---|---|---|---|---|---|
| $y$：子 | 18.4 | 20.4 | 19.2 | 17.6 | 22.0 | 18.8 | 20.4 | 20.8 | 19.6 | 20.4 |

表3.4は，両親平均と子の体重についての相関表である．この表のデータだけでは関係がはっきりしない．これを2次元平面にプロットしてみると，両親

の体重とこの体重がある程度関係していることがわかる．

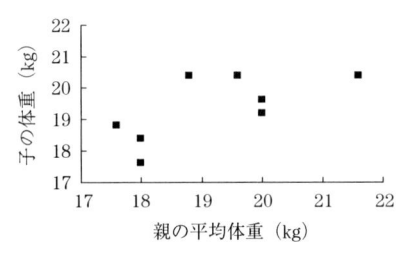

**図 3.2** 親の平均体重と子の体重の散布図．

### 3.3.2 相関係数

散布図から2変数間のおおよその関係をつかみとることができるが，2変数間の関係を数量化するための指標として相関係数（Correlation coefficient）がある．

$$r_{xy} = \frac{\mathrm{Cov}(x,y)}{s_x s_y}$$

ここで，$\mathrm{Cov}(x,y)$，$s_x{}^2$，$s_y{}^2$ はそれぞれ $x$ と $y$ の共分散および不偏分散である．

相関係数は，単位のない，$-1.0$ から $+1.0$ の間の値であり，負の値であれば2つの変量間に一方が増加すれば，他方は直線的に減少する関係があることを示す．正の値であれば，一方が増加すれば，他方も直線的に増加する関係があることを示す．0付近にあれば，2つの変量の間に関連性のないことを示している．

## 3.4 確率プロット

確率プロット（Probability plot）は，データの累積度数分布（Cumulative frequency distribution；観測累積度数分布）と母集団の累積度数分布（理論累積度数分布）を比較し，この2つが一致しているかどうかをグラフで確認する方法である．すなわち，母集団から大きさ $n$ の標本 $x_1, \cdots, x_n$ を無作為に抽出したとき，その母集団の累積分布関数（または累積度数分布）が $F(x)$ であるという仮説を，$F(x)$ と経験分布関数 $F_E(x)$（または観測累積度数分布）と比べて，その類似度により検証するものである．そのまま描いて比較するので

はなく，見やすいように工夫されたプロットで視覚的に検証する．仮説が正しいとき，大きさ $n$ の標本に対応する点はほぼ直線上に並ぶようになる．

母集団の分布に正規分布が考えられるときは，確率プロットは特に正規プロット（Normal plot），または正規確率プロットと呼ばれる．2つの分布のうち一方をデータに基づく経験分布関数にし，他方を理論的な分布関数として描くことが多い．いずれにしても 45°の直線近くにプロットした点があるほど，2つの分布が似ていることを示す．

### 3.4.1 P-P プロット，Q-Q プロット

確率プロットにはパーセントによる確率-確率プロット（Probability-probability plot，P-P プロット）と分位点-分位点プロット（Quantile-quantile plot，Q-Q プロット）がある．いずれも標本の累積度数分布と比較対象の分布が一致しているかどうかを調べるための図示による手法である．以下に例題に沿って手順を説明する．

**(例題)** 下記の標本データは，光センサー装置でリンゴの糖度（Brix）を計測した結果を数値順に並べたものである．ロジスティック曲線に当てはまるか否かについて視覚的に判断するため，P-P 分析および Q-Q 分析を行いなさい．

| | 1 | 2 | 3 | 4 | 5 | 6 | 7 | 8 | 9 | 10 | 11 | 12 |
|---|---|---|---|---|---|---|---|---|---|---|---|---|
| 糖度（Brix） | 9.8 | 10.3 | 10.7 | 10.8 | 11.0 | 11.0 | 11.2 | 11.4 | 11.6 | 12.1 | 12.5 | 13.4 |
| 標準化した値 ($x_{(i)}$) | −1.55 | −1.04 | −0.63 | −0.53 | −0.33 | −0.33 | −0.12 | 0.08 | 0.29 | 0.80 | 1.20 | 2.12 |
| 分位数 ($y_i$) | 0.04 | 0.13 | 0.21 | 0.29 | 0.38 | 0.46 | 0.54 | 0.63 | 0.71 | 0.79 | 0.88 | 0.96 |
| P 値 ($y_i'$) | 0.06 | 0.13 | 0.24 | 0.28 | 0.36 | 0.36 | 0.44 | 0.54 | 0.63 | 0.81 | 0.90 | 0.98 |

ここでは，平均 0，分散 1 になるような分布に対応する確率分布関数である次のロジスティック関数を用いる．

$$F(x) = \frac{1}{1 + e^{-\pi x/\sqrt{3}}}$$

なお，この標本の平均は 11.32，標準偏差は 0.98 である．

● P-P プロット

1) 一般には，大きさ $n$ の標本 $x_1, \cdots, x_n$ を大きさの順序に並べかえたものを $x_{(i)}$ ($i = 1 \sim n$) とする．つまり，次のようになる．

$$x_{(1)} \leq x_{(2)} \leq \cdots \leq x_{(n)}$$

このとき，次式をつかって $i$ 番目の分位数を求めておく．

$$y_i = \frac{i - \frac{1}{2}}{n}$$

例題の場合は，上の表の 2 行目にあるように標本を平均 0，分散 1 の変数に標準化しておく．次に順序から分位数（$y_i$）を求める（3 行目の結果）．

2) 次に，母集団の確率分布関数（または累積度数分布）から標本点に対応する分位数を求める．つまり，$F(x)$ をつかって標準化された値 $x$ から新しく分位数（$y_i'$）を求める．

$$y_i' = F(x_{(i)})$$

3) さらに新しく求めた $y_i'$ を $y$ 軸に，元の $y_i$ を $x$ 軸にプロットする．標本の分位数を $x$ 軸，$F(x)$ から求めたパーセント点（P 値）$y_i'$ を $y$ 軸として，2 次元プロット図を作成する．これが P-P プロットである．両方の変数が同じ分布をするときには，プロット点は傾き 1.0 の直線上に位置するようになる．

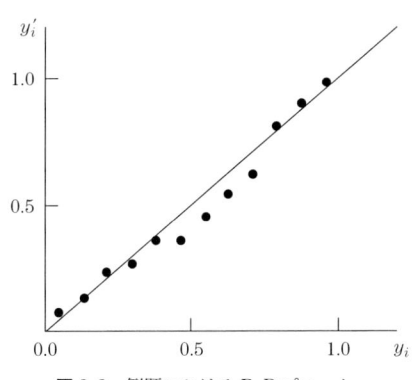

**図 3.3** 例題における P-P プロット．

● Q-Q プロット

一方，Q-Q プロットは，以下のような手順で図を描いていく．

1) やはり，大きさ $n$ の標本 $x_1, \cdots, x_n$ を大きさの順序に並べかえたものを

つかう.

$$x_{(1)} \leq x_{(2)} \leq \cdots \leq x_{(n)}$$

このとき，$i$ 番目の分位数は次の式で求められる．

$$y_i = \frac{i - \frac{1}{2}}{n}$$

2) その一方，母集団の確率分布関数（または累積度数分布）から上記の分位数に対応する標本値を求める．

確率分布関数 $F(x)$ は，$x \to y$ のように $x$ から $y$ を求める関数である．逆に $y \to x$ のように $y$ から $x$ を求めるためには $F(x)$ の逆関数 $F^{-1}(x)$ をつかう．つまり次のようになる．

$$x_i' = F^{-1}(y_i)$$

例題の場合は，ロジスティック関数 $F(x) = y$ とすると，この逆関数 $F^{-1}(x)$ は次のようになる．

$$x' = -\frac{\sqrt{3}}{\pi} \ln\left(\frac{1}{y} - 1\right)$$

この式をつかって，$y_i$ から下の表の3行目にある $x_i'$ を求める．

| | 1 | 2 | 3 | 4 | 5 | 6 | 7 | 8 | 9 | 10 | 11 | 12 |
|---|---|---|---|---|---|---|---|---|---|---|---|---|
| 標準化した値 ($x_{(i)}$) | −1.55 | −1.04 | −0.63 | −0.53 | −0.33 | −0.33 | −0.12 | 0.08 | 0.29 | 0.80 | 1.20 | 2.12 |
| 分位数 ($y_i$) | 0.04 | 0.13 | 0.21 | 0.29 | 0.38 | 0.46 | 0.54 | 0.63 | 0.71 | 0.79 | 0.88 | 0.96 |
| Q値 ($x_i'$) | −1.73 | −1.07 | −0.74 | −0.49 | −0.28 | −0.09 | 0.09 | 0.28 | 0.49 | 0.74 | 1.07 | 1.73 |

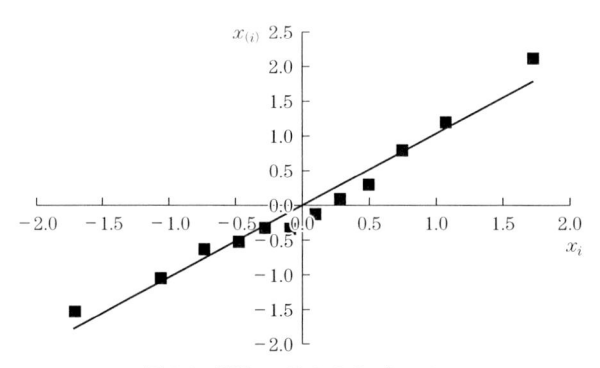

図 3.4 例題における Q-Q プロット．

3) 次に新しく求めた Q 値（$x_i'$）を $x$ 軸に，もともとの $x_{(i)}$ を $y$ 軸として，2 次元プロット図を作成する．

P-P プロット，Q-Q プロットの結果から，光センサー装置でリンゴの糖度（Brix）を計測した結果は分布の中心付近の当てはまりが良くない．

### 3.4.2 正規確率プロット

確率プロットの性質をつかって，データ変数がどの程度，正規分布に従っているかをグラフで表したものが正規確率プロットである．なお，この分析は上記の Q-Q プロットを正規分布関数に応用したものである．

観測値 $x_1, \cdots, x_n$ の統計量と標準正規分布関数は

$$F_0(x) = \int_{-\infty}^{x} \frac{1}{\sqrt{2\pi}} \exp\{-t^2/2\} dt$$

である．

正規確率プロットでは，観測値の潜在（母集団）分布が $F_0(x)$ であるか否かについて診断する．

1) まず，経験累積分布関数の累積確率を $y_i = (i-1/2)/n$ としたときの標準正規分布の分位点 $x_i' = F_0^{-1}(y_i)$ を算出する．
2) 座標軸上に $(x_i', x_{(i)})$ をプロットし，データ点に最小 2 乗法などで直線を当てはめる．
3) 当てはめた直線がデータ点にほぼ適合していれば，$x$ の潜在基礎分布が $F_0(x)$ であると判断する．また，あてはめた直線の切片と傾きは，それぞれ正規分布の平均 $\mu$ と分散 $\sigma^2$ の推定値を示している．

**（例）** 下記の表は，ある植物の生育状況を記録した結果についてまとめた表である．ここにはいま，10 個体分の生育記録（cm）についてまとめてある．この記録について正規確率プロットを作成するのがここでの課題である．

|  | 1 | 2 | 3 | 4 | 5 | 6 | 7 | 8 | 9 | 10 |
|---|---|---|---|---|---|---|---|---|---|---|
| 生育記録 | 21.7 | 21.0 | 19.5 | 20.2 | 22.8 | 23.4 | 22.4 | 22.0 | 20.6 | 21.3 |

1) はじめにデータを昇順に並べ替える．

| 順序 ($i$) | 1 | 2 | 3 | 4 | 5 | 6 | 7 | 8 | 9 | 10 |
|---|---|---|---|---|---|---|---|---|---|---|
| $x_{(i)}$ | 19.5 | 20.2 | 20.6 | 21.0 | 21.3 | 21.7 | 22.0 | 22.4 | 22.8 | 23.4 |

2) 累積確率 $y_i=(i-0.5)/n$ を計算し，そのときの標準正規分布関数の逆関数からパーセント点 $x_i'$ を計算する．正規分布の分布関数は積分を含む式なので，この式を解析的に解くことはできない．したがって，コンピュータソフトウェアを利用するか，数表を使う必要がある．たとえば，マイクロソフトのエクセルには NORMINV の関数が備わっており，入力値として累積確率 $y_i$，平均，標準偏差を与えると，平均 0，標準偏差 1.0 におけるパーセント点 $x_i'$ の計算ができる．すると，$y_i$ に対応する $x_i'$ は次の表のように求めることができる（表の 4 行目）．

| $i$ | 1 | 2 | 3 | 4 | 5 | 6 | 7 | 8 | 9 | 10 |
|---|---|---|---|---|---|---|---|---|---|---|
| $x_{(i)}$ | 19.5 | 20.2 | 20.6 | 21.0 | 21.3 | 21.7 | 22.0 | 22.4 | 22.8 | 23.4 |
| $y_i$ | 0.050 | 0.150 | 0.250 | 0.350 | 0.450 | 0.550 | 0.650 | 0.750 | 0.850 | 0.950 |
| $x_i'$ | $-1.645$ | $-1.036$ | $-0.674$ | $-0.385$ | $-0.126$ | 0.126 | 0.385 | 0.674 | 1.036 | 1.645 |

3) データ点 $(x_i', x_{(i)})$ を座標軸にプロットする．さらに，データ点に直線を描きこむ．いまの段階では，グラフ用紙にプロットし，直線を描いてみよう．回帰式をあてはめることができるようになったら，y 切片と傾きを推定してみるとよい．このときプロット点があてはめた直線に近いところにあれば，データ $x$ が正規分布にしたがうと判断される．また，このときの切片と傾きは，それぞれ正規分布の平均 $\mu$ と標準偏差 $\sigma$ の推定値となる．

本データでは，データが近似直線上にほぼ一致していることから，正規分布

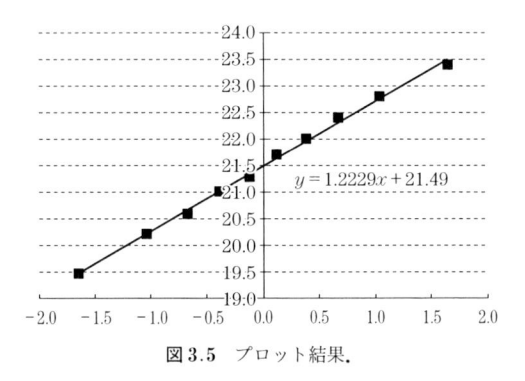

図 3.5　プロット結果．

にほぼ従うことが示唆される．このときの近似曲線は $y=1.22x+21.49$ であることから，$\hat{\mu}=21.49$，$\hat{\sigma}=1.22$ である．

## 練習問題

1. 名義尺度，順序尺度，間隔尺度，比尺度により観察されるデータの例をあげなさい．
2. ある男子高校の生徒の身長を調べたら最小値，最大値がそれぞれ152 cm，191 cm，生徒数は350名であった．階級幅と階級数を設定しなさい．
3. 下記の表は，人の昼食前後の血糖値（mg/dl）の差についてまとめたものである．このデータにロジスティック関数にあてはめてP-PプロットおよびQ-Qプロット分析を行いなさい．

|  | 1 | 2 | 3 | 4 | 5 | 6 | 7 | 8 | 9 | 10 |
|---|---|---|---|---|---|---|---|---|---|---|
| 血糖値 | 33 | 53 | 57 | 62 | 69 | 73 | 80 | 87 | 95 | 125 |

4. 人の血液中尿素態窒素に関する次のデータの正規確率プロットを示しなさい．

| 観測値 | 11.5 | 10.7 | 9.9 | 11.0 | 11.5 | 15.0 | 13.7 | 16.4 | 14.9 | 13.7 |
|---|---|---|---|---|---|---|---|---|---|---|

# 第 2 部

# 推定　　Estimation

> 💡 **推定とは，標本から母集団の母数を推測することをいう**

集団の特性を調べるとき，全体を記述することは不可能なので，その集団について何らかの要約が必要になる．そこで，母集団の性質を決めている母数を求めることになる．このためには，母集団全体を調査する必要があるが，現実には労力，コストなどさまざまな制約がある．そこで，我々は母集団から抽出した一部の標本をつかって推測を行う．このように，母数は比較的少数の標本から推測される．これを母数の推定という．

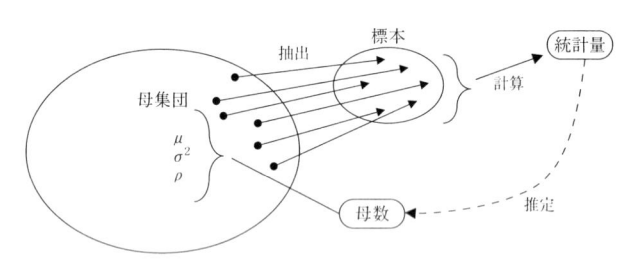

推定における母集団と標本，母数と統計量の関係．母集団の性質を決めている母数は，比較的少数の標本を用いて算出された統計量から推定される．

推定には点推定と区間推定があり，標本から母集団の母数をただ一つ推定する方法が点推定である．一方，区間推定はある確率で母数が含まれる区間を推定する．この章の最後では，母数をある信頼区間内に推定するために必要な標本の大きさの決定法について紹介する．

> **ことばノート**
>
> **母数**（Parameter）
> 　分布の性質を定める定数を分布の母数またはパラメータという．基本的な母数には，分布の中心を示す母数と分布の広がりを示す母数がある．

# 4 章　点推定 (Point estimation)

> 💡 母数の代表値を1つだけ推定すること

母集団の分布について調べるとき，その分布を決める未知の母数を求めることが必要である．母集団から抽出した標本をつかって母数を一つだけ推定することを点推定という．本書では，「分布の中心を示す母数」，「分布の広がりを示す母数」，「2変数間の関係を示す母数」について解説する．

> **チェックポイント**
> - ☐ 分布の中心を表す母数では，平均値が最も一般的な点推定値である
> - ☐ 分散には母分散のほかに標本分散，不偏分散があり，定義が異なる
> - ☐ 分散以外では，標準偏差，標準誤差，変動係数がある
> - ☐ 2変数の関係を表す母数には共分散のほか相関係数と回帰係数がある

① 分布の中心を示す母数

この母数は，集団を代表する値を示している．そのため，集団の水準について説明する場合や他の集団と水準を比較する場合に用いられる．代表的な母数に平均がある．

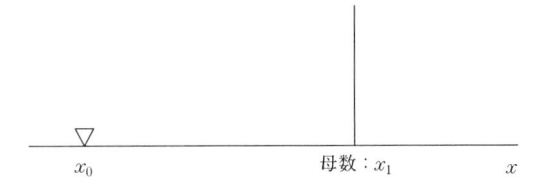

**図 4.1** $x$ 軸上における母数．

この図では，母数 $x_1$ はこの集団の代表値として $x$ 上の位置を示している．たとえば，この代表値が点 $x_0$ からどの位離れているかがわかる．

## ②分布の広がりを示す母数

分布の中心がわかれば複数の分布を比較することは可能である.しかし,分布の広がりに関する情報が欠けているため,不十分な比較しかできない.なぜなら,分布の広がりについての情報がないと,分布の重なりの程度がわからないからである.代表的な母数に分散,標準偏差などがある.

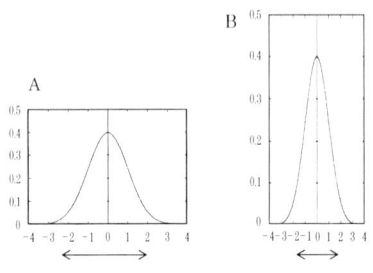

**図 4.2** 分布の広がりと尺度の関係.

常に 1.0 の面積をもつ確率分布において,広がりを変えることは尺度を変えることと同じである.なお,上図において A と B は横軸の尺度が違うだけである.

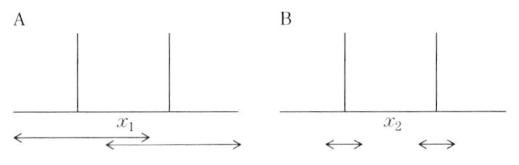

**図 4.3** 広がりが異なる 2 つの分布の比較.

上の図では,矢印が分布の広がりを表す.2 つの分布の中心 $x_1$, $x_2$ だけでは,2 つの分布が重なっているかどうかはわからない.分布の広がりに関する情報を加えることにより,分布の重なりがわかる.A は重なりの大きい分布の例,B は重なりの小さい分布の例である.

## 4.1 分布の中心を示す母数

### a. 平均値 (Mean)

標本平均は以下のように計算される.いま,$n$ 個の観測値 $\{x_1, x_2, x_3, \cdots, x_n\}$ があるとき,標本平均は観測値の総和を観測値数で割って求められる.

## 4.1 分布の中心を示す母数

$$\bar{x} = \frac{\sum_{i=1}^{n} x_i}{n}$$

次に標本平均の一般式を導くため，この式を次のように変形する．この式では，平均値は各観測値とその頻度の積からなることを示している．

$$\bar{x} = \sum_{i=1}^{n} \frac{1}{n} x_i \tag{4.1}$$

この式の考え方は，$m$ 個の決まった値（固定値）だけしかとらない別の観測値 $\{y_1, y_2, y_3, \cdots, y_n\}$ を考えることで，より明確になる．このとき，$y$ の平均値は以下の式で計算される．ただし，$k_i$ は $i$ 番目の固定値における観測値数で，$m \leq n$ とする．

$$\bar{y} = \sum_{i=1}^{m} \frac{k_i}{n} y_i \tag{4.2}$$

たとえば，$\bar{y}$ をある地域の平均世帯サイズとすると，$y_i$ は $i$ 番目の家族の世帯サイズ（家族の人数），$k_i$ はその世帯数，$m$ は世帯の最大値（最も大きな家族の人数），$n$ は全世帯数になる．具体例としては，1000世帯について調査した世帯サイズ別の戸数から平均世帯サイズを求める場合，下記のような式になる．

| 世帯サイズ ($y_i$) | 1 | 2 | 3 | 4 | 5 | 6 | 7 | 8 | 合計 |
|---|---|---|---|---|---|---|---|---|---|
| 世帯戸数 ($k_i$) | 138 | 176 | 263 | 221 | 118 | 53 | 25 | 6 | 1000 |

$$\bar{y} = \frac{138}{1000} \times 1 + \frac{176}{1000} \times 2 + \frac{263}{1000} \times 3 + \frac{221}{1000} \times 4 + \frac{118}{1000} \times 5 + \frac{53}{1000} \times 6$$
$$+ \frac{25}{1000} \times 7 + \frac{6}{1000} \times 8$$

この場合，$y$ の分布は離散分布である．上式の $k_i$ に関して，$\sum_{i=1}^{m} k_i = n$ なので，次の式が成り立つ．

$$\sum_{i=1}^{m} \frac{k_i}{n} = 1$$

また，4.1式においても

> **ことばノート**
>
> **確率密度関数**（Probability density function, p. d. f.）
> つりがね型の正規分布など，分布の形を表す関数で，ある区間について加算または積分することで，その区間に入る確率を求めることができる関数

$$\sum_{i=1}^{n}\frac{1}{n}=1$$

が成り立つ．上の2式には離散分布における確率密度関数と呼ばれる式が含まれている．

確率密度関数は，$f(x_i)$ で表され，式(4.1)では $1/n$，式(4.2)では $k_i/n$ が確率密度関数である．つまり，$x_i$ の値をとる観測値の頻度が確率密度関数となる．この関数をつかうと，離散分布をする変数の平均値は次のように表される．

> **ことばノート**
>
> **期待値**（Expectation）
> $x$ の任意の関数 $g(x)$ の期待値は，離散変数と連続変数に対してそれぞれ次のようになる．
> $E[g(x)] = \sum g(x)f(x)$ ……（離散変数）
> $E[g(x)] = \int_x g(x)f(x)\,dx$ ……（連続変数）
> たとえば，$(x-\mu)^2$ の期待値は
> $\sum (x-\mu)^2 f(x)$，または $\int_x (x-\mu)^2 f(x)\,dx$ となる．
> なお，この式は分散の定義式である．

$$\bar{x} = \sum_{i=1}^{n} x_i f(x_i)$$

一方，連続変数に対しては，平均値は次のようになる．

$$\bar{x} = \int_{-\infty}^{\infty} x f(x)\,dx$$

ただし，この式において $f(x)$ は連続分布をする変数 $x$ の確率密度関数である．

上式は，$x$ の期待値とも呼ばれる．変数 $x$ そのものの期待値は平均になるが，「ことばノート」の説明にあるように，期待値にはもっと一般的な意味がある．期待値を簡単に表すと，「起こりうる事象の最も中心的な値を予測すること」ということができる．

なお，平均は，その分布の重心を示す値という意味をもっている．分布の重心から鉛直に下ろした線が $x$ 軸と交わる点が平均である．幾何学上は，$x_i$ は $x$ 軸上の距離，$f(x_i)$ がそこで作用する力となり，この力がつりあう点が重心となる．

### b．最頻値（Mode）

モードとも呼ばれる．度数分布グラフをつくるとき，最も度数の大きい階級値（縦棒グラフにおける横軸の値）を最頻値という．分布の頂点をもつ階級の値になるので，度数分布の形からわかる母数である．また，確率密度関数によっては，微分により比較的簡単に計算することが可能である．反面，観測値

数が少なく分布の形が定まらない場合には求めにくいという欠点がある．

#### c．中央値（Median）

メジアン，中位数とも呼ばれる．観測値を大きさの順に並べたとき，真ん中に位置する数値を中央値という．観測値の数が奇数の場合は中央値が存在するが，観測値の数が偶数の場合は中央の2項の中間が中央値になる．中央値は分位数でいうと二分位数である．

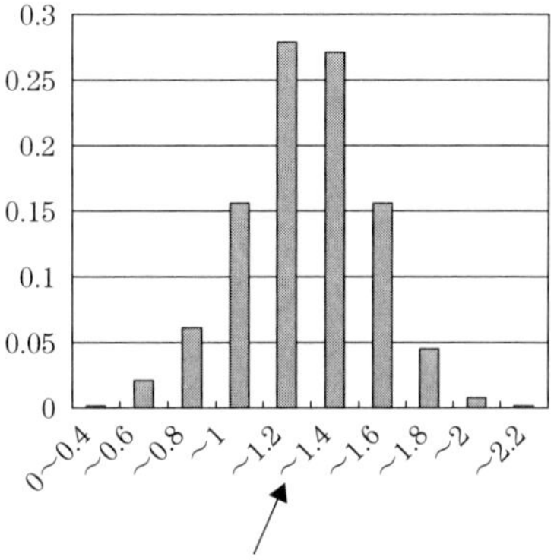

（例題） サイコロを振ったときに出る目の期待値は次の式を使って求めることができる．この式の $a$，$x_i$，$f(x_i)$ にあてはまる適切な数値を求めなさい．

$$\sum_{i=1}^{a} x_i f(x_i)$$

［解］ サイコロを振ったときに出ると期待される目の数は6個あるので，初期値が1のとき，$a$ は6になる．確率変数 $x_i$ の値は，単純に1番目の目を1，2番目の目を2，…，6番目の目を6と割り当てていく．

つまり，$x_1=1, x_2=2, \cdots, x_6=6$．
一方，公正なサイコロではそれぞれ6個の目は等しい確率になるので，$f(x_i)$ は次のように 1/6 である．

$$f(x_1)=f(x_2)=\cdots=f(x_6)=\frac{1}{6}$$

図4.4 度数分布における最頻値．矢印は最頻値（最も度数の大きい階級値）を示す．

> **ことばノート**
>
> **分位数**（Quantile）
>
> 順序統計量の1つで，四分位数，五分位数，十分位数などがある．いずれも観測値を大きさ順に並べたときに，それぞれ全体の4分の1，5分の1，10分の1間隔に位置する数値と定義される．たとえば，五分位数の場合，第1五分位数，第2五分位数，第3五分位数，第4五分位数は，それぞれ全体の5分の1，5分の2，5分の3，5分の4に位置する数値となる．一方，100分位数はパーセンタイルと呼ばれる．

## 4.2　分布の広がりを示す母数

#### a．範囲（Range）

範囲は広がりを示す母数の中で最も単純な母数といえる．範囲は観測値の最

大値と最小値の差から計算される。観測値 $\{x_1, x_2, x_3, \cdots, x_n\}$ を小さい値から大きい値への並びかえた順序統計量を $\{x_{(1)}, x_{(2)}, x_{(3)}, \cdots, x_{(n)}\}$ とする。つまり $x_{(1)} \leq x_{(2)} \leq x_{(3)} \leq \cdots \leq x_{(n)}$ が成り立つ。範囲（$R$）は次の式で計算される。

> **ことばノート**
> **順序統計量**（Order statistic）
> 変数 $x_i$ を小さい値から大きさの順に並びかえたものを順序統計量という。たとえば、$x_1, x_2, x_3, \cdots, x_n$ を並びかえて $x_{(1)}, x_{(2)}, x_{(3)}, \cdots, x_{(n)}$ とするとき、$x_{(i)}$ は小さい方から $i$ 番目の $x$ となる。

$$R = x_{(n)} - x_{(1)}$$

### b．平均偏差（Mean deviation）

分布の広がりは、分布の中心からの平均距離で表される。平均偏差では、「平均値からの偏差」の絶対値について平均してある。わかりやすい統計量であるが、数学的な取り扱いが難しいため使われることは少ない。観測値 $\{x_1, x_2, x_3, \cdots, x_n\}$ に対する平均偏差の式は次のようになる。

$$D = \frac{\sum_{i=1}^{n} |x_i - \bar{x}|}{n}$$

### c．標準偏差（Standard deviation）

偏差の平均を計算するもうひとつの方法は、平均からの偏差について絶対値をとるかわりに平方をつかう方法である。平方することにより、絶対値をとることと同じ効果を期待できる。標準偏差では、この偏差平方を平均して求める。この値は観測値の2乗の尺度になるので、最後にこの値の平方根をとることで元の尺度に戻される。母集団の標準偏差（母標準偏差）は次の式で示される。

$$\sigma = \sqrt{\frac{\sum_{i=1}^{n}(x_i - \mu)^2}{n}}$$

一方、観測値 $\{x_1, x_2, x_3, \cdots, x_n\}$ に対する標本の標準偏差は次の式で示される。

$$s = \sqrt{\frac{\sum_{i=1}^{n}(x_i - \bar{x})^2}{n-1}}$$

観測値などの標本に対しては、この式を推定値として使ったほうがよい。この理由は下の不偏分散の項で解説する。

標準偏差は、平均偏差と同様に、各観測値の平均からの平均距離を表してい

数が少なく分布の形が定まらない場合には求めにくいという欠点がある．

**c．中央値** (Median)

メジアン，中位数とも呼ばれる．観測値を大きさの順に並べたとき，真ん中に位置する数値を中央値という．観測値の数が奇数の場合は中央値が存在するが，観測値の数が偶数の場合は中央の2項の中間が中央値になる．中央値は分位数でいうと二分位数である．

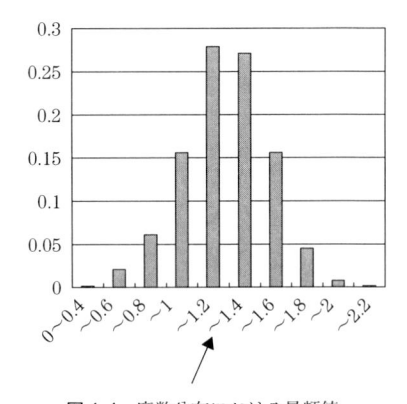

**図4.4** 度数分布における最頻値．矢印は最頻値（最も度数の大きい階級値）を示す．

（例題）サイコロを振ったときに出る目の期待値は次の式を使って求めることができる．この式の $a$, $x_i$, $f(x_i)$ にあてはまる適切な数値を求めなさい．

$$\sum_{i=1}^{a} x_i f(x_i)$$

[解] サイコロを振ったときに出ると期待される目の数は6個あるので，初期値が1のとき，$a$ は6になる．確率変数 $x_i$ の値は，単純に1番目の目を1，2番目の目を2，…，6番目の目を6と割り当てていく．

つまり，$x_1=1, x_2=2, \cdots, x_6=6$．

一方，公正なサイコロではそれぞれ6個の目は等しい確率になるので，$f(x_i)$ は次のように1/6である．

$$f(x_1)=f(x_2)=\cdots=f(x_6)=\frac{1}{6}$$

> **ことばノート**
> **分位数**（Quantile）
> 順序統計量の1つで，四分位数，五分位数，十分位数などがある．いずれも観測値を大きさ順に並べたときに，それぞれ全体の4分の1，5分の1，10分の1間隔に位置する数値と定義される．たとえば，五分位数の場合，第1五分位数，第2五分位数，第3五分位数，第4五分位数は，それぞれ全体の5分の1，5分の2，5分の3，5分の4に位置する数値となる．一方，100分位数はパーセンタイルと呼ばれる．

## 4.2 分布の広がりを示す母数

**a．範囲** (Range)

範囲は広がりを示す母数の中で最も単純な母数といえる．範囲は観測値の最

大値と最小値の差から計算される．観測値 $\{x_1, x_2, x_3, \cdots, x_n\}$ を小さい値から大きい値への並びかえた順序統計量を $\{x_{(1)}, x_{(2)}, x_{(3)}, \cdots, x_{(n)}\}$ とする．つまり $x_{(1)} \leq x_{(2)} \leq x_{(3)} \leq \cdots \leq x_{(n)}$ が成り立つ．範囲 ($R$) は次の式で計算される．

> **ことばノート**
> **順序統計量** (Order statistic)
> 　変数 $x_i$ を小さい値から大きさの順に並びかえたものを順序統計量という．たとえば，$x_1, x_2, x_3, \cdots, x_n$ を並びかえて $x_{(1)}, x_{(2)}, x_{(3)}, \cdots, x_{(n)}$ とするとき，$x_{(i)}$ は小さい方から $i$ 番目の $x$ となる．

$$R = x_{(n)} - x_{(1)}$$

**b．平均偏差** (Mean deviation)

　分布の広がりは，分布の中心からの平均距離で表される．平均偏差では，「平均値からの偏差」の絶対値について平均してある．わかりやすい統計量であるが，数学的な取り扱いが難しいため使われることは少ない．観測値 $\{x_1, x_2, x_3, \cdots, x_n\}$ に対する平均偏差の式は次のようになる．

$$D = \frac{\sum_{i=1}^{n} |x_i - \bar{x}|}{n}$$

**c．標準偏差** (Standard deviation)

　偏差の平均を計算するもうひとつの方法は，平均からの偏差について絶対値をとるかわりに平方をつかう方法である．平方することにより，絶対値をとることと同じ効果を期待できる．標準偏差では，この偏差平方を平均して求める．この値は観測値の2乗の尺度になるので，最後にこの値の平方根をとることで元の尺度に戻される．母集団の標準偏差（母標準偏差）は次の式で示される．

$$\sigma = \sqrt{\frac{\sum_{i=1}^{n} (x_i - \mu)^2}{n}}$$

一方，観測値 $\{x_1, x_2, x_3, \cdots, x_n\}$ に対する標本の標準偏差は次の式で示される．

$$s = \sqrt{\frac{\sum_{i=1}^{n} (x_i - \bar{x})^2}{n-1}}$$

観測値などの標本に対しては，この式を推定値として使ったほうがよい．この理由は下の不偏分散の項で解説する．

　標準偏差は，平均偏差と同様に，各観測値の平均からの平均距離を表してい

る．この平均距離を計算する方法として，前述のとおり平均偏差よりも標準偏差がよく使われる．

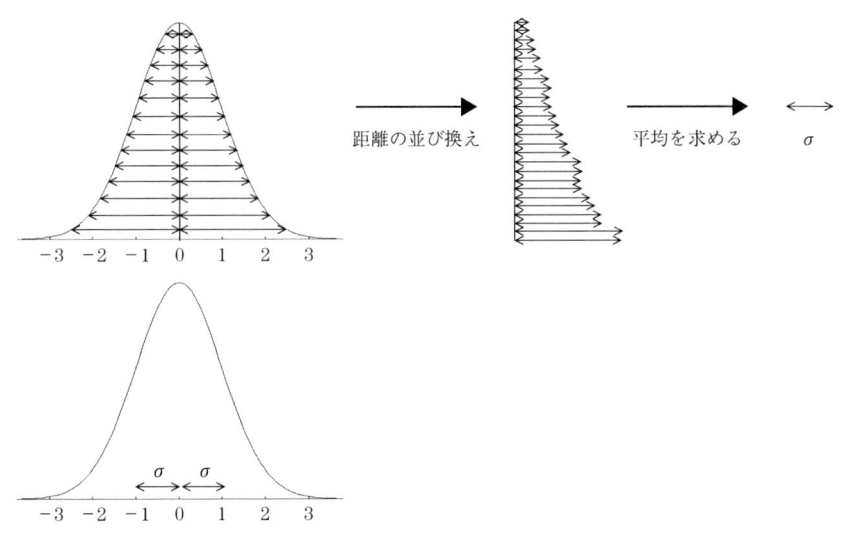

**図4.5** 正規分布における標準偏差を表す模式図．
標準偏差（$\sigma$）は，観測値の（平均からの）平均距離を表している．

### d．分散（Variance）

標準偏差を2乗したものが分散である．母分散（母集団の分散）は次の式で計算される．

$$\sigma^2 = \frac{\sum_{i=1}^{n}(x_i - \mu)^2}{n}$$

ただし，$\mu$は母平均（母集団平均）である．

標本つまり観測値 $\{x_1, x_2, x_3, \cdots, x_n\}$ に対してこの式を応用したものが次の標本分散になる．この式では，上の式における母平均 $\mu$ を標本平均 $\bar{x}$ で置き換えてある．

**標本分散**（Sample variance）　　$s^2 = \dfrac{\sum_{i=1}^{n}(x_i - \bar{x})^2}{n}$

しかし，標本分散は偏りのため母分散の推定値とはならない．この点を修正したものが不偏分散である．

**不偏分散**（Unbiased estimate of variance） $\quad s^2 = \dfrac{\sum\limits_{i=1}^{n}(x_i - \bar{x})^2}{n-1}$

不偏分散の式では，分母が $n$ から $n-1$ にかわっただけである．このため，標本数 $n$ が大きくなると不偏分散と標本分散はほとんど同じになる．

では，なぜ不偏分散はその名のとおり母分散に対して不偏なのだろうか．この答えのヒントは分散の分子の違いにある．母分散では，母平均が用いられるのに対し，不偏分散では標本平均が用いられている．この違いは分散の計算に大きな影響を与える．なぜならば，母平均は標本値と独立の母数であるのに対し，標本平均は標本値とは独立ではないからである．

分散推定値は，標準偏差に比べて説明しにくい数値である．しか

> **豆知識**
> **不偏分散の推定式**
> 　不偏分散推定式の分母における $n$ から $n-1$ への変化は，偏差の計算式に起因している．母分散の計算では，偏差は母平均からの偏差として $x_i - \mu$ の式で計算される．この場合，$\mu$ と $x_i$ はそれぞれ独立の変数である．したがって，それぞれの偏差間には依存関係がない．これに対して，$x_i - \bar{x}$ では $\bar{x}$ の計算に観測値の総和が含まれている．これにより，$n-1$ 個の $x_i - \bar{x}$ が決まると，残りひとつの $x_i - \bar{x}$ は自動的に決まってくるという性質をもつようになる．つまり $n$ 個の偏差のうち，ひとつは他の偏差に従属していることになり，自由に決まる偏差は $n-1$ 個となる．なお，自由に決まる偏差が $n-1$ 個になるという点は，この統計量の自由度と関係している．

し，数学的には標準偏差よりも扱いやすいため，数理的な処理では分散の方がよくつかわれる．分散の表記には，上のような標準偏差を用いた表記に加えて $V$ の表記もよく用いられる，ほかに $V_x$，$\mathrm{var}(x)$ など確率変数を明記した表記法がある．

不偏分散の計算式は上記のとおりであるが，計算処理の上からは上の式を変形した下記の中側または右側の式を使用した方が計算量は少なくなる．

$$s^2 = \frac{\sum\limits_{i=1}^{n}(x_i - \bar{x})^2}{n-1} = \frac{\sum\limits_{i=1}^{n} x_i^2 - n\bar{x}^2}{n-1} = \frac{\sum\limits_{i=1}^{n} x_i^2 - \left(\sum\limits_{i=1}^{n} x_i\right)^2 / n}{n-1}$$

これらの式と定義式を比較すると，定義式では一度全観測値の総和から平均

## 4.2 分布の広がりを示す母数

値を計算したあと，もう一度観測値を読み込んで平均値からの偏差の平方和を計算しなければならない．このために，ひと回り分だけ計算過程が多い．

● 不偏性の説明（射撃競技の例）

不偏性の概念をわかりやすく説明するため，推定の問題を射撃競技に置きかえて説明しよう．射撃

> **豆知識**
>
> **不偏性**（Unbiasedness）
>
> 通常，母数に対する一つの推定値は，誤差のために母数とは多少なりとも異なっている．しかし，不偏推定量による推定値であれば，同様の推定を重ねれば重ねるほど推定値の平均は母数に近づく性質をもっている．しかし，偏った推定量ではこのようにはならない．
>
> ある母数 $\theta$ の推定量 $\hat{\theta}$ に次の関係が成り立つとき，この推定量は不偏であるという．
> $$E(\hat{\theta}) = \theta$$

の的を母数に，1回の射撃を1つの推定値に，ライフルの照準器を統計量にたとえるとしよう．照準にくるいがない（統計量が不偏）場合，ひとつひとつの射撃（推定値）はライフルの命中精度（推定精度）に従い，的を中心に同心円状に分布するであろう．この分布は，推定でいう誤差にあたる．一方，照準がくるっている（統計量が偏っている）場合，的からはずれたところに分布の中心が位置するようになる．

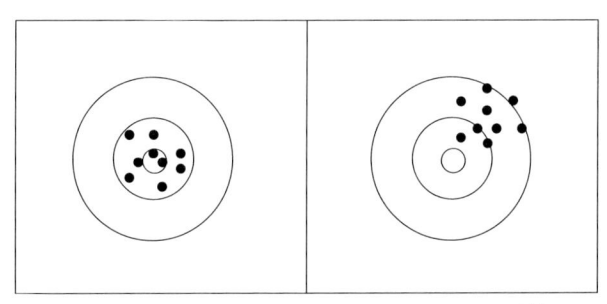

照準が正確な射撃　　　　　照準がくるっている射撃

照準が正確（統計量が不偏）であれば，的と分布の中心は一致する．このため，複数の射撃回数についてその平均をとれば，その平均は射撃の回数が増えるほど的の中心に近づくという性質をもつ．しかし，照準がくるって（統計量が偏って）いると，的と分布の中心は一致しない．このため，その平均も的の中心からずれることになる．

**e. 標準誤差**（Standard error）

平均値の分散は，分散の特性（p.13）より次のようになる．

$$\mathrm{var}(\bar{x}) = \frac{s^2}{n}$$

　この式の平方根は，統計量である平均値の標準偏差となる．この平均値の標準偏差をとくに標準誤差という．一方，この標準誤差の用語は，平均値に限られたものではなく，広く統計量の標準偏差の意味で用いられる．たとえば，回帰係数の標準誤差，分散成分の標準誤差などである．標本平均の標準誤差は次の式で示される．

$$SE = \frac{s}{\sqrt{n}}$$

　この標準誤差は，標本平均の分布の広がりを示している．また，このことから標本平均の信頼性を表す数値にもなっている．前述したように標準誤差は統計量一般の信頼性を表す指標としても使われるので，平均値の標準誤差を一般的な標準誤差と区別するためとくに $SEM$（Standard error of mean）という場合がある．

　このように平均値の標準誤差は，平均値の信頼性に関する指標を与えるため，平均値の区間推定や「母平均の検定」の統計量に含まれている．

### f. 変動係数（Coefficient of variation）

　分布の広がりを示す統計量には，ほかに変動係数がある．これは，標本標準偏差を平均値で割って求められたものである．

$$CV = \frac{s}{\bar{x}}$$

　変動係数は異なる観測値についてそれらの変動の違いを比較するときに使われる．ただし，平均値の値に大きく影響されるので，負の値をとる観測値や分布の原点を変えられるような観測値には適用できない．

**（例題）** いま，3つの観測値を $x_1, x_2, x_3$，これらの平均値を $\bar{x}$ とするとき，この不偏分散は次のようになる．

$$v_x = \frac{(x_1-\bar{x})^2 + (x_2-\bar{x})^2 + (x_3-\bar{x})^2}{n-1}$$

この式に含まれる3つの偏差のうち，2つの偏差が次のようにわかっているとき，

$$x_1 - \bar{x} = a$$
$$x_2 - \bar{x} = b$$

3つ目の偏差 $x_3-\bar{x}$ を $a$, $b$ をつかって表せ．ただし，$a$, $b$ は定数とする．
［解］観測値の総和は平均値を3倍すれば得られるので，3番目の観測値は次のようになる．

$$x_3 = 3\bar{x} - x_1 - x_2$$
$$= \bar{x} - a - b$$

したがって，

$$x_3 - \bar{x} = -a - b$$

このように $n-1$ 個の偏差があたえられると，最後の一つの偏差はほかの偏差で表すことができる．この性質が分散の自由度 $n-1$ の意味である．

## 4.3　2変数の関係を示す母数

これまでは，1つの観測値を対象にその分布に関係する母数や統計量について説明してきた．一方，複数の観測値群があると，これらの群間の関係を情報として利用できる．たとえば，対応関係のある2群の観測値があると，それらの観測値間にどのような関係が存在するかについて知りたいと思うはずである．例としては，ある穀物の個体ごとに観測された実の数と

**豆知識**

回帰や相関分析は，進化生物学の研究のために考案された方法である．フランシス・ゴールトン (F. Galton, 1822-1911) は回帰分析をつかって身長，体重，骨格の大きさなど連続変異するような観測値の遺伝性について研究を行った．回帰は，彼が使い始めたことばで，親の世代において身長の高いグループも低いグループもその子の世代では，それらの平均が全体平均に近づいていくという現象を回帰と呼んでいる．なお，近代遺伝学では，このような測定値における親子間の回帰係数は 0.5 以下になることがわかっている．これは，環境効果により遺伝性が完全でないことに起因し，上記の回帰現象の原因となっている．

重量の関係，人の肥満度と血圧の関係，乳牛における体重と乳量の関係などである．関係を表す母数のうち，共分散，回帰，相関係数について解説する．

**a．共分散** (Covariance)

2つの変数の関係を表す統計量の中で最も基礎的なものが共分散である．共分散の計算式は，分散と似た形をしている．$n$ 組の $x$ と $y$ の変数値について母集団の共分散は次の式で定義される．

$$\sigma_{xy} = \frac{\sum_{i=1}^{n}[(x_i - \mu_x)(y_i - \mu_y)]}{n}$$

なお，$\mu_x$ と $\mu_y$ はそれぞれ $x$ と $y$ の母平均である．

上の式をみると，分子は各変数の「平均値からの偏差」の積和からできている．なお，上の式で $x=y$ とおくと，$x$ または $y$ の分散の式と同じになる．分母はその和から平均を計算するための除数である．以下において，上式の分子の意味についてみていくことにする．

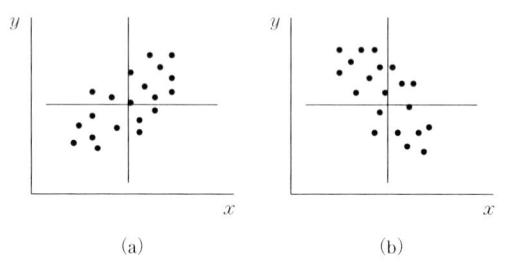

図 4.6　2 変数 $x$ と $y$ の関係．
(a)正の関係，(b)負の関係．

図 4.6 は，2 つの観測値を散布図にプロットしたものである．ここで，2 つの観測値の平均値から垂直線と水平線を引いて，図(a)を 4 つの領域に分割してみる．多くのプロット点が左下と右上の領域に分布している場合，$x$ 軸の観測値が増加するとともに $y$ 軸の観測値も増加する傾向を示す．このとき，2 つの観測値は正の関係にあるといえる．一方，プロット点の多くが左上と右下の領域に分布している(b)の場合，$x$ 軸の観測値が増加すると $y$ 軸の観測値は減少する傾向を示す．この場合，2 つの観測値間には負の関係があるという．

2 つの観測値が正の関係にある(a)の場合，右上の領域にある $x$ と $y$ の観測値は，ともにそれぞれの平均値より大きく，左下の領域のデータ点は逆に平均値よりも小さいから $(x_i-\bar{x})$ と $(y_i-\bar{y})$ の積は正の値になる．また，大部分のプロット点は右上の領域と左上の領域にあるので，その総和も正の値になる．逆に，負の関係にある(b)の場合，左上と右下の領域において $(x_i-\bar{x})$ と $(y_i-\bar{y})$ の積は負になり，したがってその総和も負の値になる．これが計算式の構造上の意味である．このように共分散の正負は 2 つの観測値が正の関係にあるか，それとも負の関係にあるかを示している．

一方，$n$ 個の観測値の組，$\{(x_1, y_1), (x_2, y_2), \cdots, (x_n, y_n)\}$ に対して不偏共

4.3 2変数の関係を示す母数

分散は次の式で表される．

$$s_{xy} = \frac{\sum_{i=1}^{n}[(x_i-\bar{x})(y_i-\bar{y})]}{n-1}$$

この式で，$\bar{x}$ と $\bar{y}$ は標本平均である．また，共分散は cov，$\text{cov}_{xy}$，$\text{cov}(x,y)$ と記述されることもある．分散の式と同様に，次の式を用いると計算の手順を減らすことができる．

$$s_{xy} = \frac{\sum_{i=1}^{n}(x_i-\bar{x})(y_i-\bar{y})}{n-1} = \frac{\sum_{i=1}^{n}x_i y_i - n\overline{xy}}{n-1} = \frac{\sum_{i=1}^{n}x_i y_i - \left(\sum_{i=1}^{n}x_i\right)\left(\sum_{i=1}^{n}y_i\right)/n}{n-1}$$

**b．相関係数**（Correlation coefficient）

標本観測値から共分散を推定すると，推定値の符号から2つの観測値間に正の関係があるかまたは負の関係があるかについてわかるようになる．しかし，共分散の数値の意味はわかりにくい．

相関係数は，共分散を標準化して，わかりやすくしたものとみることができる．2群の観測値 $x$，$y$ の相関係数を推定する式は，次のようになる．

$$r = \frac{s_{xy}}{s_x s_y}$$

ここで，$s_{xy}$，$s_x$，$s_y$ はそれぞれ $x$ と $y$ の共分散，$x$ の標準偏差，$y$ の標準偏差を表す．このように，相関係数は共分散を2変数 $x$，$y$ の標準偏差で割って得られる．この変換により，相関係数は$-1.0$から$+1.0$までの範囲をとるようになる．また，式からわかるように $x$ と $y$ を入れ替えても相関係数の計算式に変わりはない．このことは $x$ と $y$ が相関係数では対等に扱われていることを示している．これは，変数 $x$ と $y$ の扱いに違いがある回帰係数とは異なる点である．

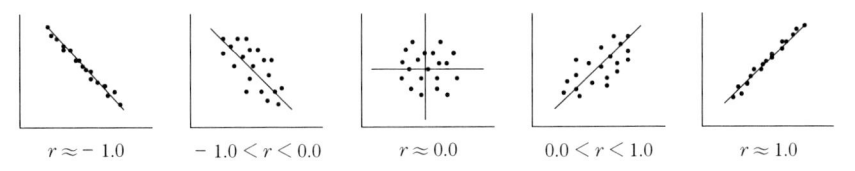

$r \approx -1.0$　　$-1.0 < r < 0.0$　　$r \approx 0.0$　　$0.0 < r < 1.0$　　$r \approx 1.0$

図 4.7　観測値の分布と相関係数 $r$ の関係．

図4.7は，さまざまな相関係数に対応する分布型を模式的に描いたものである．相関係数の符号と絶対値は，それぞれ2変数の関係の傾向とつながりの強さを表す．上の図からわかるように，2つの変数間に右上がりの傾向があるときは，相関係数は正の値を示し，逆に右下がりの傾向の場合は負の値を示す．また，その絶対値が0

> **豆知識**
>
> 相関係数を平方したものは決定係数 (Coefficient of determination) と呼ばれる．決定係数は次の式で表される．
>
> $$R^2 = 1 - \frac{\sum (y_i - \hat{y}_i)^2}{\sum (y_i - \bar{y})^2} = 1 - \frac{\sum e_i^2}{\sum (y_i - \bar{y})^2}$$
>
> ただし，$y_i$ は観測値，$\hat{y}_i$ は回帰式による $y_i$ の予測値，$\bar{y}$ は $y$ の平均値とする．
>
> 右辺第2項の分母は全分散，分子は誤差分散になるので，第2項は全分散に占める誤差の割合を表している．したがって，1.0から誤差の占める割合を引いた決定係数は，回帰モデルで説明できる分散の割合を表している．

に近づくと分布はばらけてつながりの弱いことを示す．一方，1.0 に近づくと2変数間のつながりが増し，一直線上に乗るようになる．

### c．回帰係数 (Coefficient of regression)

共分散を1つの変数の分散で割って得られるのが，回帰係数である．推定式は次のようになる．

$$b_{yx} = \frac{s_{xy}}{s_x^2}$$

この式からわかるように，回帰係数では $x$ と $y$ を入れ替えると別の式になってしまう．つまり，$x$ と $y$ の間には明確な違いがあり，2つの変数は対等ではない．上の式で，$x$ はこの関係式の原因となる変数という意味で独立変数と呼ばれ，$y$ はこの関係の結果として観測される変数として従属変数と呼ばれる．回帰係数は，ある尺度上で独立変数が1単位移動したときの従属変数の変化量である．したがって，「傾き」とか「変化量」と呼ばれる．

この回帰係数を使って回帰直線を推定することができる．回帰式は次のようになる．

$$y = a + b_{yx} x$$

ここで，$a$ は定数で $y$ 切片と呼ばれる．このとき $a$ は次の式で求めることができる．

$$a = \bar{y} - b_{yx} \bar{x}$$

ただし，$\bar{x}$ と $\bar{y}$ はそれぞれ $x$ と $y$ の平均値とする．この式は，回帰直線が2

つの変数の平均値を必ず通るという性質を利用している．したがって，回帰式は次のように変形される．
$$y = (\bar{y} - b_{yx}\bar{x}) + b_{yx}x \quad \text{または} \quad (y - \bar{y}) = b_{yx}(x - \bar{x})$$

上の式のうち，2つ目の式は，回帰係数によって変数 $x$ の偏差から $y$ の偏差を予測することができることを示している．なお，この式の形は予測式の基本形であり，予測法をつくるときの基礎になる．

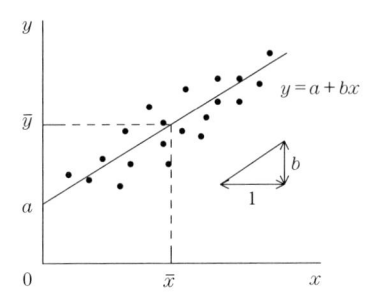

**図4.8** 観測値のプロット点と回帰直線の関係．
$\bar{x}$, $\bar{y}$, $a$ そして $b$ は，それぞれ $x$ と $y$ の平均値，$y$ 切片および傾きを表す．

(例題) 下記の観測値は成人男性の年齢と血圧（収縮期血圧）を調べた結果である．次の問に答えなさい．

| 年齢 | 68 | 57 | 77 | 62 | 57 | 75 | 70 |
|---|---|---|---|---|---|---|---|
| 血圧（mmHG） | 138 | 132 | 144 | 131 | 124 | 136 | 140 |

1) 年齢と血圧の共分散を計算しなさい．
2) 両観測値の相関係数を推定しなさい．
3) 年齢を独立変数としたときの回帰係数を推定しなさい．
4) 回帰式を記述しなさい．

［解］1) 上の観測値から共分散を計算するために必要な値を求めておく．ここでは，年齢を $x$，血圧を $y$ とする．

$\sum x = 466, \sum y = 945, \sum xy = 63186, \sum x^2 = 31420, \sum y^2 = 127837$

これらを使って，共分散は次のように計算される．
$$s_{xy} = \frac{\sum xy - \sum x \sum y / n}{n - 1} = 46$$

2) 相関係数の計算には，共分散の他にそれぞれの変数の分散が必要になる．それらは次のようになる．

$$s_x^2 = \frac{\sum x^2 - (\sum x)^2/n}{n-1} = 66.29$$

$$s_y^2 = \frac{\sum y^2 - (\sum y)^2/n}{n-1} = 43.67$$

$$r = \frac{46}{\sqrt{66.29 \times 43.67}} = 0.86$$

3) 回帰係数は共分散と独立変数 $x$ の分散から計算される．

$$b = \frac{46.0}{66.29} = 0.69$$

4) 回帰式には $y$ 切片の計算が必要なので，最初に平均値を求めておく．

$$\bar{x} = 66.57, \bar{y} = 135$$
$$a = 135 - 0.69 \cdot 66.57 = 88.80$$
$$\therefore y = 88.8 + 0.69x$$

## 練習問題

1. ある試験の受験者の点数のすべてに 10 点ずつ加点したとき，この試験の平均点はどのようになるか．また 10％ずつ割り増す場合の平均点はどうなるか答えなさい．

2. 2 つの変数 $x$, $y$ に $y = ax + b$ の 1 次関係式が成り立つとき，$y$ の平均は $a\bar{x} + b$ になることを示せ．ただし，$a$ と $b$ は任意の定数とする．

3. 下記の表は，ある県における 2006 年の年齢別人口構成をまとめたものである．モードと平均年齢を求めなさい．ただし，各年齢の階級における代表値はその階級の平均とする（4.5, 14.5, 24.5 など）．

| 年齢 | 0～9 | 10～19 | 20～29 | 30～39 | 40～49 | 50～59 | 60～69 | 70～79 | 80～89 | 90～99 | 100～ |
|---|---|---|---|---|---|---|---|---|---|---|---|
| 人口 | 188847 | 204454 | 217220 | 291483 | 241241 | 313948 | 249265 | 195427 | 96753 | 19027 | 483 |

4. 下記の記録は，ある養豚農家における一腹の産子数別の母豚数である．母豚の一腹産子数のメジアンと平均値を求めなさい．

| 産子数 | 5 | 6 | 7 | 8 | 9 | 10 | 11 | 12 | 13 |
|---|---|---|---|---|---|---|---|---|---|
| 母豚頭数 | 4 | 9 | 9 | 10 | 13 | 18 | 13 | 5 | 2 |

**5.** 下記の数列の平均値，メジアン，平均偏差，標準偏差を求めなさい．
  1) 210, 212, 189, 241, 223, 193, 174
  2) 1, 2, 3, 4, 5, 6, 7

**6.** 変数 $x$ を $y = \dfrac{x - \bar{x}}{s_x}$ で変換した $y$ の平均が 0，標準偏差が 1 になることを示しなさい．

**7.** 下記の表は，マウスの 8 週齢体重（g）について記録したものである．平均値，メジアン，分散，（標本の）標準偏差，標準誤差，変動係数を計算せよ．
  42, 36, 45, 40, 37, 36, 42, 43, 34, 44, 36, 37, 39, 41, 40, 46, 39

**8.** 5 組の父子について父の 25 歳時の身長とその息子の 25 歳時の身長（cm）を比べたところ，下記のようになった．父と子の相関係数と，父を独立変数としたときの回帰係数を計算しなさい．

| 父の身長 | 165 | 154 | 173 | 180 | 176 |
|---|---|---|---|---|---|
| 息子の身長 | 172 | 167 | 184 | 179 | 174 |

**9.** 上記のデータのうち父の身長から 150 を引いた数値と子の身長間の相関係数を計算しなさい．

**10.** 今，動物の体内に蓄積されたある薬剤の濃度（μg/ml）を相対吸光度から求める目的で，血中濃度に対応する吸光度を測定した．両者の間に線形関係が仮定できるとき，吸光度から濃度を求める回帰式（検量線という）を求めなさい．

|  | 1 | 2 | 3 | 4 | 5 | 6 |
|---|---|---|---|---|---|---|
| 濃度 | 10 | 20 | 30 | 40 | 50 | 60 |
| 吸光度 | 0.96 | 0.77 | 0.63 | 0.49 | 0.36 | 0.21 |

**11.** $\hat{y}$ を回帰式から計算された $y$ の予測値とすると，$\sum(y - \hat{y}) = 0$ が成り立つことを示しなさい．

# 5章　区間推定 (Interval estimation)

> 点推定値に信頼性の情報を加えて，母数の含まれる区間を推定する

これまで述べてきた点推定は，標本から母数の推定値を唯ひとつ得る方法である．しかし，推定値が真の母数と一致することは極めてまれで，実際には大なり小なりの誤差がある．信頼性の高い推定値であれば，真の母数はその推定値の付近にある可能性が高いが，信頼性の低い推定値であれば推定値から離れたところに位置している可能性が高い．点推定値の不完全性に対するひとつの答えが，区間推定の利用である．区間推定は点推定値に信頼性に関する情報を加えて，より合理的な推定を可能にした方法である．

> チェックポイント
> ☐ 95%信頼区間の場合，その区間には95%の確率で母数が含まれる
> ☐ 区間推定には，それぞれの母数に適合する分布が使われる
> ☐ 平均値，相関係数，回帰係数，比率，分散の区間推定

## 5.1　母数の区間推定

### 5.1.1　区間推定の意味

区間推定では，誤差を考慮に入れ，ある確率で真の母数が含まれる区間を推定する．区間推定で用いられる95%，99%などの確率は信頼係数と呼ばれる．たとえば，95%の信頼係数をもつ95%信頼区間（Confidence interval）の場合，真の母数はこの区間に95%の確率で含まれることになる．

この点を仮想的な統計実験を通じて説明していこう．いま，母集団からそれぞれ$n$個の標本抽出を100回繰り返し実施したと仮定する．普通の推定では，

1回,多くても数回の抽出しか行わないが,ここで仮想的な抽出回数を100回と仮定した.この理由は,百分率に対応させて分かりやすくするためである.通常1回しか行われない抽出回数であるが,抽出理論の概念上は多数の標本中の一つとして扱われる.この点は,区間推定の考え方を理解する上で重要である.

真の母数を固定された値として考えると,100回の抽出から得られた100個の点推定値および区間推定値は図5.1のような模式図で表すことができる.なお,図の中心線は真の母数 $\theta$ を,線分(←○→)の中心の丸が点推定値 $\hat{\theta}$ を,両端の矢印が $\theta$ の95%信頼区間の範囲を表す.すると,100個の信頼区間のうち,95個がその区間の範囲内に真の母数 $\theta$ を含み,5個は含まない(*がその内の2つの信頼区間を示す).これが95%信頼区間の意味である.もし,99%信頼区間であれば,$\theta$ を含む区間と含まない区間の期待値は,それぞれ99個と1個になる.

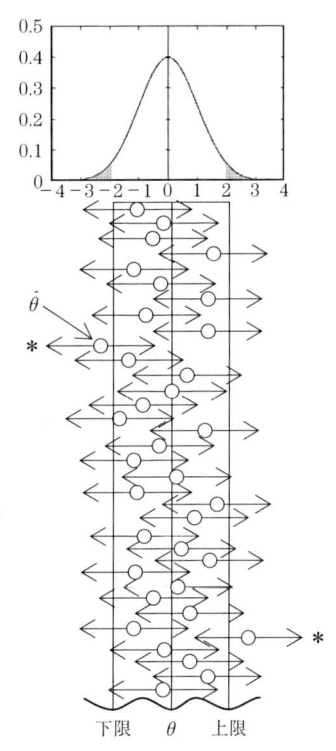

図5.1 区間推定の模式図.

### 5.1.2 方法の基礎

次に信頼区間の作り方について説明する.$\theta$ の推定値 $\hat{\theta}$ を次の式で変数変換すると,$z$ は平均0,分散1.0の正規分布に従うようになる.

$$z = \frac{\hat{\theta} - \theta}{SE(\hat{\theta})} \tag{5.1}$$

ただし,$SE(\hat{\theta})$ は推定値の標準誤差とする.上の変換によりこの変数に標準正規分布をあてはめることができる.標準正規分布では,平均を中心に全体の95%が含まれる区間は,$-1.96$ から $1.96$ の範囲になる.

区間推定では90%および99%の信頼区間もよく使われる.このときそれぞれの信頼区間に対応した境界 $z_{1-\alpha/2}$ は,次のようになる.

| 信頼係数 $(1-\alpha)$ | $\alpha$ | $\alpha/2$ | $z_{1-\alpha/2}$ |
|---|---|---|---|
| 0.90 | 0.10 | 0.05 | 1.65 |
| 0.95 | 0.05 | 0.025 | 1.96 |
| 0.99 | 0.01 | 0.005 | 2.58 |

この95%，99%，99.9%などは信頼係数と呼ばれ，$1-\alpha$ で示される．ただし，$\alpha$ は危険率または有意水準と呼ばれる係数で，通常5%，1%または0.1%などの値がとられる．

上の5.1式から次の不等式が得られる．

$$-z_{1-\alpha/2} < \frac{\hat{\theta}-\theta}{SE(\hat{\theta})} < z_{1-\alpha/2} \tag{5.2}$$

ここで，$z_{1-\alpha/2}$ は信頼係数 $(1-\alpha)$ に対応する標準正規分布の境界で，95%信頼区間であれば1.96になる．この式を下記のように変形し，母数 $\theta$ の信頼区間を得ることができる．

式(5.2)の各辺に $SE(\hat{\theta})$ をかけると，次の式が得られる．

$$-z_{1-\alpha/2} \times SE(\hat{\theta}) < (\hat{\theta}-\theta) < z_{1-\alpha/2} \times SE(\hat{\theta})$$

次に，各辺から $\hat{\theta}$ を引く．

$$-\hat{\theta}-z_{1-\alpha/2} \times SE(\hat{\theta}) < -\theta < -\hat{\theta}+z_{1-\alpha/2} \times SE(\hat{\theta})$$

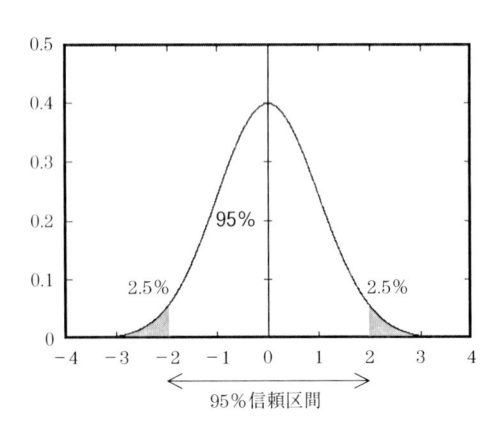

**図5.2** 信頼係数95%における信頼区間．
正規分布の両端に2.5%ずつ面積がくるように境界を設ける．この境界にはさまれた領域は全体の95%になる．この2つの境界にはさまれた区間を95%信頼区間という．

ここで，各辺に$-1$を乗じ，並びかえると，母数$\theta$の信頼区間が得られる．

$$\hat{\theta} - z_{1-\alpha/2} \times SE(\hat{\theta}) < \theta < \hat{\theta} + z_{1-\alpha/2} \times SE(\hat{\theta}) \quad \cdots\cdots\cdots\cdots (5.3)$$

このように信頼区間の下限と上限は，$\hat{\theta} \pm z_{1-\alpha/2} \times SE(\hat{\theta})$の式で表される．したがって，あらかじめ信頼係数を決めていれば，推定値とその標準誤差を用いて信頼係数に応じた区間推定を行うことができる．

### 5.1.3 さまざまな母数の区間推定

**a．平均**（Mean）

平均の場合，点推定値$\hat{\theta}$とその標準誤差$SE(\hat{\theta})$は，それぞれ標本平均と標準誤差（$SEM$）になる．

$$\theta = \mu \qquad \hat{\theta} = \bar{x}$$

$$SE(\hat{\theta}) = \frac{s}{\sqrt{n}}$$

式(5.3)から，母平均$\mu$の信頼区間は次のようになる．

$$\bar{x} - z_{1-\alpha/2} \times \frac{s}{\sqrt{n}} < \mu < \bar{x} + z_{1-\alpha/2} \times \frac{s}{\sqrt{n}}$$

ただし，上の式は標本数が大きいとき（$n \geq 30$）にだけ適用できる．標本数が30より少ないときは正規分布の代わりに$t$分布を用いる．

$$\bar{x} - t_{1-\alpha/2} \times \frac{s}{\sqrt{n}} < \mu < \bar{x} + t_{1-\alpha/2} \times \frac{s}{\sqrt{n}}$$

ここで，$t_{1-\alpha/2}$は信頼係数$(1-\alpha)$と自由度$(n-1)$に対応した$t$値で，巻末の$t$分布表から得られる．たとえば，信頼係数が95％で自由度が8の場合，$t$分布表における0.975（または0.025），自由度8に対応する$t$値2.306を使う．ここで0.025と0.975の確率を使う理由は，図5.2にあるような対称形を示す$t$分布において0.025と0.975の間の確率が0.95（つまり信頼係数95％）になるからである．

**b．相関係数**（Correlation）

相関係数はフィッシャー（R. A. Fisher）の$z$変換により近似的に正規分布する．母相関係数（$\rho$）に対して，この性質をつかって区間推定を行う．

この$z$変換により，相関係数$r$は正規変数の尺度に変換される．

$$z(r) = \frac{1}{2} \ln \frac{1+r}{1-r}$$

ただし，$r \neq 0$ であること．
　この尺度における標準誤差は，単純に標本数から求めることができる．$n$ 組の標本の標準誤差は次のようになる．

$$SE(z) = \sqrt{\frac{1}{n-3}}$$

したがって，この標準誤差をつかって信頼係数 $(1-\alpha)$ に対応する信頼区間を推定する．

$$z(r) \pm z_{1-\alpha/2} \times SE(z)$$

この式で，区間の下限（$z_L$）と上限（$z_U$）は次のようになる．

$$z_L = z(r) - z_{1-\alpha/2} \times SE(z)$$
$$z_U = z(r) + z_{1-\alpha/2} \times SE(z)$$

　次に，これらの数値を下の式で逆変換することにより元の相関係数の尺度に戻される．

$$r = \frac{e^{2z}-1}{e^{2z}+1}$$

したがって，相関係数 $\rho$ の信頼区間は次のようになる．

$$\frac{e^{2z_L}-1}{e^{2z_L}+1} < \rho < \frac{e^{2z_U}-1}{e^{2z_U}+1}$$

これまでの計算の手順をまとめると以下のようになる．

(1) フィッシャーの $z$ 変換により相関係数を $z$ 尺度の値に変換する
(2) 標本数から標準誤差を求める（$z$ 尺度）
(3) $z$ 尺度上で信頼区間を推定し，信頼区間の上限と下限を求める
(4) 上で求めた上限と下限を逆変換し，相関係数の尺度での信頼区間を求める

### c．回帰係数 (Regression)

回帰係数の標準誤差は次のようになる．

$$SE(b_{yx}) = \sqrt{\frac{(1-r^2)s_y^2}{(n-2)s_x^2}}$$

ただし，$n$ 組の観測値 $x$，$y$ の相関を $r$，それぞれの不偏分散を $s_x^2$，$s_y^2$ とする．

また，回帰係数の標準誤差は，次の式で表すこともできる．

$$SE(b_{yx}) = \sqrt{\frac{\sum_{i=1}^{n}(y_i-\hat{y}_i)^2}{(n-2)\sum_{i=1}^{n}(x_i-\bar{x})^2}} = \sqrt{\frac{\sum_{i=1}^{n}e_i^2}{(n-2)\sum_{i=1}^{n}(x_i-\bar{x})^2}}$$

ここで，$\hat{y}_i$ は $i$ 番目の $x$ に対する $y$ の予測値，つまり $\hat{y}_i = a + b_{yx}x_i$ である．また，$\hat{e}_i = y_i - \hat{y}_i$ は予測誤差である．

大きな標本では回帰係数は近似的に正規分布をすることから，式(5.3)より母回帰係数 $\beta$ の区間推定は次のようになる．

$$b_{yx} - z \times SE(b_{yx}) < \beta < b_{yx} + z \times SE(b_{yx})$$

一方，小さな標本に対して，回帰係数は自由度 $n-2$ の $t$ 分布に従う．したがって，信頼区間は次のようになる．

$$b_{yx} - t_{1-\alpha/2} \times SE(b_{yx}) < \beta < b_{yx} + t_{1-\alpha/2} \times SE(b_{yx})$$

ただし，$t_{1-\alpha/2}$ は信頼係数 $1-\alpha$ に対応した自由度 $n-2$ の $t$ 値である．

**d．比率**（Proportion）

母比率（$\pi$）に適用される分布は 2 項分布である．しかし，標本数（$n$）が多い場合（$np > 5$ かつ $n(1-p) > 5$）には，標本比率の分布は正規分布で近似できる．標本比率を $p$ とすると，2 項分布の特性から標本比率の標準誤差は次のようになる．

$$SE(p) = \sqrt{\frac{p(1-p)}{n}}$$

ただし，$p = x/n$（標本比率），ここで $x$ は対象事象の観測数，$n$ は総観測数である．したがって，母比率 $\pi$ の信頼区間は次のようになる．

$$p - z_{1-\alpha/2}\sqrt{\frac{p(1-p)}{n}} < \pi < p + z_{1-\alpha/2}\sqrt{\frac{p(1-p)}{n}}$$

しかし，標本数が小さいときは上の式を使うことはできない．次の式を用いるとよい．

$$\frac{(2np + z_{1-\alpha/2}^2) - \sqrt{(2np + z_{1-\alpha/2}^2)^2 - 4n(n + z_{1-\alpha/2}^2)p^2}}{2(n + z_{1-\alpha/2}^2)} < \pi <$$

$$\frac{(2np + z_{1-\alpha/2}^2) + \sqrt{(2np + z_{1-\alpha/2}^2)^2 - 4n(n + z_{1-\alpha/2}^2)p^2}}{2(n + z_{1-\alpha/2}^2)}$$

### e. 分散（Variance）

　分散の推定値は正規分布に従うわけではない．したがって式(5.3)を応用することはできない．そのかわり，分散 $s^2$（不偏分散）を含む $\dfrac{(n-1)s^2}{\sigma^2}$ が自由度 $n-1$ のカイ2乗分布に従うことを利用できる．たとえば，信頼係数95%の場合，下記の確率を満たす2つのカイ2乗分布の境界点 $\chi_L^2$, $\chi_U^2$ をそれぞれの自由度に対応するカイ2乗分布表から得ておく．

$$P(\chi^2 > \chi_L^2) = 0.975$$
$$P(\chi^2 > \chi_U^2) = 0.025$$

2つの境界点にはさまれた区間の確率は95%になるので，求める区間は以下のようになる．

$$\chi_L^2 < \frac{(n-1)s^2}{\sigma^2} < \chi_U^2 \quad\cdots\cdots\cdots\cdots\cdots\cdots\cdots\cdots (5.4)$$

この式を変形すると，母分散 $\sigma^2$ の95%信頼区間を次のようになる．

$$\frac{(n-1)s^2}{\chi_U^2} < \sigma^2 < \frac{(n-1)s^2}{\chi_L^2}$$

**（例題）** いま，成人男性20人の身長と体重を調査し，相関係数 $r$ を 0.824 と推定した．母相関 $\rho$ の95%信頼区間を求めなさい．

[解] 相関係数を $z$ 変換で正規変数の尺度に変換する．

$$\frac{1}{2}\ln\frac{1+0.824}{1-0.824} = 1.169$$

また，標準誤差は次のようになる．

$$\sqrt{\frac{1}{20-3}} = 0.243$$

次に信頼区間の下側の境界と上側の境界を求める．

$$z_L = z(r) - z_{1-\alpha/2} \times SE(z) = 1.169 - 1.96 \times 0.243 = 0.693$$
$$z_U = z(r) + z_{1-\alpha/2} \times SE(z) = 1.645$$

この正規分布の尺度における信頼区間を逆変換により相関係数の尺度に戻す．

$$\frac{e^{2 \cdot 0.693}-1}{e^{2 \cdot 0.693}+1} < \rho < \frac{e^{2 \cdot 1.645}-1}{e^{2 \cdot 1.645}+1}$$

$$0.60 < \rho < 0.93$$

母相関 $\rho$ の95%信頼区間は $(0.60, 0.93)$ と推定された．

## 5.2 標本数の見積もり

> 💡 **ある区間内で母数を推定するために必要な標本の大きさの見積もり**

　正規分布を仮定できる母数 $\theta$ の信頼区間は $\hat{\theta} \pm z_{1-\alpha/2} \times SE(\hat{\theta})$ で示され，これが信頼区間の基本形になっている．この式からわかるように，推定値 $\hat{\theta}$ を中心とした信頼区間の幅は，信頼係数 $z$ と推定値の標準誤差 $SE(\hat{\theta})$ によって決まってくる．信頼係数を低く（たとえば，99%から95%に）するとそれだけ信頼区間の幅は狭くなるが，反面真の母数が含まれる確率も小さく（99%から95%のように）なる．一方，標準誤差を小さくすることは信頼区間の幅を狭くするのに効果的である．この場合は，信頼係数はそのままで信頼区間の幅を狭くすることができるので，真の母数の推定区間を狭い範囲に絞り込むことができる．

> **チェックポイント**
> ☐ 区間推定から派生した見積もり方法を紹介する
> ☐ 平均値，比率，分散を推定する場合に必要な標本の大きさを求める

　推定値の標準誤差を小さくするには，標本の大きさを増やすことが効果的である．しかし，標本の大きさを増やすのにはコストがかかる．そこで，目標となる信頼区間を設定し，その信頼区間を実現するために必要な最低限の標本数を求めることが有用である．本書では，区間推定から標本の大きさを求める方法について解説する．ほかに，検定力から求める方法がある（永田, 2007）．

　たとえば，推定値の信頼区間の目標値 $H$ を

$$H = 2 \times z \times SE(\hat{\theta})$$

とし，この $H$ から信頼区間の実現に必要な標本数を求めることができる．この $H$ には，区間を任意に指定することもできるし，ある基準をもとに設定することもできる．後者の例としては，たとえば，標準偏差（$s$）の $k$ 分の1といった数値を $H$ に与える方法などがある．つまり，$H$ は次のようになる．

$$H = \frac{2 \times s}{k}$$

正規分布に従う統計量について，区間推定から求めた標本の大きさは下表の

ようになる．

| 統計量 | 標準誤差 | 標本の大きさ | 備考 |
|---|---|---|---|
| 平均値 | $s/\sqrt{n}$ | $4z^2s^2/H^2$ | 母分散が既知であること |
| 比率 | $\sqrt{\dfrac{p(1-p)}{n}}$ | $4\dfrac{z^2p(1-p)}{H^2}$ | 母比率が既知であること |

　ただし，$z$ は信頼係数に対応した定数で，信頼係数 95%，99% のとき $z$ はそれぞれ 1.96 と 2.58 である．上の式には，母分散と母比率が既知であるという制限がついているので，これらの母数を得るためにはいくつかの推定値を総合して推論するなど，できるだけ広い情報源から集めた情報を利用することが必要である．

　一方，分散の場合，信頼区間は次の式で得られる．

$$\frac{(n-1)s^2}{\chi_U^2} < \sigma^2 < \frac{(n-1)s^2}{\chi_L^2}$$

母分散の信頼区間については，区間の範囲ではなく，信頼区間の上限と下限の比を小さくするように設計する．

したがって，

$$H = \frac{\chi_U^2}{\chi_L^2} \quad \cdots\cdots\cdots\cdots\cdots\cdots\cdots\cdots\cdots\cdots\cdots\cdots (5.5)$$

このカイ 2 乗値は次のように正規分布で近似することができる．

$$\chi_p^2 = \frac{1}{2}\left(z_p + \sqrt{2\nu-1}\right)^2$$

ただし，$p$ は有意確率，$\nu$ は自由度を示す．この近似は $\nu$ が 100 以上のとき，あてはまりが良い．ここでは，次のようになる．

$$\chi_U^2 = \frac{1}{2}\left(z_{1-\alpha/2} + \sqrt{2\nu-1}\right)^2, \quad \chi_L^2 = \frac{1}{2}\left(z_{\alpha/2} + \sqrt{2\nu-1}\right)^2$$

また，$z_{1-\alpha/2} = -z_{\alpha/2}$ の関係があるので，式(5.5)に上の式を代入し，変形して標本の大きさを求める．

$$2\nu - 1 = \left\{\frac{z_{1-\alpha/2}(1+\sqrt{H})}{1-\sqrt{H}}\right\}^2$$

したがって，必要な標本の大きさは次のようになる．

$$\therefore n \geq \frac{1}{2}\left\{\frac{(1+\sqrt{H})z_{\alpha/2}}{1-\sqrt{H}}\right\}^2 + \frac{3}{2}$$

**例題** ある農場から出荷される豚の背脂肪厚の標準偏差は，5 mm であることがわかっている．この豚の集団における背脂肪厚の平均値を±2 mm 以内の範囲で推定するために必要な出荷頭数を計算しなさい．ただし，信頼係数は95％，背脂肪厚の観測値は正規分布するものと仮定する．

［解］平均値に関する標本の大きさは次の式で計算される．

$$n = \frac{4z^2 s^2}{H^2}$$

上の式に含まれる変数は次のようになる．
信頼係数は95％であるから，$z=1.96$，$s=5$（mm），$H=2\times 2$（mm）
これらを式に代入する．

$$4\left(\frac{1.96\times 5}{4}\right)^2 = 24.01$$

したがって，25頭の出荷豚を調査すればよいことになる．

## 練習問題

1. 式(5.4)を変形し，分散の信頼区間を求める式を導き出しなさい．
2. 下記の場合について平均値の 95％ および 99％ 信頼区間を計算しなさい．

    |  | $\bar{x}$ | $s$ | $n$ |
    |---|---|---|---|
    | 1) | 100 | 20 | 10 |
    | 2) | 100 | 20 | 100 |

3. ガンマー線の照射により不妊化したウリミバエの羽化について調べた．調査した 250 匹中，羽化した個体は 200 匹であった．羽化率に関する 95％ および 99％ 信頼区間を計算しなさい．
4. いま，12 組（$n=12$）の観測値について回帰係数を推定した．$b=2.0$，$\frac{\sum e^2}{n-2}=0.09$，$\sum(x-\bar{x})^2 = 64$ のとき $\beta$ の 95％信頼区間を求めなさい．
5. 豚肉では肉の均質性が評価項目の1つになっている．今 25 頭の豚について背脂肪の厚さ（mm）を調査し，不偏分散を 14 と推定した．95％信頼区間を推定し，背脂肪厚の分散が目標値である 9 と差があるか否かについて検討しなさい．
6. マウスの行動調査を各個体について 300 秒間行った．ある特徴的な行動につい

て時間を計測し，その標準偏差を求めたところ，24秒であった．その行動の平均時間を信頼係数99%で，±6秒以内の正確さで推定するためには，何匹のマウスについて調査すればよいか．また，±3秒以内の誤差で推定するときは何匹必要か．

7. いま，ある病気に対する治療後，5年以内の再発率を調査している．信頼係数95%，誤差±5%以内で調査するためには，標本数はどの位必要か，また誤差を±1%以内にする場合は標本数をいくらにすればよいか．（ヒント：事前に再発率がわからないときは，最も大きな標準誤差を与える再発率に対して標本数を求めるようにする）

# 第3部

# 検定　　　　　　Testing

> 💡 検定は，母集団について客観的な判断を行うための主要な統計的手法である

　実験や調査を行って得られた観測結果から，母集団について客観的な判断を行うためには，何らかの合理性ある情報を得る必要がある．母集団について判断をくだすための一つの統計的手法が検定である（他には推定による手法がある）．検定を行うことにより，差の有無についての判断，特定の要因の関与，確率分布や統計モデルに対する適合性について客観的な結論を得ることができる．

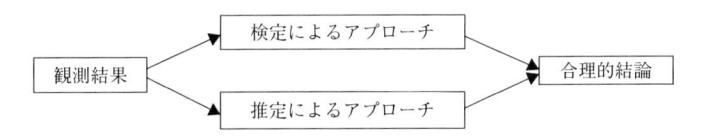

```
観測結果 ─┬─→ 検定によるアプローチ ─┬─→ 合理的結論
          └─→ 推定によるアプローチ ─┘
```

　この「検定」に関する部分では，検定の考え方と代表的な検定の進め方についての最初に解説し，そのあと検定の各論としてさまざまな検定方法について紹介していく．いずれの検定法においても例題により応用できる場面をイメージできるようにした．「検定」の後半の3つの章は，分散分析法についての解説である．このなかの最初の2つの章は，一般的なANOVA（分散分析）法について2要因分散分析までをカバーしている．その後，最近いろいろな統計処理用ソフトウェアにおいて利用できるようになっている一般線形モデル分析について解説した．最後の章ではノンパラメトリック検定を取り上げ，数あるノンパラメトリック検定法の中から，それぞれ差の検定と分散分析に相当するウィルコクソンの順位和検定とクラスカル・ウォリスの検定を取り上げた．

# 6章　検定の考え方

> 💡 検定では，背理法ロジックにより帰無仮説の採択／棄却を行う

　実験や調査の目的は，その観測結果から客観的な結論を導き出すことである．このような結論を得るためには，適切な仮説を設定し，その成否について合理的な判断をくだす必要がある．この判断を可能にするのが統計的仮説検定である．

　現在，多くの検定法が開発され，さまざまな統計量について検定法が存在する．このように数多く存在する検定法ではあるが，すべての検定法はひとつの概念に基づき構築されている．したがって，この概念を知ることにより，さまざまな検定法を使うための応用力を身につけることができる．本章の目的は，検定が基礎とする概念を理解することである．なお，統計的仮説検定は仮説の有意性について検定することから，有意性検定とも呼ばれる．

---
**チェックポイント**
- ☐ 検定の基本事項としては，帰無仮説と対立仮説，有意水準，検定領域の設定（両側検定または片側検定）などがある
- ☐ 分布モデルにおける「確率の計算＝面積計算」の関係から採択／棄却の判定点を求める
- ☐ 標本から計算した統計量を分布モデルにおける判定点と比較する
- ☐ 背理法ロジックによる帰無仮説の採択／棄却，統計的結論の導出を行う
---

## 6.1　検定の流れ

　検定の流れを以下に示す．3つの段階，8つのステップからなる流れはさまざまな検定法に応用できる．なお，具体的な応用例は各検定法の部分で説明す

る．

```
Ⅰ．検定の準備
    ①目的にあった検定法の選択
    ②仮説の設定
    ③有意水準の決定
Ⅱ．ロジックの展開
    ④統計量の計算
    ⑤幾何モデルへの置き換え
    ⑥背理法ロジックの適用
Ⅲ．結論の導出
    ⑦仮説の採択
    ⑧検定の結論
```

> **ことばノート**
> **統計量**（Statistic）
> 　平均値や標本分散のように，標本値の関数として定義される統計的指標

### 6.1.1　検定の準備

**a．目的にあった検定法の選択**……前提となる仮定を吟味して，正しい検定法を選択する

　検定の目的により，平均の差の検定，比率の検定，分散の検定など多くの検定法が考案されている．それぞれの検定法が有効であるためには，前提となる仮定が満たされている必要がある．したがって，観測値の特性および観測された条件をよく理解した上で，目的にあった検定法を選択することが重要である．
　パラメトリック検定には，分布の母数である平均，比率，分散に関する検定法がある．このうち，平均に対する検定法は1つの平均，2つの平均，3つ以上の平均に対する検定法に分かれる．1つの平均を対象とした検定法は，母分散が既知の場合と未知の場合がある．2つの平均間を比較する検定は，観測値の対応関係，母分散に対する条件により4つの方法に分けられる．また，3つ以上の平均に関する検定は，分散分析または要因分析とよばれる種類の分析法で，基本的な分散分析とより高度な一般線形モデル分析がある．一方，比率と分散に関する検定では，検定対象が1つの母数と2つ母数の場合に分けられる．2変数間の関係について示す検定法としては，相関係数と回帰係数に関する検定がある．このほか，母数に基づかない検定法としてノンパラメトリック検定

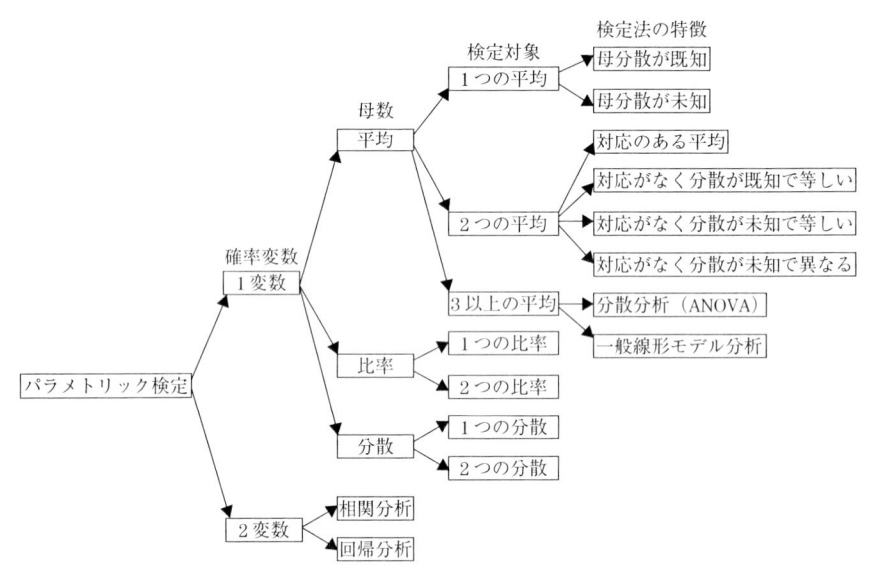

```
                                            検定法の特徴
                              検定対象     ┌─ 母分散が既知
                          ┌─ 1つの平均 ─┤
                          │              └─ 母分散が未知
                   母数    │
                 ┌─ 平均 ─┤              ┌─ 対応のある平均
                 │        │              ├─ 対応がなく分散が既知で等しい
                 │        └─ 2つの平均 ─┤
                 │                       ├─ 対応がなく分散が未知で等しい
          確率変数│                       └─ 対応がなく分散が未知で異なる
         ┌─ 1変数┤
         │       │         3以上の平均 ─┬─ 分散分析（ANOVA）
         │       │                       └─ 一般線形モデル分析
パラメトリック検定┤        ┌─ 1つの比率
         │       ├─ 比率 ─┤
         │       │        └─ 2つの比率
         │       │
         │       └─ 分散 ─┬─ 1つの分散
         │                └─ 2つの分散
         │
         └─ 2変数┬─ 相関分析
                 └─ 回帰分析
```

図 6.1　本書でとりあげるパラメトリック検定の概略．

がある．

**b．仮説の設定**……必ず立てる帰無仮説と対立仮説

パラメトリック検定での仮説検定では，まず分布の母数（パラメータ）の値について仮説を立て，その仮説を統計量にもとづいて肯定または否定するという手順で行われる．

仮説には，次の2つがある．

> **ことばノート**
> **パラメトリック法とノンパラメトリック法**
> 検定には分布を仮定した検定（パラメトリック法）と分布に基づかない検定（ノンパラメトリック法）がある．

> **ことばノート**
> **母数**（Parameter）
> パラメータともいう．確率変数の分布を決めている定数で，分布の形を決める関数である確率密度関数中に現れる定数．たとえば正規分布の場合，平均 $\mu$ と標準偏差 $\sigma$ が母数になる．

- **帰無仮説**：　対立仮説を証明するために，仮に設定された仮説．検定の作業はこの帰無仮説を中心に進められる．単に検定仮説と呼ばれることもある．
- **対立仮説**：　興味の中心となる仮説であるが，その証明は帰無仮説が棄却されることでのみ行われる．帰無仮説と排反の関係にある．

検定の目的はこれらの仮説が正しいか否かについて判断することである．な

お，帰無仮説には $H_0$，対立仮説には $H_1$ の記号が使われる．

**c. 有意水準の決定**……有意水準は「起こりにくさ」の基準

> **ことばノート**
> **排反**
> 2つの事象において，2つの事象が同時に起こり得ないとき，つまりこの2つの事象間で事象の構成要素に共通な要素がないとき，2つの事象は排反である，または事象間に排反関係があるという．

後で説明する背理法ロジックにより，帰無仮説の採択／棄却は，帰無仮説と標本事象（標本における結果）間に矛盾があるか否かで判断される．しかし，検定における仮説の採択／棄却の判断は完全なものではない．なぜなら，この判断に確率的な要素が加わるからである．検定で扱う問題では，事象が起こるか起こらないかといった白黒が明確になるような結果ではなく，事象が稀にしか起こらないか，あるいは普通に起こりうるかといった結果しか得られない．この「起こりにくさ」（稀にしか起こらない事象かどうかの判断）の基準として，通常次の3つの基準が使われる．

①20回に1回より少ない頻度を稀と判断する基準（有意水準5%）
②100回に1回より少ない頻度を稀と判断する基準（有意水準1%）
③1000回に1回より少ない頻度を稀と判断する基準（有意水準0.1%）

有意水準はまた危険率と呼ばれることもある．有意水準が決まったら，その有意水準に対応する分布モデルの領域を次の2つの領域に分割する．

①棄却域：稀にしか起こらないので，帰無仮説と矛盾すると判断される領域
②採択域：普通に起こりうるので，帰無仮説と矛盾しないと判断される領域

●片側検定と両側検定

このときに注意する点は，棄却域を統計量の分布の両側にとる方法と片側だけにとる方法の2種類のやり方があることである．前者を両側検定，後者を片側検定という．この両者の使い分けは，統計量の分布する領域が両側にある可能性のある場合は両側検定を使い，もし片側だけに偏って分布することが考えられる場合には片側検定を使うというように行う．この使い分けは，実験／調

査の目的，計画および方法に関係しているので，これらを考慮して適切に行う必要がある．

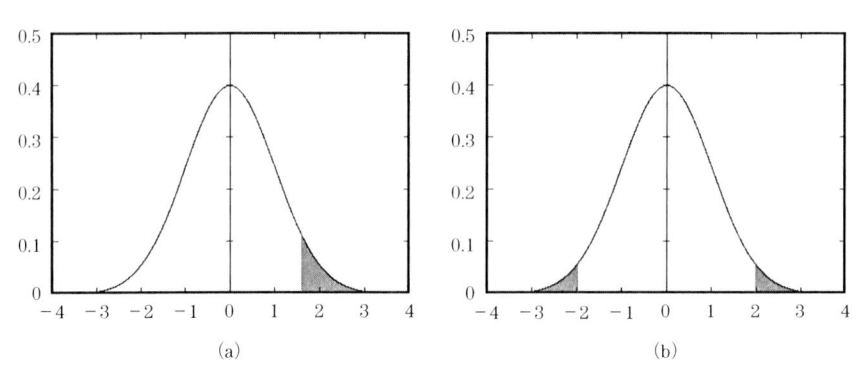

**図 6.2** (a) 片側検定の場合（棄却域が分布の上側に位置しているとき）および (b) 両側検定の場合の棄却域（灰色の領域）と採択域（白色の領域）．

1) **片側検定：** 興味の対象が一つの方向にだけある場合，例えば生物の成長量を増やすことを目的に実験を行い，その効果について検定する場合には片側検定を用いる．
2) **両側検定：** 興味の対象が中心的な値からのズレにある場合は，両側検定を用いる．たとえば，人の体重において，ある集団の体重が母集団の体重と差があるかどうかについて検定を行うときは両側検定を用いる．

### 6.1.2 ロジックの展開

**a．統計量の計算**……各検定法の計算式にしたがい統計量を求める

統計量の計算式は，採用した検定法ごとに違ってくるので，その検定法での計算式に従って求めればよい．次章以下の検定法各論において，さまざまな検定法とその統計量の計算方法について解説する．

**b．幾何モデルへの置き換え**……幾何モデルから幾何学上の求積により確率を求める

検定で用いられる統計量は，標本値の尺度から標準分布モデルの尺度に変数変換されている．この変換により，確率計算の問題は標準的な分布モデルを使った幾何学上の求積の問題に置き換えられる．つまり，

$$確率の計算 ＝ 面積の計算$$

の関係が利用できる．上の関係から，ある変数が任意の区間に位置する確率を求めること，また任意の確率に対応する変数の値を求めることが可能になる．

たとえば前者の場合，図 6.3 にあるように確率変数 $x$ が区間 I にある確率は，この区間にはさまれた領域 A（斜線の部分）の面積を計算することと同じである．分布の $x$ 軸と面積の対応表が主な分布について用意されているので，通常この表を利用して必要な数値を読み取ることができる．分布が正規分布の場合，「$x$ が $-1.96$ と $1.30$ の区間にある確率＝この領域の面積」の関係から $0.475+0.403=0.878$ になる．後者の場合，図 6.3 にあるような分布の端の $A'$（面積 $0.05$）に対応する境界点 $x'$ を求めることができる．このような境界点を判定点という．正規分布の例では，分布の下側での面積が $0.05$ になるのは $x'$ が $-1.645$ 以下の領域になる．

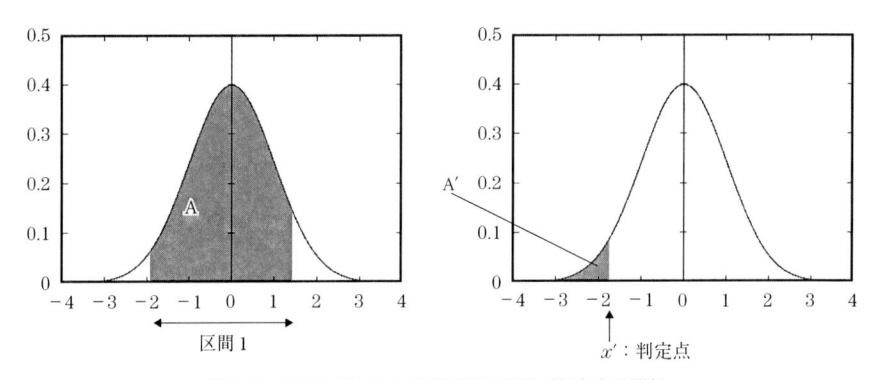

**図 6.3** 分布モデルにおける面積と区間／判定点の関係．

また，もうひとつ重要なことは分布モデルの全面積が必ず $1.0$ になるという点である．これは，確率の合計が常に $1.0$ となることに対応している．つまり，いま $f(x)$ は分布曲線を表す確率密度関数とすると，次の関係が常に成り立つ．

$$\int_{-\infty}^{\infty} f(x)\, dx = 1.0$$

しかし，図 6.3 のように変数の値または確率を積分をつかっていちいち計算するのはめんどうである．そこで，この計算をあらかじめ行い，変数の値と確率の関係を表にまとめたものが統計分布表である．本書でも正規分布，$t$ 分布，カイ 2 乗分布，$F$ 分布などの主要な分布の数表を巻末に載せている．

数表には，それぞれの分布モデルで計算された面積（＝確率）とそれに対応する $x$ 軸上の判定点の値が示してある．正規分布以外では分布の形は自由度によって変わってくるので，自由度ごとの確率と判定点の対応表になっている．数表の一般的な形式は次のようになる．

| 自由度 $\nu$ | 確率 $P$ | | | |
|---|---|---|---|---|
| | 0.05 | 0.025 | 0.01 | $P$ 一般 |
| 1 | $x_{11}$ | $x_{12}$ | $x_{13}$ | $x_{1j}$ |
| 2 | $x_{21}$ | $x_{22}$ | $x_{23}$ | $x_{2j}$ |
| 3 | $x_{31}$ | $x_{32}$ | $x_{33}$ | $x_{3j}$ |
| · | · | · | · | · |
| $\nu$ 一般 | $x_{i1}$ | $x_{i2}$ | $x_{i3}$ | $x_{ij}$ |

上の表のように自由度と確率ごとに $x$ 軸上の判定点（表中の $x_{ij}$）が数表の中で示されている．

なお，変数が連続的な値となるような連続変数の場合は，任意の領域の面積は確率密度関数（分布曲線を表す関数）の積分で求めることができる．一方，変数が決まった値しかとらない離散変数の場合，それぞれの変数に対応した確率の合計になる．以上の点を下記の例1, 例2 で確かめて欲しい．

**例 1** サイコロの目の分布について考えてみる．いま $n$ 回サイコロを振ったとき，1 から 6 までの目の出る確率は次のようになる（一様分布）．

$$P(x) = P(1) = P(2) = \cdots = P(6)$$
$$= 1/6 \cdots \text{分布の高さ}$$

分布の範囲：1～6

全体の確率：$P(1) + P(2) + \cdots + P(6) = 1.0$

---

**豆知識**

モンテカルロ法は確率過程を利用した数理解析のための手法であるが，ここでは確率と面積の関係を示す例としてとり上げる．

円周率 $\pi$ を，確率過程を模した実験で求めてみよう．いま，下図にあるように 1 辺の長さが 1 の正方形とそれに内接する 4 分の 1 円（扇形）を考える．

ここで，扇形の面積は $\pi/4$，正方形の面積は 1.0 になる．したがって両図形の面積の比は $\pi/4 : 1$ である．一方，この正方形のなかに，ランダムに n 個の点を落としたとき，扇形内に落ちる確率は r/n となる．この期待値と実現値を等式で結べば次のようになる．

$$\frac{\pi}{4} = \frac{r}{n}$$
$$\therefore \pi = \frac{4r}{n}$$

この関係式から，モンテカルロシミュレーションを使って $\pi$ を近似的に求めることができる．このとき，n を増やせば，精度は高まる．ほかに「ビュフォンの針」の例がある．

1) $x$ が 2 と 4 の間をとる確率は，
$P(2)+P(3)+P(4)$

2) $x$ が 3 以下となる確率は，
$P(1)+P(2)+P(3)$

3) $x$ が 5 以上となる確率は，
$P(5)+P(6)$

ある範囲の目が出る確率を表す計算式は

$$\sum_{x=z_1}^{z_2} P(x)$$

> **豆知識**
> **モンテカルロ法**
> 正規乱数などの乱数を使って確率過程を表す方法をいう．モンテカルロシミュレーションは，このような確率過程を含むシミュレーションである．ルーレットも乱数発生器の一種であることから，カジノで有名なモンテカルロ市からとられた．

ただし，$z_1$ と $z_2$ は範囲の下限と上限である．上の 1) では $z_1=2$ と $z_2=4$，2) では $z_1=1$ と $z_2=3$，3) では $z_1=5$ と $z_2=6$ である．

**(例 2)** 今，ある変数 $x$ は標準正規分布（$\mu=0.0$，$\sigma^2=1.0$ の正規分布）に従って分布していると仮定しよう．標準正規分布は，連続分布をする確率分布である．連続分布の場合，任意の範囲について確率を計算することができる．

1) $x$ が 0.0 と 1.0 の間をとる確率
2) $x$ が $-1.645$ 以下となる確率
3) $x$ が 1.96 以上となる確率

これらの確率は，下記の積分で求積することができる．

$$\int_{z_1}^{z_2} f(x)\,dx$$

ここで，$f(x)=\dfrac{1}{\sqrt{2\pi}}e^{-\frac{x^2}{2}}$ （正規分布の確率密度関数）

$f(x)$ は標準正規分布である．上の 1) では $z_1=0$ と $z_2=1.0$，2) では $z_1=-\infty$ と $z_2=-1.645$，3) では $z_1=1.96$ と $z_2=+\infty$ となる．なお，上記の正規分布の例でわかるように，確率密度関数はただひとつの分布曲線を定める数学的な関数である．

> **ことばノート**
> **背理法**
> ある命題に対し，この命題のもとでは結果と矛盾することを証明することで，この命題と排反関係にある別の命題が真であることを証明する証明方法．
> 一見，まわりくどい証明法のようであるが，背理法には大きな長所がある．一般にある命題を証明するためには，その内容に関係するすべての可能性を拾い出した上で，その一つ一つが成り立つことを証明しなければならない．ところが，背理法では証明したい命題に排反する仮の命題をたて，その命題の内容に矛盾点があることを示すだけで済む．

**c． 背理法ロジックの適用**……背理法により仮説の採択が行われる

　帰無仮説の棄却／採択は，帰無仮説のもとで稀にしか起こらない事象か，または普通に起こりうる事象かで判断される．稀にしか起こらないと判断される場合は帰無仮説に矛盾があるとみなされ，対立仮説が採択される．逆に普通に起こりうる事象の場合は，帰無仮説に矛盾はないと判断され帰無仮説が採択される．なお，稀な事象か否かについての判断基準は，すでに説明した有意水準にしたがい判断される．たとえば1％有意水準では，100回に1回の頻度を稀なケースとみている．

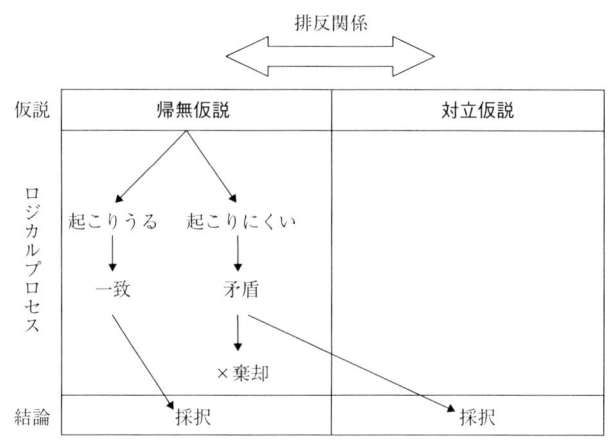

**図6.4** 2つの仮説の棄却と採択を表すフローチャート．

　統計的仮説検定で使われる背理法は，完全な矛盾を示すのではなく，矛盾する可能性が高いことを示すだけである．このため検定法で使われる背理法は不完全であるといえる．

　図6.4は，仮説検定ロジックをフローチャートで示したものである．仮説検定に関わる作業はもっぱら帰無仮説について行われる．そのとき帰無仮説の元で，事象の起こりやすさを基準に仮説の棄却／採択が行われる．対立仮説は，帰無仮説が棄却される場合にのみ表に出てくる．

**(例)** 素数が無限個あることの証明（背理法，ユークリッドの証明）

　まず，仮説を立てる．

命題1（帰無仮説）：素数は有限個だけあると仮定し，これらを $p_1, p_2, p_3, p_4, \cdots, p_n$ と

おく．

命題2（対立仮説）：素数は無限個あること．
［証明］積 $p_1 \cdot p_2 \cdot p_3 \cdot p_4 \cdots p_n + 1$ は $p_1, p_2, p_3, p_4, \cdots, p_n$ のいずれでも割り切れなくて，1余ることになる．したがってこの数も素数である．したがって $n$ 個という有限個だけあるという命題1には矛盾があるので，命題1は否定されることになる．したがって命題2が採択され，素数は無限個あることが証明される．

### 6.1.3 結論の導出

**a． 仮説の採択**……統計量が棄却域にあるか採択域にあるかの判定

統計分布の数表から得られる判定点または確率の直接計算により，統計量が棄却域にあるかまたは採択域にあるかを決定する．もし棄却域にあるとすると，上で説明した背理法の適用により，この事象は稀にしか起こらないと判断され，帰無仮説は棄却される．その結果，対立仮説が採択される．一方採択域にあれば，この事象は頻繁に起こる種類のものなので，帰無仮説と矛盾しないと判定される．この結果，帰無仮説が採択される．

> **ことばノート**
> **棄却域**
> 分布モデルの中で，有意水準に対応した判定点で分けられた領域のうち，帰無仮説を否定する領域を棄却域，反対に帰無仮説を肯定する領域を採択域という．

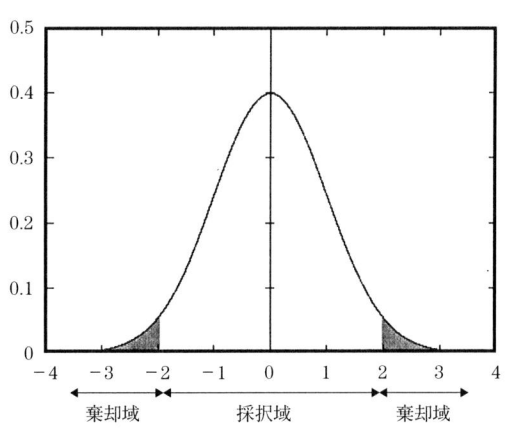

図 6.5 両側検定における棄却域と採択域．

**b． 結論**……統計的仮説検定の限界を理解し結論を導く

採択された仮説に基づき，結論を導く．ここで注意しなければならない点は，この結論はあくまで統計的仮説検定の結果得られた結論であるということである．したがって，母集団において帰無仮説が成り立っていた（$H_0$ が真）とし

ても抽出誤差により対立仮説が採択される誤りをおかす可能性がある．これを「第1種の誤り」と呼び，記号 $\alpha$ で表される．たとえば，2群における平均値の差に関する検定において，母集団では差がない場合でも標本において差があるという結論にいたる可能性は，有意水準が5%の場合，5%つまり20回に1回，1%の場合は1%つまり100回に1回は「第1種の誤り」が起こる可能性がある．統計的検定に使われている背理法では，稀な事象を起こり得ない事象と単純化して処理している．したがって，最終的な科学的結論にいたるまでの過程では，慎重に実験結果を精査するという保守的な姿勢をとることが求められる．

逆に，母集団では対立仮説が成り立っている（$H_1$ が真）にもかかわらず，検定結果では帰無仮説を採択してしまう誤りを「第2種の誤り」という．これは $\beta$ の記号で表される．これら2つの誤りは，一方を小さくすれば他方が大きくなるという性質をもっている．標本数を増やすことは，これら両方を小さくするのに効果がある．これら2つの誤りの関係は次のようになる．

| 仮説の真偽 | 検定結果 | |
|---|---|---|
| | $H_0$ を採択 | $H_1$ を採択 |
| $H_0$ が真 | 正しい検定 $(1-\alpha)$ | 第1種の誤り $(\alpha)$ |
| $H_1$ が真 | 第2種の誤り $(\beta)$ | 正しい検定 $(1-\beta)$ （検出力） |

> **ことばノート**
> **検出力**（Power of test）
> 　対立仮説が正しいときに対立仮説を棄却してしまうことは第2種の誤りである．この余事象となる正しい対立仮説を採択する確率 $(1-\beta)$ を検出力という．

## 6.2 数値計算例

これまで学んできた検定の流れを具体例で確かめていこう．ここでとりあげたのは「母平均の検定」である．

牛の妊娠期間は，品種よって多少異なるが，だいたい人と同じ約280日である．牛の妊娠期間は若い牛ほど短く，年をとるにつれて長くなる傾向にある．下記の観測値は4歳の年齢グループに属する10頭の雌牛の妊娠期間について調査した結果である．この年齢グループの牛の妊娠期間は，牛で一般的な283日と差があるか検定せよ．ただし，母分散 $25\,日^2$ が得られているとする．

妊娠期間（日）：277，274，282，284，273，281，277，281，288，279

## Ⅰ．検定の準備
①目的にあった検定方法の選択

　この雌牛集団の母集団平均（母平均）がある特定の値と統計的に意味のある差があるか否かについて検定する問題なので，「幾何モデル」には，正規分布を使う．ただし，この幾何モデルは母分散が既知と仮定されるときに有効である．本項では，まずこのときの検定法について解説し，次に母分散が未知の場合について$t$分布を幾何モデルとした検定法について解説する．

②仮説の設定

　2つの仮説，つまり帰無仮説（特別な要因の関与を前提としない仮説）と対立仮説を設定する．この問題は，母平均がある特定の値と一致するか否かについて検定することなので，分布の中心からのズレを判定する両側検定となる．したがって，仮説は次のようになる．

> **補足事項**
> 　一方，片側検定の場合は，興味の対象が分布の上側（プラス側）にあるのか，下側（マイナス側）あるかにより，対立仮説（$H_1$）はそれぞれ
> $$H_1 : \mu > 283$$
> または
> $$H_1 : \mu < 283$$
> となる．

$$H_0 : \mu = 283 \quad \cdots \quad \text{（帰無仮説）}$$
$$H_1 : \mu \neq 283 \quad \cdots \quad \text{（対立仮説）}$$

帰無仮説はこの集団の母平均（$\mu$）がある特定の値283日に等しいという仮説，対立仮説は母平均がこの値とは異なるという仮説である．

③有意水準の決定

　この例題では有意水準を5%に設定することにする．したがって，帰無仮説のもとで事象が起こる確率が5%以下の場合に帰無仮説を棄却することになる．なお，この5%の有意水準は通常用いられる有意水準の中でもっともゆるい基準である．

## Ⅱ．ロジックの展開
④統計量の計算

　下の式で統計量を計算する．この問題では標本数は，$n=10$である．なお，このときの$x \to z$への変換で，観測値の尺度から標準正規分布へと尺度変換されている．

$$\bar{x} = 279.6$$
$$\sigma = \sqrt{25}$$
$$z = \frac{\bar{x} - \mu_0}{\sigma/\sqrt{n}}$$
$$= \frac{279.6 - 283}{5/\sqrt{10}} \cong -2.15$$

⑤幾何モデルへの置き換え

　有意水準5%に対応する判定点は，両側検定の場合は，分布の下側（マイナス側）と上側（プラス側）に2.5%ずつ（合計すると5%）均等に分割される．巻末の正規分布表からこの数値を読み取ると，判定点は分布の下側で$-1.96$と上側で$+1.96$である．上で求めた統計量$z = -2.15$は，$-1.96$以下であるので，帰無仮説のもとで$z$が$-2.15$になる確率は2.5%以下になる．つまり，この点は帰無仮説の棄却域にあると判定される．ちなみに，$z = -2.15$以下の確率は，数表から読み取ると，おおよそ1.6%である．

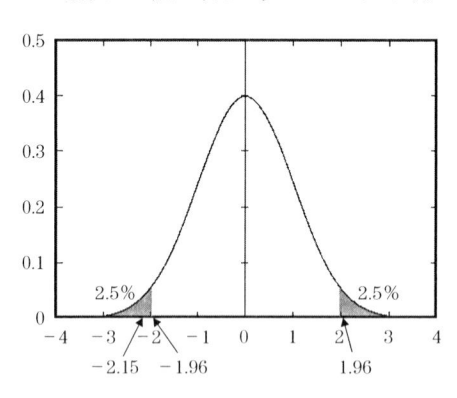

> **ことばノート**
>
> **標準化**（Standardization）
> 　元の変数$x$からその平均値を引き，$x$の標準偏差で割ると，平均値0，標準偏差1の変数$y$に変換できる．このような変数変換を標準化という．
> $$y = (x - \bar{x})/s$$
> $$y \sim (0, 1^2)$$

以上のことを式にまとめると，次のようになる．

$$z_{0.025} = -1.96 \quad \text{（下側棄却域の判定点）}$$
$$z_{0.975} = +1.96 \quad \text{（上側棄却域の判定点）}$$

棄却域$R$は，図の灰色の領域になる．

$$R_L = (-\infty, -1.96) \quad \text{（下側棄却域）}$$
$$R_U = (1.96, +\infty) \quad \text{（上側棄却域）}$$
$$z \cong -2.15 < -1.96$$
$$\therefore z \in R_L$$

このように，$z$は下側棄却域に含まれることがわかる．

⑥背理法ロジックの適用

有意水準5%の両側検定のもとでは，2つの判定点の外側になる確率はそれぞれ2.5%である．この確率以下の場合は，帰無仮説のもとでこの標本の事象は稀にしか（低い確率でしか）起こらないとみなされる．したがって，帰無仮説には矛盾がある可能性が高いと判断される．

### III．結論の導出

⑦仮説の採択

上の結果，「この集団の母平均は283日に等しい」という帰無仮説は5%有意水準で棄却され，「この集団の母平均は283日と異なる」という対立仮説が採択される．

⑧結論

したがって，この集団の母平均は，5%の有意水準で283日とは異なる妊娠期間を示したという統計上の結論にいたる．

●母分散が未知の場合の検定

前述したとおり，上記の方法は母集団の分散が既知という現実的でない仮定のもとで有効である．母分散が未知の場合，①で採用する分布モデルが異なってくる．②や③は上記と同じであるが，④の統計量の計算式は異なる．また，⑤以下の検定法の部分にも変更が生じる．

> **豆知識**
> **Studentのt分布**
> ゴセット（W. S. Gosset）が$t$分布を発見し，論文発表しようとしたところ，彼の勤めていたビール会社の都合で発表できなかった．そこで，Studentというペンネームで論文発表を行ったため，このように呼ばれる．その後，有名な統計学／遺伝学者のフィッシャー（R. A. Fisher）が$t$分布の数学的基礎をつくった．

なお，$n$が30以上の場合には，$t$分布は正規分布で近似できる．

### I．検定の準備

①目的にあった検定法の選択

分布モデルは，正規分布に代わりスチューデント（Student）の$t$分布になる．
なお，不偏分散$s^2$は

$$s^2 = \frac{\sum x^2 - (\sum x)^2/n}{n-1} = 20.93$$

②および③は，上記の分散が既知の場合と同じである．

### II．ロジックの展開

④統計量の計算

$t$分布にもとづく統計量の計算式は以下のようになる．

$$t = \frac{\bar{x} - \mu_0}{s/\sqrt{n}}$$

$$= \frac{-3.4}{\sqrt{20.93/10}} \cong -2.35$$

⑤幾何モデルへの置き換え

$t$ 分布は，正規分布よりも広がりの大きい分布で，自由度により分布の広がり（尖度といわれる）が異なる．$t$ 分布の自由度は $\nu = n - 1$ である．5%の両側検定の場合，自由度9の $t$ 値を巻末の数表から読み出してくると，次のようになる．

$$t_{0.025} = -2.262 \quad (\text{下側判定点})$$
$$t_{0.975} = +2.262 \quad (\text{上側判定点})$$

棄却域 $R$ は，それぞれ

$$R_L = (-\infty, -2.262) \quad (\text{下側棄却域})$$
$$R_U = (2.262, +\infty) \quad (\text{上側棄却域})$$

上で求めた統計量から次の関係式が得られる．

$$t \cong -2.35 < -2.262$$
$$\therefore t \in R_L$$

$t$ は下側棄却域に位置する．

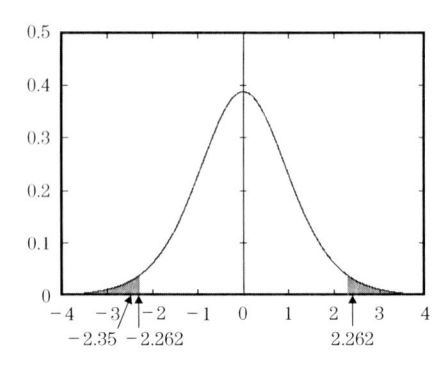

⑥背理法ロジックの適用

上の結果，帰無仮説のもので，この事象は稀に（5%以下の確率で）しか起こらないと判断される．

## III．結論の導出

⑦仮説の採択

上の結果，帰無仮説は棄却され，「この集団の母平均は283日と異なる」という対立仮説が採択される．

⑧結論

母平均は，283日とは5％水準で有意な差があるため，この雌牛集団の母平均は283日とは異なる妊娠期間をもつという検定上の結論にいたる．

## 練習問題

1. 宇宙の中心はこの地上であり，太陽を含めたすべての天体は約1日かけて地面の周りを1回転しているとみるのは，天動説である．これとは相容れない説として，動いているのは地面を取り囲む宇宙ではなく，地面自体だとするのが地動説である．背理法ロジックにより地動説が正しいことを述べよ．
2. 生物の種は，元来別々の種として存在していたか（創造説），原始的な種から高度に分化したいろいろな種に分かれていったか（進化説）は昔から議論されてきた問題である．背理法ロジックを適用し，種の成り立ちについて検証しなさい．
3. 司法には，「疑わしきは罰せず」という原則がある．つまり，有罪を立証できるだけの確固たる証拠があるときにだけ，有罪になるというのが刑事裁判の原則である．このことは，帰無仮説の矛盾が指摘されるときにだけ，対立仮説が採択されるという検定の原則に似ている．刑事裁判における，第1種の誤りと第2種の誤りについて示しなさい．
4. 次の問題について仮説を立てなさい．このとき，両側検定なのか，または片側検定なのかについて明確にすること．
    1) 豚の皮下脂肪厚は，薄すぎても厚すぎても枝肉の評価が下がる．市場調査を行い，皮下脂肪厚の規格2cmと違いがあるかどうかの検定．
    2) 適度な有酸素運動は内臓脂肪を減らす効果があるとされている．毎日一定時間運動を課したグループの内臓脂肪量は，運動の効果により平均的な内臓脂肪量と差が出ているといえるかどうかの検定．
    3) 和食の健康への効果の調査の一環として，和食を多く食べるグループの血圧が同じ年齢グループにおける平均血圧と差があるかどうかの検定．
    4) 動物性タンパク質を摂取することは高齢者の健康にとってプラスに作用する反面，動物性脂肪をとりやすくなる危険性もある．動物性タンパク質の摂取量の高い群の成人病の罹患率が一般人の群と差があるかどうかの検定．

5) タバコの喫煙と平均寿命の関係を調べるため，喫煙者の寿命についての調査を行った．喫煙していた群の平均寿命が非喫煙群の平均寿命よりも短いかどうかの検定．

5. 正規分布の数表から次の確率に対応する判定点を求めなさい．
   1) 分布の下側 5%
   2) 分布の下側と上側 2.5% ずつ
   3) 分布の上側 1%
   4) 分布の下側と上側に 0.5% ずつ

6. 母平均の検定において正規分布を用いる場合と $t$ 分布を用いる場合がある．この使い分けについて説明しなさい．

# 7章 母平均に関する検定

> 💡 母分散の条件により正規分布と $t$ 分布が使われる

「母平均の検定」については，6章の例題において検定の計算例としてとりあげた．本章では検定の手順を中心に解説する．

> **チェックポイント**
> ☐ 検定の準備，ロジックの展開，結論の導出という検定の流れを理解する
> ☐ 棄却域の設定，求積から求められる確率の計算など，分布をイメージしながら検定を進める

## 7.1 母平均の検定

| 母数 | 検定対象 | A. 幾何モデル | B. 統計量 | C. 自由度 | D. 条件 |
|---|---|---|---|---|---|
| 母平均 | 一つの母平均 | 正規分布 | $z = \dfrac{\bar{x} - \mu_0}{\sigma/\sqrt{n}}$ | — | 母分散が既知 |
| | | $t$ 分布 | $t = \dfrac{\bar{x} - \mu_0}{s/\sqrt{n}}$ | $n-1$ | 母分散が未知 |

注）$\bar{x}$ は標本平均，$\mu_0$ は比較対象の値，$\sigma^2$ は母分散，$s^2$ は不偏分散，$n$ は標本数を表す．

● 検定方法

目的：$n$ 個の標本についての標本平均から，母平均がある値 $\mu_0$ に等しいか否かの検定を行う．

条件：母分散に関する条件つまり母分散が既知の場合には正規分布，未知の場合には $t$ 分布をつかう．また，観測値は正規分布すること．

方法：

Ⅰ．検定の準備

① 「D．条件」により「A．幾何モデル」には正規分布または $t$ 分布をつか

う．
② 検定の目的により，両側検定と片側検定から仮説を選択する．

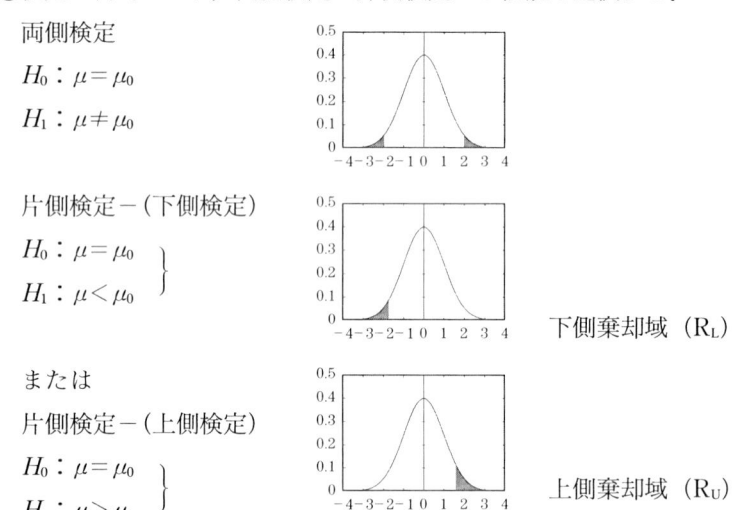

両側検定
$H_0: \mu = \mu_0$
$H_1: \mu \neq \mu_0$

片側検定 − (下側検定)
$H_0: \mu = \mu_0$ ⎫
$H_1: \mu < \mu_0$ ⎬  下側棄却域 ($R_L$)

または
片側検定 − (上側検定)
$H_0: \mu = \mu_0$ ⎫
$H_1: \mu > \mu_0$ ⎬  上側棄却域 ($R_U$)

③ 有意水準を選択する ($\alpha = 0.05, 0.01$ または $0.001$)．幾何モデルが正規分布の場合，両側検定と片側検定の棄却域は次のようになる．

| 両側検定 | 片側検定 |
|---|---|
| $R_L = (-\infty, z_{\alpha/2})$ および $R_U = (z_{1-\alpha/2}, +\infty)$ | $R_L = (-\infty, z_\alpha)$ または $R_U = (z_{1-\alpha}, +\infty)$ |

巻末の正規分布表から有意水準に対応した判定点を求める．
一方，母分散が未知の場合は巻末の $t$ 分布表から標本の自由度，有意水準に応じた判定点をもとめる．棄却域は次のようになる．

| 両側検定 | 片側検定 |
|---|---|
| $R_L = (-\infty, t_{\alpha/2})$ および $R_U = (t_{1-\alpha/2}, +\infty)$ | $R_L = (-\infty, t_\alpha)$ または $R_U = (t_{1-\alpha}, +\infty)$ |

なお，$n$ が 30 以上の場合，$t$ 分布は正規分布で近似できるので正規分布を用いる．

## II．ロジックの展開

④ 統計量の計算
「D．条件」に従い，「B．統計量」から計算式を選ぶ．なお，不偏分散 $s^2$

の計算は次のようになる．

$$s^2 = \frac{\sum(x_i - \bar{x})^2}{n-1} = \frac{\sum x_i^2 - (\sum x_i)^2/n}{n-1}$$

⑤幾何モデルへの置き換え

上の統計量は，「D．条件」により標準正規分布または自由度 $n-1$ の $t$ 分布に従う．棄却域の判定点と比較することにより，統計量が棄却域にあるか否かについて判定する．

⑥背理法ロジックの適用

もし，統計量が棄却域に位置していれば，背理法ロジックにより帰無仮説には矛盾があると判定され，対立仮説が採択される．反対に採択域にあれば，帰無仮説が採択される．

### III．結論の導出

⑦⑧仮説の採択と結論

仮説検定の結果から，統計上の結論を導く．

## 7.2 母平均の差の検定

💡 **2つの観測値間の対応関係，分散の同質性/異質性，それぞれの分散の既知／未知により検定法を使い分ける**

このセクションでは2つの母平均を比較するための検定法について解説する．

下の表で最初の検定法は，対応のある観測値間の差を1つの変数として検定対象にしている．このため単に1つの母平均に対する検定法とみなすことができる．最後のウェルチの検定はベーレンス・フィッシャー問題に対する近似法である．この近似法は $t$ 分布の自由度を調整することによって $t$ 分布を利用する．

**チェックポイント**
- ☐ 統計量は $t$ 分布に従うが，分散が既知の場合には正規分布に従う
  分散が未知の場合，条件により次の3つの検定法がある
- ☐ ①2つの観測値間に対応関係のある場合，1つの母平均に対する検定を応用できる
- ☐ ②2つの観測値間に対応関係がなく，分散は等しいと仮定できる
- ☐ ③2つの観測値間に対応関係がなく，分散は等しいと仮定できない

| 母数 | 検定対象 | A. 幾何モデル | B. 統計量 | C. 自由度 | D. 条件 |
|---|---|---|---|---|---|
| 母平均 | 2つの母平均の差 | t 分布 | $t = \dfrac{\bar{d} - d_0}{s_d/\sqrt{n}}$ | $n-1$ | 2観測値間に対応がある |
| | | 正規分布 | $z = \dfrac{(\bar{x}_1 - \bar{x}_2) - (\mu_1 - \mu_2)}{\sqrt{\sigma_1^2/n_1 + \sigma_2^2/n_2}}$ | — | 2観測値間に対応が無く,両母分散は既知で等しい |
| | | t 分布 | $t = \dfrac{(\bar{x}_1 - \bar{x}_2) - (\mu_1 - \mu_2)}{\sqrt{\dfrac{(n_1-1)s_1^2 + (n_2-1)s_2^2}{n_1 + n_2 - 2}\left(\dfrac{1}{n_1} + \dfrac{1}{n_2}\right)}}$ | $n_1 + n_2 - 2$ | 2観測値間に対応が無く,両母分散は未知で等しい |
| | | t 分布 | $t = \dfrac{(\bar{x}_1 - \bar{x}_2) - (\mu_1 - \mu_2)}{\sqrt{s_1^2/n_1 + s_2^2/n_2}}$ | $\nu$[a] | 両母分散は未知で異なる[ウェルチの検定(近似法)] |

注)表中の変数は,以下のようになる.
1) 1行目の「B. 統計量」において,$n$ は対になった観測値数,$\bar{d}$ は対応ある2つの観測値の差の平均,$d_0$ は比較対象になる数値(差の有無について検定する場合は0とおく),$s_d^2$ は差の不偏分散である.
2) 2行目以下の「B. 統計量」では,2群の標本のそれぞれについて,$n_1$ と $n_2$ は標本数,$\bar{x}_1$ と $\bar{x}_2$ はそれぞれの標本平均,$\mu_1$ と $\mu_2$ は比較しようとする差の値,$\sigma_1^2$ と $\sigma_2^2$ は母分散,$s_1^2$ と $s_2^2$ は標本分散を表す.また,$\nu$ はウェルチの検定における自由度で,計算式は次のようになる.

$$\nu = \frac{\left(\dfrac{s_1^2}{n_1} + \dfrac{s_2^2}{n_2}\right)^2}{\left(\dfrac{s_1^4}{n_1^2(n_1-1)} + \dfrac{s_2^4}{n_2^2(n_2-1)}\right)}$$

> **豆知識**
> **対応関係**
> 同じ生物個体または製品個体について,異なる条件下でとられた2つの観測値などは対応関係のある観測値である.これらの観測値では,生物個体差や製品個体差などがばらつきの大きな部分を占める.対応関係を考慮することでこの種のばらつきを除外できる.

## ● 7.2.1 2群の観測値間に対応のある場合 ●

目的:対応のある $n$ 組の観測値間の差の母平均が特定の値 $d_0$ に等しいか否かについて検定を行う.

条件:2つの観測値間に対応関係があること.また,その母分散は未知で,母集団が正規分布に従うこと.

方法:

### Ⅰ. 検定の準備

①②幾何モデルには $t$ 分布をつかう.ただし,標本数が多いときは近似的に

7.2 母平均の差の検定

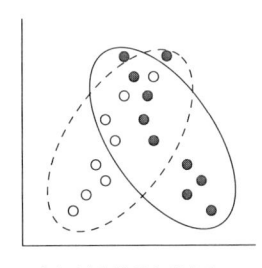

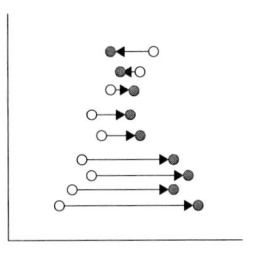

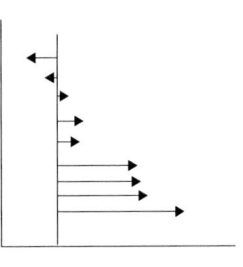

(a) 対応関係を考えない　(b) 対応関係の考慮後　(c) 差の並び換え

**図7.1** 対応関係を考慮しない場合の2群の分布(a)と考慮した場合の差の分布((b)と(c))
(a)では白丸と黒丸の2群は生物個体差，製品個体差などの変異が大きく，2群の分布は分離できないほど重複しているが，個体ごとの差を比較することにより，個体差にもとづくばらつきを除外した比較ができる．

正規分布をつかうことができる．検定の目的により，両側検定と片側検定から仮説を選択する．

両側検定
$H_0: \mu_d = d_0$
$H_1: \mu_d \neq d_0$

片側検定
$H_0: \mu_d = d_0$
$H_1: \mu_d < d_0$ $\Big\}$ 下側棄却域（$R_L$）

または

$H_0: \mu_d = d_0$
$H_1: \mu_d > d_0$ $\Big\}$ 上側棄却域（$R_U$）

③有意水準，標本の自由度に応じて巻末の $t$ 分布表から棄却域の判定点を読みだす．

| 両側検定 | 片側検定 |
|---|---|
| $R_L = (-\infty, t_{\alpha/2})$ および $R_U = (t_{1-\alpha/2}, +\infty)$ | $R_L = (-\infty, t_\alpha)$ または $R_U = (t_{1-\alpha}, +\infty)$ |

## II．ロジックの展開

④統計量は以下のようになる．

$$t = \frac{\bar{d} - d_0}{s_d/\sqrt{n}}$$

ただし，$\bar{d}$ は差の平均値，$s_d^2$ は各観測値の差の不偏分散である．

$$s_d^2 = \frac{\sum (d_i - \bar{d})^2}{n-1}$$

⑤⑥統計量は，自由度 $n-1$ の $t$ 分布に従うので，巻末の $t$ 分布表から読みだした判定点と統計量を比較し，帰無仮説の棄却／採択を判定する．

Ⅲ．結論の導出

⑦⑧仮説検定の結果から，統計上の結論を導く．

**(例題)** 人の身体は，寒冷ストレスに一時的にさらされると血圧が上がる傾向がみられる．下記の記録は，8人の被験者に対する寒冷ストレス前後の収縮期血圧を記録したものである．寒冷ストレスに感作後，血圧に有意な上昇があるといえるか，有意水準は1%で検定しなさい．

| 血圧 (mmHg) | 被験者 | | | | | | | |
|---|---|---|---|---|---|---|---|---|
| | 1 | 2 | 3 | 4 | 5 | 6 | 7 | 8 |
| 感作前 | 144 | 118 | 133 | 128 | 122 | 143 | 124 | 125 |
| 感作後 | 166 | 122 | 139 | 131 | 144 | 162 | 125 | 137 |

8人の感作後の変化量は，{22, 4, 6, 3, 22, 19, 1, 12} である．

Ⅰ．検定の準備

標本が少ないので，幾何モデルは $t$ 分布である．また，感作後の増加量に関する検定は片側検定になる．

$$\left.\begin{array}{l} H_0: \mu_d = 0 \\ H_1: \mu_d > 0 \end{array}\right\} \quad 上側棄却域（R_U）$$

有意水準1%，自由度7の判定点を $t$ 分布表から読みだすと，2.998である．棄却域は次のようになる．

$$片側検定：R_U = (t_{0.99}, +\infty) = (2.998, +\infty)$$

Ⅱ．ロジックの展開

統計量は以下のように計算される．

$$s_d^2 = \frac{\sum(d_i - \bar{d})^2}{n-1} = \frac{544.88}{7} = 77.84$$ （計算の手順を少なくするには，p.48の式の変形を応用する）

$$t = \frac{\bar{d} - d_0}{s_d/\sqrt{n}} = \frac{11.13 - 0}{8.82/\sqrt{8}} = 3.57$$

したがって，3.57＞2.998．統計量が棄却域にあるので，帰無仮説は棄却される．

Ⅲ．結論の導出

血圧の変化量は，ゼロとは有意水準1%で有意差がある．したがって，寒冷ストレスは人の血圧を上昇させたという統計上の結論にいたる．

## 7.2.2 2観測値間に対応のない場合（母分散が既知）

目的：観測値の数がそれぞれ $n_1$, $n_2$ の対応のない2群において，2群の母平均間の差について検定を行う．

条件：2群の観測値は独立していること．また，2つの母分散は既知で，母集団は正規分布に従うこと．

方法：

### I．検定の準備

①②母分散が既知であるので，採用する幾何モデルは正規分布である．検定の目的により，両側検定と片側検定の中から選択する．

両側検定

$H_0 : \mu_1 = \mu_2$
$H_1 : \mu_1 \neq \mu_2$

片側検定

$\left. \begin{array}{l} H_0 : \mu_1 = \mu_2 \\ H_1 : \mu_1 < \mu_2 \end{array} \right\}$ 下側棄却域 （$R_L$）

または

$\left. \begin{array}{l} H_0 : \mu_1 = \mu_2 \\ H_1 : \mu_1 > \mu_2 \end{array} \right\}$ 上側棄却域 （$R_U$）

③有意水準を選択する（$\alpha=0.05$, 0.01 or 0.001）．この有意水準に応じて，巻末の正規分布表から棄却域の判定点を読み出す．

| 両側検定 | 片側検定 |
|---|---|
| $R_L = (-\infty, z_{\alpha/2})$ および $R_U = (z_{1-\alpha/2}, +\infty)$ | $R_L = (-\infty, z_\alpha)$ または $R_U = (z_{1-\alpha}, +\infty)$ |

### II．ロジックの展開

④統計量は以下のようになる．

$$z = \frac{(\bar{x}_1 - \bar{x}_2) - (\mu_1 - \mu_2)}{\sqrt{\sigma_1^2/n_1 + \sigma_2^2/n_2}}$$

検定は帰無仮説のもとで進められ，帰無仮説における $\mu_1 = \mu_2$ は統計量では $\mu_1 - \mu_2 = 0$ とおかれる．なお，$\sigma_1^2$ と $\sigma_2^2$, $n_1$ と $n_2$, $\bar{x}_1$ と $\bar{x}_2$ はそれぞれ2つの観測値の母分散，標本数，標本平均である．

⑤⑥統計量と正規分布表の判定点を比較し，統計量が棄却域にあるか否かについて判定する．

```
            ┌─────────────────────────────┐
            │ 2群の観測値間に対応のない場合 │
            └──────────────┬──────────────┘
                ┌──────────┴──────────┐
                ▼                     ▼
    ┌─────────────────────┐ ┌─────────────────────┐
    │ 2つの群で分散が等しい │ │ 2つの群で分散が異なる │
    └─────────────────────┘ └─────────────────────┘
```

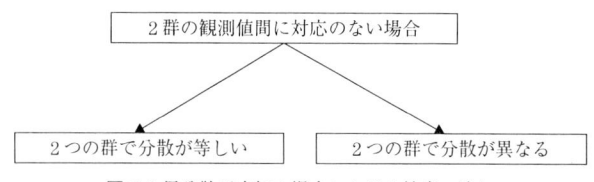

図 7.2 母分散が未知の場合における検定の流れ

### III. 結論の導出

⑦⑧仮説検定の結果から，統計上の結論を導く．

### ● 7.2.3　2観測値間に対応のない場合（母分散が未知）●

目的：$n_1$，$n_2$ の観測値をもつ対応のない2群の母平均の差について検定を行う．母分散が未知のとき，2群間で母分散が等しい場合と異なる場合では検定法が異なる．事前に9章の「母分散の比に関する検定」を行い，母分散が等しいことを確かめておく．ここで解説する検定法は母分散が等しい場合に利用できる．一方，母分散に違いがある場合は後述する「ウェルチの検定」を用いる．

条件：2群の観測値が独立し，2つの母分散は未知で等しいと仮定できること．また，母集団の分布は正規分布に従うこと．

方法：

### I. 検定の準備

①母分散が未知の条件下での検定方法であるから，幾何モデルには $t$ 分布を使う．

②検定の目的により，両側検定と片側検定の中から仮説を選択する．

| 両側検定 | 片側検定 | |
|---|---|---|
| $H_0: \mu_1 = \mu_2$ | $H_0: \mu_1 = \mu_2$ | 下側棄却域（$R_L$） |
| $H_1: \mu_1 \neq \mu_2$ | $H_1: \mu_1 < \mu_2$ | |
| | または | |
| | $H_0: \mu_1 = \mu_2$ | 上側棄却域（$R_U$） |
| | $H_1: \mu_1 > \mu_2$ | |

③有意水準を選択する（$\alpha = 0.05$，0.01 or 0.001）．

### II. ロジックの展開

④巻末の $t$ 分布表から，有意水準，自由度 $n_1 + n_2 - 2$ に応じた棄却域の判定

点を読みだしておく．

| 両側検定 | 片側検定 |
|---|---|
| $R_L=(-\infty, t_{\alpha/2})$ および $R_U=(t_{1-\alpha/2}, +\infty)$ | $R_L=(-\infty, t_\alpha)$ または $R_U=(t_{1-\alpha}, +\infty)$ |

⑤統計量は以下のようになる．

$$t=\frac{(\bar{x}_1-\bar{x}_2)-(\mu_1-\mu_2)}{\sqrt{\dfrac{(n_1-1)s_1^2+(n_2-1)s_2^2}{n_1+n_2-2}\left(\dfrac{1}{n_1}+\dfrac{1}{n_2}\right)}}$$

上式の $\mu_1-\mu_2$ は帰無仮説から $\mu_1-\mu_2=0$．統計量中の $n_1$ と $n_2$，$\bar{x}_1$ と $\bar{x}_2$ は，それぞれ2群の標本数と標本平均，$s_1^2$ と $s_2^2$ は不偏分散とする．統計量は自由度 $n_1+n_2-2$ の $t$ 分布に従うので，④の判定点と比較し，統計量が棄却域にあるか否かについて判定する．

### III．結論の導出

⑦⑧この検定結果より統計上の結論を導く．

**(例題)** 下の観測値は，2群のマウスに一定期間，小動物用トレッドミルによる運動負荷を与えたときの体内脂肪量（g）の変化量である．運動負荷は脂肪量の減少に効果があったといえるか．有意水準5%で検定しなさい．

| 対照群 | 23, 24, 18, 15, 19, 26 |
|---|---|
| 運動負荷群 | 20, 17, 15, 18, 22, 21, 12, 13 |

### I．検定の準備（①～③）

等分散性の検定：
　いま対照群の観測値を1，運動負荷群の観測値に2の添え字を与える．この場合，幾何モデルは $F$ 分布で，仮説は次のようになる．
　両側検定
$$H_0: \sigma_1^2=\sigma_2^2$$
$$H_1: \sigma_1^2\neq\sigma_2^2$$
両群の不偏分散は次のように計算される．
$$s_1^2=\frac{\sum x_{1i}^2-(\sum x_{1i})^2/n_1}{n_1-1}=\frac{2691-125^2/6}{5}=17.36$$
$$s_2^2=\frac{\sum x_{2i}^2-(\sum x_{2i})^2/n_2}{n_2-1}=\frac{2476-138^2/8}{7}=13.65$$
統計量は次のようになる．

$$F = \frac{s_1^2}{s_2^2} = \frac{17.36}{13.65} = 1.27$$

この統計量は自由度 5, 7 の $F$ 分布に従う．有意水準 5% の両側検定では，分布の下側と上側に 2.5% ずつの棄却域がとられる．数表から上側棄却域の判定点は次のようになる．

$$R = (F_{0.975}, +\infty) = (5.285, +\infty)$$

上で求めた統計量 1.27 はこの棄却域には含まれず，帰無仮説が採択される．したがって，この両群の母分散には有意な差はないという統計上の結論にいたる．

上の結論から，両群の母分散は等しいと仮定して母平均の差の検定を進める．この検定は運動による脂肪量の減少についての検定であるから，片側検定である．

片側検定

$H_0: \mu_1 = \mu_2$

$H_1: \mu_1 > \mu_2$

有意水準は 5% である．

**II．ロジックの展開（④〜⑥）**

巻末の $t$ 分布表から，有意水準 5%，自由度 12 における棄却域の判定点を読み出す．

片側検定　　$R_U = (t_{0.95}, +\infty) = (1.782, +\infty)$

統計量の計算は以下のようになる．

$$t = \frac{(\bar{x}_1 - \bar{x}_2) - (\mu_1 - \mu_2)}{\sqrt{\frac{(n_1-1)s_1^2 + (n_2-1)s_2^2}{n_1 + n_2 - 2}\left(\frac{1}{n_1} + \frac{1}{n_2}\right)}} = \frac{20.83 - 17.25 - 0}{\sqrt{\frac{5 \cdot 17.36 + 7 \cdot 13.65}{12}\left(\frac{1}{6} + \frac{1}{8}\right)}} = 1.70$$

この統計量 1.70 は，棄却域の判定点 1.782 より小さいので，上側棄却域には含まれない（$1.70 \notin R_U$）．

**III．結論の導出（⑦，⑧）**

統計量は採択域に含まることから帰無仮説が採択され，運動負荷によって統計的に有意な脂肪の減少はみられなかったと結論される．

### ● 7.2.4　2観測値間に対応のない場合（2つの母分散は未知だが等しいとは仮定できない場合）●

目的：未知の母分散が等しいと仮定できない場合は，具体的には「母分散の検定」の結果，分散が等しくないと結論された場合である．この問題は検定上の難問題の1つで，「ベーレンス・フィッシャー問題」と呼ばれていた．本書では近似法であるウェルチの方法をつかって検定を行う．

条件：2群の観測値は独立し，2つの母分散は未知でかつ等しいと仮定できない。また，母集団の分布は正規分布に従うこと。

> **ことばノート**
> **ベーレンス・フィッシャー問題**
> 2つの母平均の差の検定において，分散が未知でかつ2つの母分散が等しいと仮定できない場合に起こる検定上の問題をいう。この場合，$t$分布を用いることができないので，$t$分布よりも分布の広がりの大きいベーレンス・フィッシャー分布を用いる必要がある。ウェルチの方法は，この問題に対する近似法である。

方法：

### I．検定の準備 (①〜③)

幾何モデルに$t$分布を利用した検定法である。検定の目的により，両側検定と片側検定から仮説を選択する。

両側検定

$H_0 : \mu_1 = \mu_2$
$H_1 : \mu_1 \neq \mu_2$

片側検定

$\left. \begin{array}{l} H_0 : \mu_1 = \mu_2 \\ H_1 : \mu_1 < \mu_2 \end{array} \right\}$ 下側棄却域 ($R_L$)

または

$\left. \begin{array}{l} H_0 : \mu_1 = \mu_2 \\ H_1 : \mu_1 > \mu_2 \end{array} \right\}$ 上側棄却域 ($R_U$)

有意水準を決定する ($\alpha=0.05$, $0.01$ or $0.001$)。巻末の$t$分布表から，この有意水準，自由度$\nu$に応じた棄却域の判定点を読みだしておく。なお，$\nu$は次の式で計算される。

$$\nu = \frac{\left(\dfrac{s_1^2}{n_1} + \dfrac{s_2^2}{n_2}\right)^2}{\left(\dfrac{s_1^4}{n_1^2(n_1-1)} + \dfrac{s_2^4}{n_2^2(n_2-1)}\right)}$$

棄却域

| 両側検定 | 片側検定 |
|---|---|
| $R_L = (-\infty, t_{\alpha/2})$ および $R_U = (t_{1-\alpha/2}, +\infty)$ | $R_L = (-\infty, t_\alpha)$ または $R_U = (t_{1-\alpha}, +\infty)$ |

### II．ロジックの展開 (④〜⑥)

統計量は以下のようになる。

$$t = \frac{(\bar{x}_1 - \bar{x}_2) - (\mu_1 - \mu_2)}{\sqrt{s_1^2/n_1 + s_2^2/n_2}}$$

上式の$\mu_1 - \mu_2$は，帰無仮説から$\mu_1 - \mu_2 = 0$。変数$n_1$と$n_2$，$\bar{x}_1$と$\bar{x}_2$，$s_1^2$

と $s_2^2$ は，すべて標本から得られる．統計量と上記の判定点と比較することにより，統計量が棄却域にあるか否かについて判定する．

## III．結論の導出（⑦，⑧）

この検定結果より統計上の結論を導く．

**(例題)** マウスの Ay 遺伝子は，黄色の毛色と重度の肥満を引き起こす優性遺伝子である．いま，あるマウスの系統にこの遺伝子を導入し，60 日齢での体重 (g) を計測した．遺伝子導入による肥満の誘発が体重の増加を起こしているか否かについて有意水準 1% で検定しなさい．

| | |
|---|---|
| ノーマル系統 | 25，23，21，26，28，24，24 |
| 遺伝子導入系統 | 35，28，32，25，36，42 |

### I．検定の準備

等分散性の検定：

いまノーマル系統の観測値に 1，遺伝子導入系統の観測値に 2 の添え字を与える．この場合，幾何モデルは $F$ 分布で，検定の仮説は次のようになる．

両側検定

$$H_0 : \sigma_1^2 = \sigma_2^2$$
$$H_1 : \sigma_1^2 \neq \sigma_2^2$$

両群の不偏分散は次のように計算される．

$$s_1^2 = \frac{\sum x_{1i}^2 - (\sum x_{1i})^2 / n_1}{n_1 - 1} = \frac{4207 - 171^2/7}{6} = 4.95$$

$$s_2^2 = \frac{\sum x_{2i}^2 - (\sum x_{2i})^2 / n_2}{n_2 - 1} = \frac{6718 - 198^2/6}{5} = 36.80$$

統計量の計算は，大きい方の標本分散を分子におくと，数表を利用する上で都合がよい．

$$F = \frac{s_2^2}{s_1^2} = \frac{36.80}{4.95} = 7.43$$

この統計量は自由度 5，6 の $F$ 分布に従う．有意水準 5% における両側検定であるから，下側と上側にそれぞれ 2.5% の棄却域がとられる．したがって，数表から上側棄却域の判定点は次のようになる．

$$R = (F_{0.025}, +\infty) = (5.988, +\infty)$$

上で求めた統計量は 7.43 > 5.988 であるから，棄却域に位置するので帰無仮説は棄却される．したがって，この両系統の母分散は異なるという統計上の結論にいたる．

両系統の母分散は異なるという仮定の元で検定を進める．体重増に関する検定

には片側検定をつかう．

片側検定
$H_0: \mu_1 = \mu_2$
$H_1: \mu_1 < \mu_2$ $\Big\}$ 下側棄却域（$R_L$）

有意水準は，1%（$\alpha=0.01$）．巻末の $t$ 分布表から，この有意水準，自由度 $\nu$ に応じた棄却域の判定点を読みだしておく．なお，自由度 $\nu$ は以下のようになる．

$$\nu = \frac{\left(\frac{s_1^2}{n_1} + \frac{s_2^2}{n_2}\right)^2}{\frac{s_1^4}{n_1^2(n_1-1)} + \frac{s_2^4}{n_2^2(n_2-1)}}$$

$$= \frac{\left(\frac{4.95}{7} + \frac{36.80}{6}\right)^2}{\frac{4.95^2}{7^2(7-1)} + \frac{36.80^2}{6^2(6-1)}} = 6.15$$

> **豆知識**
> **線形補間**（Linear interporation）
> 数表にない判定点は線形補間を使って求める．線形補間では，高低両方の値に線形関係を仮定し，両者に適切な重み付けをすることで求める．大きい方の自由度を $n_L$，小さい方の自由度を $n_S$，任意の自由度を $n_x$ とする．また，これらに対応する統計表の数値をそれぞれ $Q_L$，$Q_S$ および $Q_x$ とする．
> $$p = \frac{n_x - n_S}{n_L - n_S}$$
> この $p$ と $(1-p)$ で重み付けて判定点を求める．
> $Q_x = p \cdot Q_L + (1-p) \cdot Q_S$

棄却域の判定点は線形補間により次のように計算される．数表から自由度 6 と 7 の判定点はそれぞれ 3.143 と 2.998 である．

まず，線形補間の重み付け値 $p$ を求める．

$$p = \frac{n_x - n_S}{n_L - n_S}$$

$$= \frac{6.15 - 6}{7 - 6} = 0.15$$

この値で重み付けて，上で求めた自由度に対応した判定点を計算する．

$$t_x = 0.15 \times 2.998 + (1 - 0.15) \cdot 3.143 = 3.12$$

棄却域は次のようになる．

$$R_L = (-\infty, t_\alpha) = (-\infty, -3.12) \quad \text{（片側検定）}$$

## II．ロジックの展開

統計量は以下のようになる．

$$t = \frac{(\bar{x}_1 - \bar{x}_2) - (\mu_1 - \mu_2)}{\sqrt{s_1^2/n_1 + s_2^2/n_2}}$$

$$= \frac{24.4 - 33.0 - 0}{\sqrt{4.95/7 + 36.80/6}} = -3.29$$

$-3.29 < -3.12$ より，この統計量は棄却域 $R_L$ に位置することがわかる（$-3.29$

∈$R_L$).

### III. 結論の導出

この統計量は棄却域に位置するので，対立仮説が採択される．したがって，Ay 遺伝子の導入は有意水準1%で有意な体重増をもたらしたと結論される．

========== 練 習 問 題 ==========

1. 正規分布と $t$ 分布について，下記の設問に答えなさい（ヒント：正規分布，$t$ 分布ともに原点を中心とした対称分布である）．
   1) 正規分布表から，確率 0.99, 0.975, 0.05, 0.005 に対応する判定点を求めなさい．
   2) $t$ 分布表から，自由度 6, 14, 20 での確率 0.99, 0.975, 0.05, 0.005 に対応する判定点を読み出し，自由度と判定点の対照表を作りなさい．
   3) 統計量 $z=2.25$ が正規分布にしたがうとき，この値以上をとる確率を求めなさい．また，$z=-1.93$ のとき，この値以下になる確率を求めなさい．
   4) 統計量 $t=-2.08$ が自由度 21 の $t$ 分布に従うとき，この値以下になる確率を求めなさい．また同じ自由度で $t=1.721$ のとき，この値以上になる確率を求めなさい．

2. 下記の設問に答えなさい．
   1) 果物の摂取が生活習慣病に与える影響について調べるために被験者 250 人の血中の中性脂肪量を計測した．その結果，1 日あたり 200 g の果物を 1 か月間摂取したときの中性脂肪量は 78 g/dl，その不偏分散は 341 g$^2$ であった．一般の平均中性脂肪量を 85 g/dl とするとき，この改善効果は統計的に有意であったといえるか．有意水準を 5% に設定して，下記の文章中に適切な言葉を埋めて検定を行いなさい．

      #### I．検定の準備（①〜③）

      この問題では，母分散は ［　　A　　］ であるが，標本数が 250 と多いので，「A．幾何モデル」は ［　　B　　］ 分布で近似できる．この問題では，興味の対象が ［　　　　　　　C　　　　　　　］ にあるので仮説は
      ［　D　］ 検定になる．
      ［　D　］ 検定
      $H_0$：［　　　E　　　］

$H_1$: [　　　F　　　]

有意水準を5%にとり，巻末の数表から[　　B　]分布の判定点を求めると，[　　　　　　　　G　　　　　　　]という判定点が得られる．

したがって，棄却域は，

[　　　　H　　　　]

となる．

## II．ロジックの展開（④～⑥）

検定に使われる統計量は以下のように計算される．

[　　　　I　　　　]

上の計算で得られた統計量と数表から求めた判定点には[　　　J　　　]の関係があるので，この統計量は[　K　]域に含まれることがわかる．したがって，帰無仮説は[　K　]される．

## III．結論の導出（⑦，⑧）

統計的仮説検定の結果，有意水準[　L　]%で，[　　M　　]仮説が採択され，

[　　　　　　　　N　　　　　　　　]

という統計上の結論にいたる．

2) ある食品には100gあたり8g植物繊維が含まれることになっている．いま20の標本について抽出調査をしたところ，平均値が7.86g，不偏分散0.032の結果を得た．この平均値は，標準量の8グラムと差があるといえるか，有意水準1%で検定しなさい．また，このときの判定点，統計量，棄却域の関係について，分布図を描いて説明しなさい．

3) 下の成績は低脂肪乳製品を一定期間摂取したある年齢グループに属する男性8人の収縮期血圧についての記録である．一般の人の平均値120 mmHgと差があるか否かについて，有意水準5%で検定しなさい．

収縮期血圧（mmHg）：122, 115, 110, 120, 108, 106, 113, 102

3．下記の検定を実施しなさい．

1) 豚では皮下脂肪の厚さが豚肉の品質を決める指標のひとつである．ある品種の豚では皮下脂肪厚の分散には地域差はみられず，分散は20 mm$^2$ とわかって

いる．いま，A地域の30頭とB地域20頭の皮下脂肪厚（mm）を調査したところ，それぞれ17 mm，23 mmであった．両地域の皮下脂肪厚に違いがあるといえるか．有意水準を1%として検定しなさい．また，このときの判定点，統計量，棄却域の関係について，略図を描いて説明しなさい．

2) あるイネの品種に対する土壌中塩分濃度の影響をしらべた．塩分濃度750 ppmの土壌で育てたところ，玄米千粒重量（g）平均値は対照区の19.2 gに対して塩分土壌区では18.0 gであった．また，それぞれの不偏分散は0.278と0.168で，標本数は10と20とする．両区の千粒重量に差があるといえるか．有意水準5%で検定しなさい．千粒重量とは，一粒では重量の軽い玄米（げんまい）など子実の重さを計測する場合に用いられる計測単位で，1000粒の重さのことである．

3) ラットにある種のフラボノイドを一定期間摂取させ，摂取前と摂取後の血中コレステロール（mmol/L）を測定したところ下記のような結果を得た．フラボノイドの摂取は血中コレステロールの減少に効果があったといえるか．有意水準5%で検定しなさい．

|  | 個体番号 | | | | | |
| --- | --- | --- | --- | --- | --- | --- |
|  | 1 | 2 | 3 | 4 | 5 | 6 |
| 摂取前 | 2.9 | 2.6 | 3.2 | 3.1 | 3.2 | 2.6 |
| 摂取後 | 2.7 | 2.6 | 2.6 | 2.3 | 2.8 | 2.5 |

4) ストレプトゾトシンをマウスに注射することにより，糖尿病の病態モデルをつくることができる．そこで，ストレプトゾトシンによる糖尿病誘発の効果を調べるために対照区とストレプトゾトシン投与区（STZ区）のマウスの血糖値（mg/d$l$）を調べた．STZ区で血糖値の上昇が起きているといえるか．有意水準1%で検定しなさい．

| 対照区 | 224 | 205 | 198 | 212 | 227 | | |
| --- | --- | --- | --- | --- | --- | --- | --- |
| STZ区 | 304 | 394 | 284 | 364 | 274 | 324 | 348 |

# 8章 比率の検定

💡 標本の大きさを条件に比率の検定に正規分布を使うことができる

調査対象によっては集団を代表する値は平均値ではなく、比率で表される。比率の分布は2項分布であるが、標本の大きさが大きいときには近似的に正規分布をあてはめて検定を行うことができる。

> **チェックポイント**
> ☐ 比率の検定では2項分布の近似として正規分布を使う
> ☐ 近似法の適用条件は、標本の大きさと母比率に依存する

| 母数 | 検定対象 | A. 幾何モデル | B. 統計量 | C. 自由度 | D. 条件 |
|---|---|---|---|---|---|
| 母比率 | 1つの母比率 | 正規分布 | $z = \dfrac{p - \pi_0}{\sqrt{\dfrac{\pi_0(1-\pi_0)}{n}}}$ | — | $n$が大きいこと |
|  | 2つの母比率の差 | 正規分布 | $z = \dfrac{p_1 - p_2}{\sqrt{\pi(1-\pi)\left(\dfrac{1}{n_1} + \dfrac{1}{n_2}\right)}}$ | — | $n$が大きいこと |

注)「B. 統計量」において、一番目の式の$p$は標本比率、$\pi_0$は母比率、$n$は標本数を示している。2番目の式では$p_1$, $p_2$および$n_1$, $n_2$は2つの標本比率と標本数、$\pi$は標本全体の比率を表す。

## 8.1 比率に関する検定

目的:$n$個の標本から推定された標本比率が、母比率$\pi_0$に等しいか否かについて検定を行う。

条件:2項分布を正規分布で近似した方法になるので、$n$の大きさが次の条件の一つを満たすとき、有効である。つまり、

① $n \geq 40$．つまり，標本数が 40 以上のときは正規分布による近似が有効．
② $n \geq 20$ かつ $\mathrm{Min}\{n \times \pi_0, n \times (1-\pi_0)\} \geq 5$ が成り立つこと．つまり，標本数が 20 以上で $(n \times \pi_0)$ または $\{n \times (1-\pi_0)\}$ の値のうち，小さい方の値でも 5 以上あることが条件となる．したがって，母比率が 0 や 1 に近いときにはより多くの標本が必要になる．

方法：

### I．検定の準備

①採用する「A．幾何モデル」は，正規分布である．

②検定の目的により，仮説を両側検定と片側検定から選択する．

両側検定
$H_0: \pi = \pi_0$
$H_1: \pi \neq \pi_0$

片側検定
$H_0: \pi = \pi_0$
$H_1: \pi < \pi_0$ $\}$ 下側棄却域 $(R_L)$

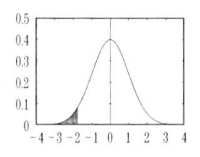

または
$H_0: \pi = \pi_0$
$H_1: \pi > \pi_0$ $\}$ 上側棄却域 $(R_U)$

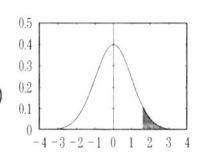

③有意水準を 5％，1％，0.1％の中から選択する（$\alpha = 0.05$, $0.01$ または $0.001$）．

したがって，両側検定と片側検定の棄却域はそれぞれ次のようになる．これに従い巻末の数表から有意水準に対応した判定点を求める．

| 両側検定 | 片側検定 |
|---|---|
| $R_L = (-\infty, z_{\alpha/2})$ および $R_U = (z_{1-\alpha/2}, +\infty)$ | $R_L = (-\infty, z_\alpha)$ または $R_U = (z_{1-\alpha}, +\infty)$ |

### II．ロジックの展開

④上の表の 1 行目「B．統計量」にある式をつかう．

$$z = \frac{p - \pi_0}{\sqrt{\dfrac{\pi_0(1-\pi_0)}{n}}}$$

ただし，この式では $p$ は標本比率，$\pi_0$ は母比率，$n$ は標本数である．

⑤この統計量は標準正規分布にしたがうので，得られた棄却域の判定点と統計量を比較することにより，統計量が棄却域に位置するかまたは採択域に位置するかを判定する．

⑥統計量が棄却域にあるときは帰無仮説が棄却され，対立仮説が採択される．また採択域にあるときは帰無仮説が採択される．

## III．結論の導出

⑦⑧仮説検定の結果から，統計上の結論を導く．

**(例題)** 遺伝の法則を発見したメンデル（G. J. Mendel）は，エンドウ豆を実験材料にさまざまな形質について交配実験を行っている．メンデルの実験結果によると，緑色のサヤの系統と黄色のサヤの系統を交雑し，雑種第2世代をみたところ，580個のサヤのうち緑は428個，黄色は152であった．この結果は，「分離の法則」として知られている．緑色の系統と黄色の系統の割合は，この法則からの3：1の比率に一致するといえるか．有意水準1%で検定しなさい．

## I．検定の準備 (①～③)

この問題の「A．幾何モデル」は，正規分布である．この例題では，黄色のサヤの比率について検定を行う．標本数580から次の関係式が得られる．

$$\text{Min}\{n \times \pi_0, n \times (1-\pi_0)\} = \text{Min}\{580 \times 0.25, 580 \times 0.75\} = 145 \gg 5$$

145は5よりもかなり大きく，正規分布による近似の条件を十分満たしている．この問題では，興味の対象は遺伝の法則の理論値からのずれにあるので，両側検定をつかう．黄色のサヤに期待される比率 $\pi_0$ は1/4なので仮説は次のようになる．

両側検定

$H_0 : \pi = 0.25$

$H_1 : \pi \neq 0.25$

有意水準を1%にとり，巻末の正規分布表から判定点を読みだす．判定点は分布の下側と上側にそれぞれ0.5%ずつとなる．したがって，棄却域は，

$$R_L = (-\infty, -2.58)$$

および

$$R_U = (2.58, +\infty)$$

である．

## II．ロジックの展開（④〜⑥）

検定に使われる統計量は次のように計算される．

$$p = \frac{152}{580} = 0.262$$

$$z = \frac{p - \pi_0}{\sqrt{\dfrac{\pi_0(1-\pi_0)}{n}}} = \frac{0.262 - 0.25}{\sqrt{\dfrac{0.25 \cdot 0.75}{580}}} = 0.667$$

上の計算で得られた統計量と数表から求めた判定点には $0.667 < 2.58$ の関係があるので，この統計量は，帰無仮説の採択域に含まれる．したがって，帰無仮説は有意水準 1% では棄却されない．

## III．結論の導出（⑦，⑧）

仮説検定の結果，帰無仮説は採択される．したがって，この標本の母比率は 0.25 と差がなく，この分離比はメンデルの法則に従っているという統計上の結論にいたる．

# 8.2 2つの比率の差に関する検定

目的：2つの母集団における母比率 $\pi_1$，$\pi_2$ の差について検定を行う．検定には，この母集団から抽出された $n_1$，$n_2$ 個の標本における標本比率 $p_1$，$p_2$ をつかう．

条件：上記の方法と同じく，$n_1$ と $n_2$ の大きさが次の条件の一つを満たすとき，有効である．つまり，

① $n_1 + n_2 \geq 40$．つまり，標本数の合計が 40 以上のときは近似が有効．
② $n_1 + n_2 \geq 20$ かつ $\mathrm{Min}[\{(n_1+n_2) \times \pi\}, \{(n_1+n_2) \times (1-\pi)\}] \geq 5$．つまり，標本数の合計が 20 以上あり，$\{(n_1+n_2) \times \pi\}$，$\{(n_1+n_2) \times (1-\pi)\}$ の値のうち，小さい方の値でも 5 以上あることが条件になる．

方法：

### I．検定の準備

①使われる幾何モデルは正規分布である．ただし，正規分布へ近似するための条件を満たしていること．
②検定の目的により，仮説を両側検定と片側検定から選択する．

| 両側検定 | 片側検定 |
|---|---|
| $H_0: \pi_1 = \pi_2$ | $H_0: \pi_1 = \pi_2$ ⎫ 下側棄却域（$R_L$） |
| $H_1: \pi_1 \neq \pi_2$ | $H_1: \pi_1 < \pi_2$ ⎭ |
| | または |
| | $H_0: \pi_1 = \pi_2$ ⎫ 上側棄却域（$R_U$） |
| | $H_1: \pi_1 > \pi_2$ ⎭ |

③有意水準を5％, 1％, 0.1％の中から選択する（$\alpha = 0.05$, 0.01 または 0.001）．

両側検定と片側検定の棄却域は次のようになる．巻末の正規分布表から該当する判定点を求める．

| 両側検定 | 片側検定 |
|---|---|
| $R_L = (-\infty, z_{\alpha/2})$ および $R_U = (z_{1-\alpha/2}, +\infty)$ | $R_L = (-\infty, z_{\alpha})$ または $R_U = (z_{1-\alpha}, +\infty)$ |

## II．ロジックの展開

④統計量の計算には，次の式をつかう．

$$z = \frac{p_1 - p_2}{\sqrt{\hat{\pi}(1-\hat{\pi})\left(\frac{1}{n_1} + \frac{1}{n_2}\right)}}$$

ただし，$p_1$, $p_2$ および $n_1$, $n_2$ はそれぞれ2群の標本比率と標本数，$\hat{\pi}$ は標本全体の比率を表す．

$$\hat{\pi} = \frac{p_1 n_1 + p_2 n_2}{n_1 + n_2}$$

⑤上の統計量は，標準正規分布に従うので，得られた棄却域の判定点と比較することにより，統計量が棄却域に位置するかまたは採択域に位置するかを判定する．

⑥統計量が棄却域にあるときは帰無仮説が棄却され，対立仮説が採択される．また採択域にあるときは帰無仮説が採択される．

## III．結論の導出

⑦⑧仮説検定の結果から，統計上の結論を導く．

**（例題）** 1990年と2000年において，ある地域に住む40代の男性それぞれ1500人に

ついて BMI が 25 以上（肥満）に分類される人の割合を調査した．その結果，1990 年には 26% であったものが，2000 年には 32% と増加していた．この増加は統計的に有意な増加といえるか．有意水準 1% で検定しなさい．

> **豆知識**
> 
> **BMI**（Body mass index）
>   肥満度を判定する指標で，計算式は次のようになる．
> BMI＝(体重 kg)／(身長 m)$^2$
> BMI＜18.5　…　低体重（やせ）
> 18.5≦BMI＜25　…　普通体重（正常）
> BMI≧25　…　肥満

### I．検定の準備（①〜③）

　この例題の「A．幾何モデル」は正規分布である．標本数が大きいデータなので，正規分布による近似が可能である．この問題では，興味の対象が肥満割合の増加にあるので，興味の対象が一方向に限定された片側検定である．添え字 1 を 2000 年の比率，添え字 2 を 1990 年の比率とすると，仮説は次のように設定される．

　片側検定

$$\left.\begin{array}{l} H_0 : \pi_1 = \pi_2 \\ H_1 : \pi_1 > \pi_2 \end{array}\right\} \quad 上側棄却域（R_U）$$

有意水準を 1% にとり，巻末の正規分布表から判定点を求めると，判定点は 2.33 である．したがって，上側棄却域は，

$$R_U = (2.33, +\infty)$$

となる．

### II．ロジックの展開（④〜⑥）

$$n_1 = n_2 = 1500$$
$$p_1 = 0.32, \quad p_2 = 0.26$$
$$\hat{\pi} = \frac{0.32 \times 1500 + 0.26 \times 1500}{1500 + 1500} = 0.29$$

検定に使われる統計量は次のように計算される．

$$z = \frac{p_1 - p_2}{\sqrt{\hat{\pi}(1-\hat{\pi})\left(\dfrac{1}{n_1}+\dfrac{1}{n_2}\right)}} = \frac{0.06}{\sqrt{0.29(1-0.29)\left(\dfrac{1}{1500}+\dfrac{1}{1500}\right)}} = 3.62$$

上の計算で得られた統計量と数表から求めた判定点には 3.62＞2.33 の関係があるので，この統計量は上側棄却域に含まれる．したがって，帰無仮説は有意水準 1% で棄却される．

### III．結論の導出（⑦，⑧）

　仮説検定の結果，対立仮説が採択される．したがって，2000 年の比率と 1990 年

の比率には，1%水準で統計上有意な差があると判定される．したがって，この期間に40代の男性においてBMI 25以上の割合は増加しているという統計上の結論がえられる．

━━━━━━━━━ 練 習 問 題 ━━━━━━━━━

1. 喫煙防止対策を行っている地域の未成年者2160人について喫煙率を調査したところ19.4%であった．未成年者における喫煙率は23%であることが知られている．この喫煙防止対策で低下したといえるか．有意水準1%で検定しなさい．

2. 男児と女児の出生割合には偏りがあることが知られ，男児の出生割合は通常51%であるとされている．ある地域において，第2次大戦中に調査したところ，男児535人，女児386人であった．戦争状態が出生時の男女比に影響したとみなせるか．有意水準5%で検定しなさい．また，このときの判定点，統計量，棄却域の関係について，分布図を描いて説明しなさい．

3. 男性150人，女性250人に健康意識調査を行った．その結果，健康のために野菜や果物を多く摂取するようにつとめていると回答した人は，男性で111人，女性で191人であった．この項目についての健康意識に性差はあるといえるか．有意水準5%で検定しなさい．

4. 働き盛りの年代において運動に対する意識調査を行った．その結果，30代の1200人では，運動不足と感じている人の割合は，80%にのぼった．一方，40代の1000人では75%という調査結果であった．これらの年代間で運動に対する意識に差があるといえるか．有意水準1%で検定しなさい．

# 9章 分散の検定

> 💡 母分散の検定では，カイ2乗分布，$F$分布などの非対称な分布を利用する

　分布を規定する母数のうち7章では母平均の検定について解説したが，ここでは母分散の検定をとりあげる．母平均の検定が分布の中心を示す代表値に関する検定であるのに対して，母分散の検定は分布のばらつき（ちらばり）に関する検定である．分析の応用的な場面において母分散の検定が必要になる状況は多くみられる．たとえば，品質管理において生産物のばらつきが一定の範囲内におさまっているか否かについて検定する場合などがある．また，母平均の差の検定では，事前に2つ母集団の分散に違いがあるか否かについて判定しておく必要がある．

---

**チェックポイント**
- ☐ 検定対象に応じてカイ2乗分布と$F$分布を利用する
- ☐ 統計量の計算には主として不偏分散が使われる
- ☐ 非対称分布の数表から棄却域の判定点を読みとる

---

| 母数 | 検定対象 | A. 幾何モデル | B. 統計量 | C. 自由度 | D. 条件 |
|---|---|---|---|---|---|
| 母分散 | 1つの母分散 | カイ2乗分布 | $\chi^2 = \dfrac{(n-1)s^2}{\sigma_0^2} = \dfrac{\sum(x_i-\bar{x})^2}{\sigma_0^2}$ | $n-1$ | 母集団は正規分布に従う |
| | 2つの母分散間の比 | $F$分布 | $F = \dfrac{s_1^2}{s_2^2}$ | $n_1-1$, $n_2-1$ | 母集団分布の正規性と独立性 |

注)「B. 統計量」，1番目の式において$x_i$は標本値，$\bar{x}$は標本平均，$\sigma_0^2$は検定対象の分散値，$s^2$は不偏分散，$n$は標本数を表している．2番目の式における$s_1^2$および$s_2^2$はそれぞれの不偏分散，また$n_1$, $n_2$はそれぞれの標本数を示す．

## 9.1 1つの分散に関する検定

目的：$n$ 個の標本から推定された不偏分散をつかって，母分散がある値 $\sigma_0^2$ に等しいか否かについて検定を行う．

条件：観測値の母集団分布が正規分布に従うこと．

方法：

### I．検定の準備

①不偏分散が得られているとき，この不偏分散をつかって計算される上記の「B．統計量」は自由度（$\nu$，$n-1$ のカイ2乗分布に従う．したがって，使われる「A．幾何モデル」はカイ2乗分布である．

②分散に関する検定でもこれまでと同様，検定の目的により両側検定と片側検定から仮説を選択する．

両側検定
$H_0 : \sigma^2 = \sigma_0^2$
$H_1 : \sigma^2 \neq \sigma_0^2$

カイ2乗分布（たとえば $\nu = 6$）における両側検定の棄却域

片側検定
$H_0 : \sigma^2 = \sigma_0^2$
$H_1 : \sigma^2 < \sigma_0^2$
　　下側棄却域（$R_L$）

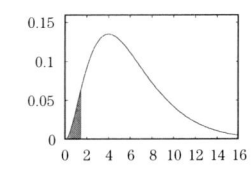

カイ2乗分布（たとえば $\nu = 6$）における下側棄却域

または

$H_0 : \sigma^2 = \sigma_0^2$
$H_1 : \sigma^2 > \sigma_0^2$
　　上側棄却域（$R_U$）

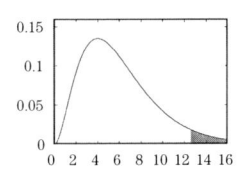

カイ2乗分布（たとえば $\nu = 6$）における上側棄却域

③有意水準を5％，1％または0.1％から選択する（$\alpha = 0.05$，0.01 または 0.001）．したがって，両側検定と片側検定の棄却域はそれぞれ次のようになる．巻末のカイ2乗分布の数表から，標本の自由度，有意水準に応じた判定点（$\chi^2_{1-\alpha/2}$ などの値）を読みとる．

| 両側検定 | 片側検定 |
|---|---|
| $R_L=(0,\chi^2_{a/2})$ および $R_U=(\chi^2_{1-a/2},+\infty)$ | $R_L=(0,\chi^2_a)$ または $R_U=(\chi^2_{1-a},+\infty)$ |

## II．ロジックの展開

④検定に使われる統計量は以下のようになる．

$$\chi^2 = \frac{(n-1)s^2}{\sigma_0^2} = \frac{\sum(x_i - \bar{x})^2}{\sigma_0^2}$$

ただし，$s^2$ は不偏分散（p.46 参照）である．

⑤カイ2乗分布は常に正の値をとり，正の方向に長くすそ野を引く分布型を示す．統計量は，自由度 $n-1$（$\nu=n-1$）のカイ2乗分布に従うので，数表から得られた判定点と比較することにより，統計量が棄却域に位置するかまたは採択域に位置するかを判定する．

⑥統計量が棄却域にあるときは帰無仮説が棄却され，対立仮説が採択される．たとえば両側検定の場合，この棄却域は $\chi^2 \leq \chi^2_{a/2}$，および $\chi^2 \geq \chi^2_{1-a/2}$ になり，片側検定の場合，棄却域は $\chi^2 \leq \chi^2_a$，または $\chi^2 \geq \chi^2_{1-a}$ のどちらかになる．一方，$\chi^2$ がこの領域以外の採択域にあるときは帰無仮説が採択される．

## III．結論の導出

⑦⑧検定結果より，統計上の結論を導く．

**（例題）** 品質評価において均質性が求められる商品は多い．豚の背脂肪の厚さ（cm）もその一つである．ある農場では，背脂肪の厚さに関する出荷基準を平均1.6 cm，分散 $0.8\,\text{cm}^2$ と定めている．いま，10頭の出荷豚を調査したところ，平均1.7 cm，不偏分散 $1.89\,\text{cm}^2$ の結果を得た．この結果から，豚の背脂肪厚が農場の出荷基準にあっているかどうかについて検定しなさい．

### I．検定の準備 （①～③）

得られた不偏分散から，母分散が特定の値と一致するか否かについて検定する問題なので，「A．幾何モデル」にはカイ2乗分布を使う．この問題では，興味の対象が中心的な値からのズレにあるので，両側検定をつかう．$\sigma_0^2=0.8$ から仮説は次のようになる．

両側検定

$H_0: \sigma^2 = 0.8$

$H_1: \sigma^2 \neq 0.8$

有意水準を5%にとり，巻末の数表から自由度9の判定点を読みだすと，$\chi^2_{\alpha/2} = \chi^2_{0.025} = 2.70$, $\chi^2_{1-\alpha/2} = \chi^2_{0.975} = 19.02$ が得られる．

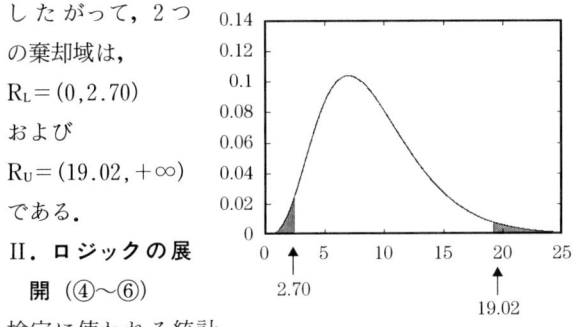

したがって，2つの棄却域は，

$R_L = (0, 2.70)$

および

$R_U = (19.02, +\infty)$

である．

カイ2乗分布（$\nu = 9$）における両側検定の棄却域

## II．ロジックの展開（④〜⑥）

検定に使われる統計量は以下のように計算される．

$$\chi^2 = \frac{(n-1)s^2}{\sigma_0^2} = \frac{9 \times 1.89}{0.8} = 21.26$$

上の結果から 21.26 > 19.02 なので，この統計量は上側棄却域に含まれることがわかる（$\chi^2 \in R_U$）．したがって，帰無仮説の元で稀にしか起こらない程（確率5%以下）大きい統計量であることがわかる．そのため，帰無仮説は棄却され，かわりに対立仮説が採択される．

## III．結論の導出（⑦，⑧）

統計的仮説検定の結果，「母分散は $0.8\,\text{cm}^2$ に等しい」という帰無仮説は5%の有意水準で棄却され，「$0.8\,\text{cm}^2$ とは異なる」という対立仮説が採択される．したがって，この農場の出荷豚の品質は，農場が定めた基準を満たしていないという統計上の結論にいたる．

# 9.2 分散の比に関する検定

目的：2つの母集団 $N(\mu_1, \sigma_1^2)$ および $N(\mu_2, \sigma_2^2)$ からそれぞれ $n_1$, $n_2$ 個の標本が無作為抽出されている．これらの標本から推定された不偏分散 $s_1^2$, $s_2^2$ をつかって，2つの母分散が等しいか否かについて検定を行う．

条件：2群の観測値の母集団は正規分布に従うこと．

方法：

## I. 検定の準備

①この検定で使う「A. 幾何モデル」は $F$ 分布である．検定で使われる「B. 統計量」は 2 つの不偏分散の比からなり，自由度 $n_1-1$，$n_2-1$ の $F$ 分布に従う．

2 つの不偏分散のうち，大きい数値を分子に割り当てる．このように割り当てる理由は判定点の読みとり上の都合による．$F$ 分布表は 1 以上の値に絞って作表されているので，大きい不偏分散値の観測値の方を分子に割り当てておくと，表から読みだした $F$ 値をそのまま判定点として使うことができる．もし小さい方の不偏分散を分子に割り当てると，1 以下の $F$ 値となるため，$F$ 値の変換が必要となる．なお，不偏分散の式は次のようになる．

$$s_1^2 = \frac{\sum (x_{1i} - \bar{x}_1)^2}{n_1 - 1}, \qquad s_2^2 = \frac{\sum (x_{2i} - \bar{x}_2)^2}{n_2 - 1}$$

なお，ここでは不偏分散のうち大きい方の分散に添え字 1 を，小さい方の分散に添え字 2 を割り当ててある．

②検定の目的に応じて両側検定と片側検定の中から仮説を設定する．

両側検定
$H_0 : \sigma_1^2 = \sigma_2^2$
$H_1 : \sigma_1^2 \neq \sigma_0^2$

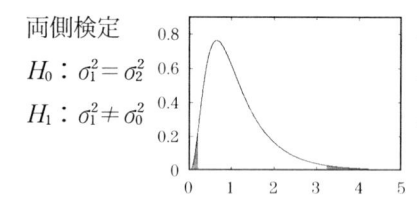

片側検定
$H_0 : \sigma_1^2 = \sigma_2^2$
$H_1 : \sigma_1^2 > \sigma_2^2$

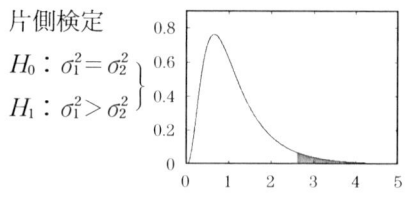

③有意水準は，$\alpha = 0.05$，$0.01$ または $0.001$ から選択する．

したがって，両側検定と片側検定の棄却域はそれぞれ次のようになる．巻末の $F$ 分布の数表を使い，標本の自由度，有意水準に応じた判定点をもとめる．

| 両側検定 | 片側検定 |
|---|---|
| $R = (F_{\alpha/2}, +\infty)$ | $R = (F_\alpha, +\infty)$ |

ただし，両側検定でも大きい不偏分散を $F$ 値の分子に割り当てることで，上側棄却域だけの検定ですむ．

## II. ロジックの展開

④統計量の計算は次のようになる.

$$F = \frac{s_1^2}{s_2^2}$$

ここで, $s_1^2$ および $s_2^2$ は2つの観測値の不偏分散である. $F$ 分布の数表では2つの自由度($\nu_1 = n_1 - 1$ と $\nu_2 = n_2 - 1$), 有意水準に応じた判定点が示されている.

⑤統計量は $F$ 分布に従う. $F$ 分布は常に正の値をとり, 正の方向にすそ野を引く分布型を示す. $F$ 分布は自由度によって分布の形が異なる. 巻末の数表から得られた判定点と比較することにより, 統計量が棄却域に位置するかまたは採択域に位置するかを判定する. ただし, $F$ 値の分子に位置する不偏分散の自由度が第1自由度 ($\nu_1$), 分母の自由度が第2自由度 ($\nu_2$) になる.

⑥統計量が棄却域にあるときは帰無仮説が棄却され, 対立仮説が採択される. たとえば, 両側検定における $F \geq F_{1-\alpha/2}$, 片側検定における $F \geq F_{1-\alpha}$ の場合に帰無仮説は棄却される. 一方, $F$ がこの領域以外の採択域にあるときは帰無仮説が採択される.

## III. 結論の導出

⑦⑧検定結果より, 統計上の結論を導く.

**(例題)** 生体の代謝機能に対する肥満の影響を調べる目的で, マウスに高脂肪飼料を与えて肥満を誘発した. 標準飼料区15匹, 高脂肪飼料区9匹を使い不偏分散を調べた結果, それぞれ, 36 g², 120 g² であった. この分散の増加は統計的に有意なものといえるか. 有意水準5%で検定しなさい.

### I. 検定の準備 (①〜③)

不偏分散を使い, 2つの母分散が一致するか否かについて検定する問題なので,「A. 幾何モデル」には $F$ 分布を使う. この問題では, 興味の対象が分散の増加という正の方向にあるので, 片側検定をつかう. したがって, 仮説は次のようになる.

片側検定
$H_0 : \sigma_1^2 = \sigma_2^2$

$H_1 : \sigma_1^2 > \sigma_2^2$

有意水準を5%にとり，巻末の数表から自由度 $\nu_1=8$ と $\nu_2=14$ の判定点を求めると，$F_{0.05}=2.70$ が得られる．

したがって，棄却域は，
$$R_U = (2.70, +\infty)$$
となる．

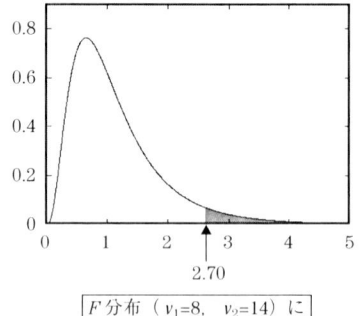

F分布（$\nu_1=8$，$\nu_2=14$）における上側棄却域

### II．ロジックの展開（④〜⑥）

検定に使われる統計量は以下のようになる．

$$F = \frac{s_1^2}{s_2^2} = \frac{120}{36} \simeq 3.33$$

この結果，3.33>2.70 なので，この統計量は棄却域に含まれることがわかる（$F \in R_U$）．したがって，帰無仮説の元で稀にしか起こらない程（確率5%以下）大きい統計量であることがわかる．そのため，帰無仮説は棄却され，かわりに対立仮説が採択される．

### III．結論の導出（⑦，⑧）

仮説検定の結果，「2つの母分散は等しい」という帰無仮説は5%の有意水準で棄却され，「2つの母分散は異なる」という対立仮説が採択される．したがって，高脂肪飼料給与区のマウスの分散は，標準飼料給与区の分散に比べて大きいという統計上の結論にいたる．

## 練習問題

1. カイ2乗分布と $F$ 分布について，下記の設問に答えなさい．
   1) カイ2乗分布表から，自由度 4, 10, 16 における確率 0.99, 0.95, 0.025, 0.01 に対応する判定点を求めなさい．
   2) $F$ 分布表から確率 0.95, 0.99 に対応する判定点を求めなさい．ただし，自由度は，①$\nu_1=5$，$\nu_2=9$，②$\nu_1=12$，$\nu_2=10$ とする．
2. 1) 経口発がん性をもつアフラトキシンは大変危険なかび毒として知られている．おもにナッツ類に含まれる物質であるが，個体ごとの局在性，分析方法による測定結果のばらつきが大きいため，ロットに対する抽出―検査体系が重要になる．ある抽出―検査体系の元で20の標本についてアフラトキシン濃

度の不偏分散を求めたところ，4863$(\mu g/kg)^2$であった．この結果は標準的な分散値 2500$(\mu g/kg)^2$ に比べて大きいといえるか有意水準 1% で検定しなさい．また，このときの判定点，統計量，棄却域の関係について，おおまかな分布図を描いて説明しなさい．

2) ある研究機関に勤める研究員の A さんは，免疫測定法（イムノアッセイ）で残留農薬量を測る部署に異動になった．この研究機関では測定を開始する前に，測定技術の評価を行うことになっている．そこで，A さんは 12 試料をつかった測定トライアルを行い，この測定結果のばらつきにより A さんの技術が評価されることになっている．いま，下記のような測定結果が得られたとき，A さんの測定技術のばらつきの大きさは許容基準にくらべて大きいといえるか，有意水準 1% で検定しなさい．ただし，許容できる分散は 0.01 ppm$^2$ とする．

測定結果（ppm）: 0.324, 0.335, 0.294, 0.224, 0.385, 0.419, 0.277, 0.338, 0.285, 0.378, 0.236, 0.345

3) 肥育豚の生産では，生産豚の斉一性が求められている．いま，2 つの農場から出荷された豚の背脂肪厚（mm）を調査し，次のような結果を得た．2 つの農場間で背脂肪厚のばらつきの違いがあるか否かについて，有意水準 5% で検定しなさい．ただし，下記の文章中の空欄を埋めて検定を行うこと．

| 農場 | 頭数 | 平均 | 不偏分散 |
|---|---|---|---|
| A | 20 | 22 | 9 |
| B | 25 | 25 | 20 |

### I．検定の準備（①〜③）

　この問題は，_____A_____ について検定する問題なので，「A．幾何モデル」には __B__ 分布を使う．この問題では，興味の対象が __C__ にあるので，検定の仮説は __D__ 検定になる．したがって，仮説は次のようになる．

　　__D__ 検定

$H_0$: _____E_____
$H_1$: 

　有意水準を 2.5% にとり，この分布の数表から自由度 __F__ で判定

点を求めると，□G の判定点が得られる．

したがって，棄却域は，

□H

となる．

Ⅱ．ロジックの展開（④〜⑥）

検定に使われる統計量は以下のように計算される．

□I

上の計算で得られた統計量と数表から求めた判定点には□J の関係があるので，この統計量は□K 域に含まれることがわかる．したがって，帰無仮説は□K される．

Ⅲ．結論の導出（⑦，⑧）

統計的仮説検定の結果，有意水準□L ％で□M 仮説が採択され，

□N

という統計上の結論にいたる．

4) 耳式体温計は，短時間に検温できることから最近普及している体温計である．しかし，安定した検温には習熟が必要とされている．そこで，検温に習熟した人と未熟な人の検温のばらつきについて検討する目的で，下記のように耳式体温計の検温結果と体温の差を計測した．未習熟者のばらつきが大きいといえるか否かについて検定しなさい．ただし，有意水準は5％とする．

習熟者　：0.5, 0.2, 0.3, 0.1, 0.2, 0.3, 0.1, 0.4, 0.2
未習熟者：0.2, 0.7, 0.1, 0.5, 0.3, 0.1, 0.4, 0.3, 0.2, 0.1, 0.2

# 10章 分散分析の基礎（1因子，2因子分散分析）

💡 分散分析の基礎は，ばらつきを因子ごとに分割し，反復誤差のばらつきと比較することにより因子の有意性を判定する

統計学の応用分野の1つとして実験計画法は，効率的な実験方法を計画し，実験結果を適切に解析することを目的とし，生物統計学者フィッシャー（R. A. Fisher）が農学関連の試験から着想し発展させた方法である．

実験や調査などで得られる観測値には，様々な原因によるばらつきがみられる．このばらつきを因子(原因となる要因)ごとに分類，分割できる分析法を採用することにより，各因子の効果を別々に分けて評価することが可能になる．すなわち観測データは，制御された実験処理効果（主効果・交互作用効果）と制御できない環境要因効果（偶然誤差効果）の結果としてばらつきを示すので，ばらつきを効果により分割できる．また，実験に際し必ずしも実験計画だけでは制御できないばらつきも生じることがある．このような偶然性によるばらつきと系統だったばらつきを区別して評価する分析方法が分散分析法である．

すでに2つの標本平均値の差の有意性検定をする方法については，7章と8章で説明した，この章では，3つ以上の標本平均値の有意性を検定する場合について解説する．なお，検定方法の考え方はこれまでとは大きく異なるので，最初に分散分析の基礎となる計算手法の原理の説明から開始する．

> チェックポイント
> ☐ データの変動に影響する因子数により1因子または2因子の分散分析を行う
> ☐ 誤差分散に対する因子分散の分散比の大きさによりばらつきの原因を判定する

たとえば，近交系マウスを使い血液中コレステロール濃度を下げる効果をもつ薬の試験で，A，B，C，Dの4段階の濃度の投薬を行い，薬の効果を見る場合は，4つの平均値について比較することになる．2つ以上の平均値の差に

ついて有意性検定を行う場合，平均値を1組ずつすべての組み合わせについて比較する必要がある（AとB，AとC，AとD，BとC，BとD，CとDの6つの組み合わせに関する検定）．このような場合は，1回ごとの検定の有意水準を調整して行う多重比較検定（Multiple range test）と呼ばれる手法を用いる．しかし，検定を複数回行い，それらをまとめて結論を出す場合，個々の有意性検定の誤り（第1種の誤り，p.78）が重なってしまうため，全体として大きな誤りを引き起こすことになる（豆知識を参照）．

> **豆知識**
> **$t$ 検定を単純に繰り返した際の問題点**
> 
> A，B，C，Dの4群の比較では，6個の組み合わせの $t$ 検定を行う必要がある．5%の有意水準で棄却するということは，5%が1/20になるので20回のうち1回は誤りを起こす可能性があることを示す（第1種の誤り）．すなわち20回に1回は母平均に差がない場合でも間違って差があると結論する可能性がある．6個の $t$ 検定を行うとき，その中の1個以上が間違って棄却される確率を計算すると，これらの検定が独立であるという仮定のもとで次のようになる．$1-(1-0.05)^6 = 1-0.7351 = 0.2649$．つまり，6個の $t$ 検定を同時に比較する場合，これらの検定が独立だとすると，仮説検定が正しくても26%（4回に1回）の割合で誤って棄却されることになる．10群の比較では，45の組み合わせ（$_{10}C_2$）の $t$ 検定を同時に比較することになる．その際には，$1-(1-0.05)^{10} = 1-0.5987 = 0.4013$ となり，誤って差があると判断される確率はかなり大きい．

これとは異なるアプローチとして，4つの標本平均値の間に差があるかどうかという点について焦点をあてる（$H_0: \mu_A = \mu_B = \mu_C = \mu_D$）検定法，つまり分散分析（Analysis of variance, ANOVA）法がある．分散分析は，平均値の差の検定を何回も繰り返すよりも差の原因（因子：この例の場合，薬の濃度の効果）を仮説検定の手法を用いて直接検定する．しかし，血中コレステロール量低下に対する4段階の薬の濃度の効果に違いがあったとしても，分散分析だけでは個々の濃度のどれとどれの間に違いがあるのかわからない．そこで次に多重比較を行い，因子内の個々の水準間の違いを明らかにすることになる．

## 10.1 分散分析（Analysis of variance, ANOVA）

3つ以上の群（水準）の平均値を比較するには，分散分析法の利用が便利である．観測データ（たとえば体重）の変動要因として品種，系統，飼料の組成，飼育方法，環境条件，性別，年齢など，影響を及ぼす原因系を因子（Factor）と呼ぶ．さらに，この因子に含まれる効果の状態を水準（Level）と呼ぶ．

たとえば，性別に対する雄や雌，マウス近交系の系統，C57BLAC, BALB/C, C3H などである．水準の数を水準数と呼ぶ．取りあげた因子以外に起因する観測値のばらつきはすべて誤差としてとり扱われる．測定値に及ぼす各因子の効果を主効果（Main effect）と呼び，1種類の因子を取り上げる場合を1因子分散分析，2種類の因子の場合は2因子分散分析と呼ぶ．

## 10.2　1因子分散分析

### 10.2.1　分散分析の考え方

分散分析の考え方をシンプルに表現すると，ある因子内の異なる水準に属する観測値（測定値）にみられるばらつきが，単なる繰り返し観測値にみられる偶然性によるばらつきであるのか，またはこの偶然性によるばらつきに水準の効果が加わったばらつきであるか否かについて判定することである．このように分散分析では，観測値全体の分散（全分散）を因子間の分散と因子内（誤差）分散に分割する．

いま，観測値 $y_{ij}$ がある因子の影響を受けているとする．各観測値は次式のように全体平均と因子の効果および誤差で表すことができる．

$$y_{ij} = \mu + a_i + e_{ij}$$

ここで，$\mu$ は全体平均（または集団平均），$a_i$ は因子 $a$ の $i$ 番目の水準の効果である．この式の右辺に含まれる変数のうち，$a_i$ は母数効果（または固定効果）と呼ばれる変数である．一方，$e_{ij}$ は変量効果に分類される．この変量誤差の母数は母集団における誤差分散（変量効果の平均は常にゼロ）である．このように観測値の成り立ちを示す関係式を統計モデルという．

上の統計モデルは観測値の成り

> **豆知識**
> **統計モデル**
> 統計モデルは，観測値の成り立ちをあらわす数学的モデルである．統計モデルをみれば，観測値に影響した因子の種類と各因子間の関係がわかる．

> **豆知識**
> **母数効果と変量効果**
> 母数効果は，扱われている因子の各水準が元々ある一定効果をもつと想定されるようなタイプの効果である．この場合は母数効果そのものが母集団の母数となる．一方，変量効果は，扱われている因子の各水準がランダムに選ばれたものであると想定されるタイプの効果である．この場合，母集団の母数は水準間の分散となる．

立ちをあらわし，この観測値は要因 $a$ に属する $i$ 番目の水準の効果および誤差からなっていることを示している（ただし，全体平均は共通）．統計モデルが観測値のばらつきを正しく反映していれば，ばらつきのほとんどは要因 $a$ で説明できることになり，誤差は小さくなる．逆に要因 $a$ で説明できなければ，誤差が大きくなる．

### 10.2.2 分散分析の手順
#### Ⅰ．検定の準備 (①〜③)
1) 統計モデル

$$y_{ij} = \mu + a_i + e_{ij}$$

ここで，$\mu$ は全体平均，$a_i$ は A 因子 $i$ 番目の水準の効果，$e_{ijk}$ は誤差項とする．また，水準数は $s$，各水準内の観測値数は $n$ とする．

表10.1 繰り返しのない1因子分散分析のデータ構造

| 水準 | 観測値 | | | |
|---|---|---|---|---|
| $A_1$ | $y_{11}$ | $y_{12}$ | ⋯ | $y_{1n}$ |
| $A_2$ | $y_{21}$ | $y_{22}$ | ⋯ | $y_{2n}$ |
| ⋮ | ⋮ | ⋮ | ⋮ | ⋮ |
| $A_s$ | $y_{s1}$ | $y_{s2}$ | ⋯ | $y_{sn}$ |

2) 仮説の設定

帰無仮説：有意水準は $a\%$（5％ないし1％）と考える．

$$H_0 : \mu_1 = \mu_2 = \cdots = \mu_s \text{（水準平均値間に差はない）}$$
$$H_1 : \mu_1 \neq \mu_2 \neq \cdots \neq \mu_s \text{（水準平均値間に差がある）}$$

#### Ⅱ．ロジックの展開 (④〜⑥)
1) 平方和の算出方法

まず，個々の観測値の偏差（観測値－全体平均）は，水準間の偏差と水準内の偏差の2つの偏差に分割される．

$$(y_{ij} - \bar{y}_{..}) = (y_{ij} - \bar{y}_{i.}) + (\bar{y}_{i.} - \bar{y}_{..})$$

各項を平方し合計すると，上式の左辺は全体の平方和となり，右辺は水準内の平方和と水準間の平方和に分割することができる．ここで，$\bar{y}_{i.}$ は $i$ 番目の水準に属する観測値の平均，$\bar{y}_{..}$ は観測値全体の平均を示す．つまり，次のよ

うな平方和の式が得られる．

$$\sum_{i=1}^{s}\sum_{j=1}^{n}(y_{ij}-\bar{y}_{..})^2=\sum_{i=1}^{s}\sum_{j=1}^{n}(y_{ij}-\bar{y}_{i.})^2+\sum_{i=1}^{s}n(\bar{y}_{i.}-\bar{y}_{..})^2$$

右辺の第 1 項は，誤差の平方和を表し，第 2 項は因子の平方和である．ただし，この式は計算の手順が多くかかる．そこで実際の計算には下記の計算式が用いられる．ここで，$y_{i.}$ は $i$ 番目の水準に属する観測値の合計を示す．

誤差（E）の平方和　$SS_E = \sum_{i=1}^{s}\sum_{j=1}^{n}(y_{ij}-\bar{y}_{i.})^2 = \sum_{i=1}^{s}\sum_{j=1}^{n}y_{ij}^2 - \frac{1}{n}\sum_{i=1}^{s}y_{i.}^2$

因子（A）の平方和　$SS_A = \sum_{i=1}^{s}n(\bar{y}_{i.}-\bar{y}_{..})^2 = \frac{1}{n}\sum_{i=1}^{s}y_{i.}^2 - \frac{1}{sn}\left[\sum_{i=1}^{s}\sum_{t=1}^{n}y_{ij}\right]^2$

$$= \frac{1}{n}\sum_{i=1}^{s}y_{i.}^2 - CT$$

全体（T）の平方和

$$SS_T = \sum_{i=1}^{s}\sum_{j=1}^{n}(y_{ij}-\bar{y}_{..})^2$$
$$= \sum_{i=1}^{s}\sum_{t=1}^{n}y_{ij}^2 - \frac{1}{sn}\left[\sum_{i=1}^{s}\sum_{t=1}^{n}y_{ij}\right]^2$$
$$= \sum_{i=1}^{s}\sum_{j=1}^{n}y_{ij}^2 - CT$$

ただし，$CT$ は補正項（Correction term）と呼ばれ，次の式になる．

$$CT = \frac{1}{sn}\left[\sum_{i=1}^{s}\sum_{t=1}^{n}y_{ij}\right]^2$$

また，各平方和には $SS_T = SS_A + SS_E$ の関係式が成り立つ．

2) 平均平方の算出

平均平方は，それぞれ平方和を自由度で割って計算される．

まず自由度を求めると，1 因子分散分析における自由度は次のようになる．

---

**豆知識**

**全体平方の分割**

$(y_{ij}-\bar{y}_{..}) = (y_{ij}-\bar{y}_{i.}) + (\bar{y}_{i.}-\bar{y}_{..})$ の両辺を平方すると次のようになる．

$$(y_{ij}-\bar{y}_{..})^2 = (y_{ij}-\bar{y}_{i.})^2 + (\bar{y}_{i.}-\bar{y}_{..})^2 + 2(y_{ij}-\bar{y}_{i.})(\bar{y}_{i.}-\bar{y}_{..})$$

各観測値について総和をとると，次のようになる．

$$\sum_{i=1}^{s}\sum_{j=1}^{n}(y_{ij}-\bar{y}_{..})^2 = \sum_{i=1}^{s}\sum_{j=1}^{n}(y_{ij}-\bar{y}_{i.})^2$$
$$+ \sum_{i=1}^{x}n(\bar{y}_{i.}-\bar{y}_{..})^2 + 2\sum_{i=1}^{s}\sum_{j=1}^{n}(y_{ij}-\bar{y}_{i.})(\bar{y}_{i.}-\bar{y}_{..})$$

ここで，

$$\sum_{i=1}^{s}\sum_{j=1}^{n}(y_{ij}-\bar{y}_{i.})(\bar{y}_{i.}-\bar{y}_{..})$$
$$= \sum_{i=1}^{s}\left\{(\bar{y}_{i.}-\bar{y}_{..})\sum_{j=1}^{n}(y_{ij}-\bar{y}_{i.})\right\} = 0$$

となる．なぜなら右辺の中括弧の中の式は次のように変形されるからである．

$$\sum_{j=1}^{n}(y_{ij}-\bar{y}_{i.}) = (y_{i1}-\bar{y}_{i.}) + (y_{i2}-\bar{y}_{i.}) + \cdots + (y_{in}-\bar{y}_{i.})$$
$$= (y_{i1}+y_{i2}+\cdots+y_{in}) - n\bar{y}_{i.}$$
$$= (y_{i1}+y_{i2}+\cdots+y_{in}) - n\left(\frac{y_{i1}+y_{i2}+\cdots+y_{in}}{n}\right) = 0$$

よって，

$$SS_T = SS_A + SS_E$$

が成立する．

因子平方和の自由度：$df_A=$ 水準数$-1=s-1$
誤差平方和の自由度：$df_E=$ 水準数×（水準内観測値数$-1$）$=s(n-1)$
全体平方和の自由度：$df_T=$ 観測値の総数$-1=sn-1$
なお，自由度についても
$$df_T=df_A+df_E$$
つまり $sn-1=(s-1)+s(n-1)$ が成り立つ．

平均平方は，それぞれの平方和を自由度で割って求めることができる．
全体の平均平方：$MS_T=SS_T/(sn-1)$
因子の平均平方：$MS_A=SS_A/(s-1)$
誤差の平均平方：$MS_E=SS_E/s(n-1)$

3) 分散分析表の作成

これまでの計算結果を表にまとめたものが分散分析（ANOVA）表である．1因子分散分析の ANOVA 表は表10.2 のようになる．

表10.2 分散分析表

| 変動因 | 自由度 $df$ | 平方和 $SS$ | 平均平方 $MS$ | $F$ 統計量 |
|---|---|---|---|---|
| 水準間 A | $s-1$ | $SS_A$ | $MS_A$ | $MS_A/MS_E$ |
| 誤差 E | $s(n-1)$ | $SS_E$ | $MS_E$ | |
| 全体 T | $sn-1$ | $SS_T$ | $MS_T$ | |

4) $F$ 検定を行う

前述したように，因子の効果の有意性検定には分散の比をつかう．つまり，因子の平均平方と誤差平均平方の比を統計量（$F$ 値）としてつかう．
$$F=\frac{MS_A}{MS_E}$$
この統計量を $F$ 分布の判定点と比較することにより，有意水準 $\alpha$ での検定を行う．

$F$ 値の分子の自由度を $\nu_1$，分母の自由度を $\nu_2$ とし，有意水準 $\alpha$ の判定点 $F_{\nu_1,\nu_2,\alpha}$ を $F$ 分布表から読む．$F$ 値 $\geq F_{\nu_1,\nu_2,\alpha}$ のときは，帰無仮説を棄却し，因子の効果により水準間に差があると判定される．$F$ 値 $< F_{\nu_1,\nu_2,\alpha}$ のときは，帰無仮説は棄却されず，因子の効果は有意ではなかったと結論される．

## 5) 多重比較

要因の水準間に差があると判定されたときは，次の手順として，どの水準とどの水準の間に差があるかを検討することになる．

1回の試験で行うすべての比較を考慮して，帰無仮説のもとでいずれか1つの比較で有意となる確率を $\alpha$ 以下におさえるような推測の仕方を多重比較（Multiple comparison）あるいは同時推測（Simultaneous inference）と呼んでいる．多重比較法の特性に関する比較は，12章で解説している．

ここでは，テューキー（Tukey）の方法による多重比較検定を行う．はじめに，水準平均値の標準誤差 $s_x$ を求める．

$$s_x = 処理平均値の標準誤差 = \sqrt{\frac{誤差平均平方}{処理の反復数}} = \sqrt{\frac{MS_E}{n}}$$

次に，$Q$ 表において誤差分散の自由度 $s(n-1)$ と水準数 $s$ から，$Q_{(s,s(n-1),\alpha)}$ の値が得られる．

$$D(\alpha) = s_x Q_{(s,s(n-1),\alpha)}$$

によって，最小の有意差を計算し，各水準平均値間の差をこの最小有意差と比較する．

**(例題)** 3種類の飼料をそれぞれ3頭の子豚に給与した際の子豚の2か月齢体重を測定した．3種類の飼料間に差があるか否かについて検定を行う．有意水準は5％ないし1％とする．

| 飼料の種類（要因A）の水準 | $A_1$ | $A_2$ | $A_3$ |
|---|---|---|---|
| 子豚の2か月齢体重（kg） | 39<br>31<br>38 | 34<br>28<br>31 | 18<br>28<br>23 |
| 例　数 | 3 | 3 | 3 |
| 平　均 | 36 | 31 | 23 |
| 飼料ごとの和 | 108 | 93 | 69 |

上のデータにおける全体平均は $(108+93+69)/9 = 270/9 = 30$ である．

### I．検定の準備

1) 観測値の成り立ちと分解

統計モデル

$$y_{ij} = \mu + a_i + e_{ij}$$

$y_{ij}$：$i$ 番目の飼料を食べた子豚の $j$ 番目の子豚の増体量
$\mu$：全体平均
$a_i$：$i$ 番目の飼料の効果
$e_{ij}$：$i$ 番目の飼料を食べた子豚群の中の $j$ 番目の子豚に特有の誤差．個体差，誤差などが含まれる

**II．ロジックの展開**

1) 分散分析の構造

はじめに，分散分析における平方和の分割の概念について説明するために，上記の観測値を全体平均からの偏差として，飼料の効果と誤差に分解する．つまり次のようになる．

観測値＝全体平均＋飼料の効果＋誤差

$$\begin{bmatrix} A_1 & A_2 & A_3 \\ 39 & 34 & 18 \\ 31 & 28 & 28 \\ 38 & 31 & 23 \end{bmatrix} = \begin{bmatrix} A_1 & A_2 & A_3 \\ 30 & 30 & 30 \\ 30 & 30 & 30 \\ 30 & 30 & 30 \end{bmatrix} + \begin{bmatrix} A_1 & A_2 & A_3 \\ 6 & 1 & -7 \\ 6 & 1 & -7 \\ 6 & 1 & -7 \end{bmatrix} + \begin{bmatrix} A_1 & A_2 & A_3 \\ 3 & 3 & -5 \\ -5 & -3 & 5 \\ 2 & 0 & 0 \end{bmatrix}$$

ここで，$A_1$ 飼料の効果は，水準 $A_1$ の平均(36)−全体平均(30)＝6 である．

同様に，$A_2$ 飼料の効果，$A_3$ 飼料の効果は，水準 $A_2$ の平均(31)−全体平均(30)＝1，水準 $A_3$ の平均(23)−全体平均(30)＝−7 として求める．

また，各観測値の全体平均からの偏差は

$$\begin{bmatrix} A_1 & A_2 & A_3 \\ 9 & 4 & -12 \\ 1 & -2 & -2 \\ 8 & 1 & -7 \end{bmatrix}$$

である．

つまり，観測値 39 は，全体平均 30 に飼料 $A_1$ に共通の効果 6 が加算され，さらに誤差として 3 が加算された値であり，全体平均からの偏差は 9 である．

ここで，飼料の効果，誤差，全体平均からの偏差についてそれぞれ，平方和を計算する．

飼料の違いによる平方和＝$6^2 \times 3 + 1^2 \times 3 + (-7)^2 \times 3 = 258$
誤差の平方和＝$3^2 + 3^2 + (-5)^2 + (-5)^2 + 3^2 + 5^2 + 2^2 + 0^2 + 0^2 = 106$

全平方和=$9^2+4^2+(-12)^2+1^2+(-2)^2+(-2)^2+8^2+1^2+(-7)^2=364$
つまり，平方和は次のように分割することができる．

> 全平方和＝飼料の違いによる平方和＋誤差の平方和
> 　364　　　＝　　　　258　　　　＋　　106

2) 分散分析の計算手順

実際の分散分析は，次のような手順で進められる．

(1)検定仮説の設定　有意水準は $a$ ％（5％ないし1％）
　　帰無仮説　$H_0: \mu_1=\mu_2=\mu_3$（水準間に差はない）
　　対立仮説　$H_1: \mu_1 \neq \mu_2 \neq \mu_3$（水準間に差がある）

(2)まず，補正項をもとめておく．

$$CT=\frac{\left(\sum_{i=1}^{3}\sum_{j=1}^{3}y_{ij}\right)^2}{sn}=\frac{(108+93+69)^2}{3\times 3}=\frac{270^2}{9}=8100$$

(3)全体の平方和 $SS_T$ を求める．

$$SS_T=\sum_{i=1}^{3}\sum_{j=1}^{3}y_{ij}^2-CT=(39^2+34^2+\cdots+23^2)-8100=364$$

(4)飼料間の平方和 $SS_A$ を求める．飼料水準ごとの和の平方を飼料ごとの観測値数で割って，次に全体の総和をとり，最後に $CT$ を引くと飼料間平方和が得られる．

$$SS_A=\frac{\sum_{i=1}^{3}\left(\sum_{j=1}^{3}y_{ij}\right)^2}{3}-CT=\frac{108^2}{3}+\frac{93^2}{3}+\frac{69^2}{3}-8100=258$$

(5)誤差の平方和 $SS_R$ を求める．これは，同一飼料を与えた群内における個体ごとのばらつきを示している．

$$SS_{R(A1)}=(39-36)^2+(31-36)^2+(38-36)^2=9+25+4=38$$
$$SS_{R(A2)}=(34-31)^2+(28-31)^2+(31-31)^2=9+9+0=18$$
$$SS_{R(A3)}=(18-23)^2+(28-23)^2+(23-23)^2=25+25+0=50$$
$$誤差の平方和\ SS_R=SS_{R(A1)}+SS_{R(A2)}+SS_{R(A3)}=38+18+50=106$$

ただし実際の計算には，

$$SS_E=\sum_{i=1}^{s}\sum_{j=1}^{n}(y_{ij}-\bar{y}_i)^2=\sum_{i=1}^{s}\sum_{j=1}^{n}y_{ij}^2-\frac{1}{n}\sum_{i=1}^{s}y_i^2=8464-8358=106\ \text{と計算するか}$$

あるいは，誤差平方和 $SS_E=$ 全平方和 $SS_T$ －飼料間平方和 $SS_A$
$$=364-258=106$$

と計算する2通りの方法がある．

3) 自由度の計算

$SS_T$, $SS_A$, $SS_E$ に対応する自由度をそれぞれ $df_T$, $df_A$, $df_E$ とすると

$$df_T = (n_1 + n_2 + n_3) - 1 = (3+3+3) - 1 = 8$$
$$df_A = (飼料の数) - 1 = 3 - 1 = 2$$
$$df_E = df_T - df_A, = 8 - 2 = 6 = \sum(それぞれの例数 - 1)$$
$$= (3-1) + (3-1) + (3-1) = 6$$

4) 分散分析表の作成

表10.3 分散分析表

| 変動因 | | df | SS | MS | F値 | F表 |
|---|---|---|---|---|---|---|
| 飼料間 | A | 2 | 258 | 129.00 | 7.301* | $F_{(2,6,0.05)}=5.143$ |
| 個体差 | E | 6 | 106 | 17.67 | | |
| 全体 | T | 8 | 364 | | | |

$F$ 表から自由度 2, 6, 有意水準 5% で判定点を読み出してくると, $F_{(2,6,0.05)} = 5.143$ が得られる. この判定点と上で得られた $F$ 値を比較する. 7.301 > 5.143 から, 帰無仮説は棄却され, 飼料水準間にみられた増体量のばらつきは, 単なる偶然性により引き起こされたばらつきではなく, 飼料の違いに起因するばらつきと考えられ, 飼料水準の効果には 5% 水準で有意な差があるという統計上の結論が得られる.

5) 多重比較

$F$ 検定により飼料の効果に有意性があるという結論が得られたので, 次に因子内水準間について検定を行う. 水準数が 2 のときは, $F$ 検定の有意性は 2 水準間の有意性を示していることになるので, 多重比較を行う必要はない. 因子の水準数が 3 以上のときには, どの水準間に有意な差があるかについて検定を行う.

テュキー(Tukey)の方法による $Q$ を求め, 多重比較を行う.

(1) 誤差分散を各飼料区の反復数で割って平方根を取り, 各飼料区の標準誤差を求める.

$$s_x = \sqrt{\frac{MS_E}{n}} = \sqrt{\frac{17.67}{3}} = 2.43$$

(2) $Q$ 表から $Q$ 値を求める. 誤差分散の自由度 6 と水準数 3 から $Q_{(3,6,0.05)} = 4.3392$ が得られる.

(3) 上で求めた $s_x$ と $Q_{(3,6,0.05)}$ から有意な差 $D$ を計算し, 実験で得られた平均値間の差を $D$ と比較する. また, $D$ は次の式から求める.

$$D = s_x \times Q_{(3,6,0.05)} = 2.43 \times 4.34 = 10.54$$

**表 10.4** 平均値差の検定表

|       | 水準平均 $\bar{x}$ | $A_3$ との差 $\bar{x}-23$ | $A_2$ との差 $\bar{x}-31$ |
|-------|------|------|------|
| $A_1$ | 36 kg | 13* | 5 |
| $A_2$ | 31 | 8 | |
| $A_3$ | 23 | | |

＊は有意性を示す．

### III．結論の導出

検定結果より，$A_1$ と $A_3$ との差（13）は有意だが，その他の組み合わせの間の差は有意とはいえない．

## 10.3 2因子分散分析法，交互作用モデル

2因子をAとBとし，A因子の水準（$A_1, A_2, \cdots, A_n$）とB因子の水準（$B_1, B_2, \cdots, B_m$）間のそれぞれの差を考える場合，AやBなどの因子を主効果（Main effect）と呼び，AとB間の相互作用を交互作用（Interaction）と呼ぶ．また，2因子間の交互作用を2因子交互作用，3因子間の交互作用を3因子交互作用と呼ぶ．2因子の場合は2因子分散分析法，3因子の場合は3因子分散分析法，多因子の場合は多因子分散分析法となる．

2因子分散分析は水準内に繰り返しのない1回ずつの観測値しかない場合と，2回以上の複数の観測値のある場合がある．ここでは，繰り返しのある場合について検討する．

2因子分散分析をつかって交互作用の有無について検定する場合には，2つの因子AとBの組み合わせ内に複数の観測値が必要である．繰り返しのある2因子分散分析には交互作用を考慮したモデルと交互作用を考慮しない統計モデルがあるが，このセクションでは交互作用を考慮したモデルについて解説する．もし交互作用をモデルに含めないのであれば，分析項目から交互作用の部分を除けばよい．

### I．検定の準備

1) 統計モデル

$$y_{ijk} = \mu + \alpha_i + \beta_j + (\alpha\beta)_{ij} + e_{ijk}$$

ここで，$\mu$ は全体平均，$\alpha_i$ は A 因子 $i$ 番目の水準の効果，$\beta_j$ は B 因子 $j$ 番目の水準の効果，$\alpha\beta_{ij}$ は A 因子 $i$ 番目の水準と B 因子 $j$ 番目の水準の交互作用の効果，$e_{ijk}$ は誤差項とする．

> **豆知識**
> **因子間の交互作用**
> 2 つ以上の因子を取り上げる実験である多因子実験では，各因子の単独の効果（主効果）ばかりでなく，それらの因子の組み合わせに特有の効果が認められる場合がある．このような場合，因子間の交互作用が存在するという．

仮説検定

$H_0$：$\mu_{A1} = \mu_{A2} = \cdots = \mu_{Aa}$，

$\mu_{B1} = \mu_{B2} = \cdots = \mu_{Bb}$, $\mu_{A1B1} = \mu_{A1B2} = \cdots = \mu_{AaBb}$

$H_1$：$\mu_{A1} \neq \mu_{A2} \neq \cdots \neq \mu_{A3}$, $\mu_{B1} \neq \mu_{B2} \neq \cdots \neq \mu_{Bb}$, $\mu_{A1B1} \neq \mu_{A1B2} \neq \cdots \neq \mu_{AaBb}$

有意水準は $\alpha$（通常 5％あるいは 1％とする）

表 10.9　繰り返しのある 2 因子分散分析のデータ構造

|  | $B_1$ | $B_2$ | $\cdots$ | $B_b$ |
|---|---|---|---|---|
| $A_1$ | $y_{111}$ <br> $\vdots$ <br> $y_{11n}$ | $y_{121}$ <br> $\vdots$ <br> $y_{12n}$ | $\cdots$ <br> $\cdots$ | $y_{1b1}$ <br> $\vdots$ <br> $y_{1bn}$ |
| $A_2$ | $y_{211}$ <br> $\vdots$ <br> $y_{21n}$ | $y_{221}$ <br> $\vdots$ <br> $y_{22n}$ | $\cdots$ <br> $\cdots$ | $y_{2b1}$ <br> $\vdots$ <br> $y_{2bn}$ |
| $\vdots$ | $\vdots$ | $\vdots$ |  | $\vdots$ |
| $A_a$ | $y_{a11}$ <br> $\vdots$ <br> $y_{a1r}$ | $y_{a21}$ <br> $\vdots$ <br> $y_{a2r}$ | $\cdots$ <br> $\cdots$ | $y_{ab1}$ <br> $\vdots$ <br> $y_{abr}$ |

2) 平方和の算出方法

$$(y_{ijk} - \bar{y}_{...}) = (\bar{y}_{ij.} - \bar{y}_{...}) + (y_{ijk} - \bar{y}_{ij.})$$
$$= (\bar{y}_{i..} - \bar{y}_{...}) + (\bar{y}_{.j.} - \bar{y}_{...}) + (\bar{y}_{ij.} - \bar{y}_{i..} - \bar{y}_{.j.} + \bar{y}_{...}) + (y_{ijk} - \bar{y}_{ij.})$$

ここで，$y_{ijk}$ は観測値，$\bar{y}_{ij.}$ は A 因子 $i$ 番目 B 因子 $j$ 番目の水準に属する平均，$\bar{y}_{i..}$ は A 因子 $i$ 番目の水準に属する平均，$\bar{y}_{.j.}$ は B 因子 $j$ 番目の水準に属する平均，$\bar{y}_{...}$ は全体平均．

両辺を 2 乗して，$i$, $j$, $k$ について総和をとると，右辺は 2 乗の項だけにまとめられ，次の関係式が得られる．

$$\sum_{i=1}^{a}\sum_{j=1}^{b}\sum_{k=1}^{n}(y_{ijk}-\bar{y}_{...})^2 = n\sum_{i=1}^{a}\sum_{j=1}^{b}(\bar{y}_{ij.}-\bar{y}_{...})^2 + \sum_{i=1}^{a}\sum_{j=1}^{b}\sum_{k=1}^{n}(y_{ijk}-\bar{y}_{ij.})^2$$

   ↑     ↑      ↑

 全平方和 $SS_T$  AB 間平方和 $SS_{AB}$  誤差平方和 $SS_E$

$$= bn\sum_{i=1}^{a}(\bar{y}_{i..}-\bar{y}_{...})^2 + an\sum_{j=1}^{b}(\bar{y}_{.j.}-\bar{y}_{...})^2$$

     ↑      ↑

   A 間平方和 $SS_A$  B 間平方和 $SS_B$

$$+ n\sum_{i=1}^{a}\sum_{j=1}^{b}(\bar{y}_{ij.}-\bar{y}_{i..}-\bar{y}_{.j.}+\bar{y}_{...})^2 + \sum_{i=1}^{a}\sum_{j=1}^{b}\sum_{k=1}^{n}(y_{ijk}-\bar{y}_{ij.})^2$$

     ↑      ↑

   A×B 平方和 $SS_{A\times B}$  誤差平方和 $SS_E$

左辺は観測値すべてが全体平均を中心にどのくらいばらついているかを表す量で全平方和と呼ばれる．一方，右辺は因子 A と B の水準組み合わせの平均が全体平均からどのくらい変動するかを表す平方和（AB 間平方和）と誤差平方和であり，AB 間平方和はさらにそれぞれ因子 A と B の各水準平均が全体平均を中心にどのくらいばらついているかを表す量である A 間平方和と B 間平方和，第 3 項として A と B の組み合わせ平均が全体平均を中心にどのくらいばらついているかを表す量である A×B 平方和に分割される．

3) 分散分析表の作成

繰り返しのある 2 因子分散分析の分散分析表は次のような形式になる．この表の変数を埋めていくことで，分散分析を進めていくことになる．

表 10.5 分散分析表

| 変動因 | $df$ | SS | MS | $F$ 値 |
|---|---|---|---|---|
| 因子 A | $a-1$ | $SS_A$ | $MS_A$ | $MS_A/MS_E$ |
| 因子 B | $b-1$ | $SS_B$ | $MS_B$ | $MS_B/MS_E$ |
| 交互作用 A×B | $(a-1)(b-1)$ | $SS_{A\times B}$ | $MS_{A\times B}$ | $MS_{A\times B}/MS_E$ |
| 因子 AB | $ab-1$ | $SS_{AB}$ | $MS_{AB}$ | $MS_{AB}/MS_E$ |
| 誤差 | $ab(n-1)$ | $SS_E$ | $MS_E$ | |
| 全体 T | $abn-1$ | $SS_T$ | $MS_T$ | |

4) 平方和の計算

補正項：$CT = \dfrac{1}{abn}\left[\sum\limits_{i=1}^{a}\sum\limits_{j=1}^{b}\sum\limits_{k=1}^{n} y_{ijk}\right]^2$

全体の平方和：$SS_T = \sum\limits_{i=1}^{a}\sum\limits_{j=1}^{b}\sum\limits_{k=1}^{n}(y_{ijk}-\bar{y}_{...})^2 = \sum\limits_{i=1}^{a}\sum\limits_{j=1}^{b}\sum\limits_{k=1}^{n} y_{ijk}^2 - \dfrac{1}{abr}\left[\sum\limits_{i=1}^{a}\sum\limits_{j=1}^{b}\sum\limits_{k=1}^{n} y_{ijk}\right]^2$

$\qquad\qquad\quad = \sum\limits_{i=1}^{a}\sum\limits_{j=1}^{b}\sum\limits_{k=1}^{n} y_{ijk}^2 - CT$

因子 A 平方和：$SS_A = bn\sum\limits_{i=1}^{a}(\bar{y}_{i..}-\bar{y}_{...})^2 = \dfrac{1}{bn}\sum\limits_{i=1}^{a} y_{i..}^2 - \dfrac{1}{abn}\left[\sum\limits_{i=1}^{a}\sum\limits_{j=1}^{b}\sum\limits_{k=1}^{n} y_{ijk}\right]^2$

$\qquad\qquad\quad = \dfrac{1}{br}\sum\limits_{i=1}^{a} \bar{y}_{i..}^2 - CT$

因子 B 平方和：$SS_B = an\sum\limits_{j=1}^{b}(\bar{y}_{.j.}-\bar{y}_{...})^2 = \dfrac{1}{an}\sum\limits_{j=1}^{b} y_{.j.}^2 - \dfrac{1}{abn}\left[\sum\limits_{i=1}^{a}\sum\limits_{j=1}^{b}\sum\limits_{k=1}^{n} y_{ijk}\right]^2$

$\qquad\qquad\quad = \dfrac{1}{an}\sum\limits_{j=1}^{b} y_{.j.}^2 - CT$

AB 平方和：$SS_{AB} = n\sum\limits_{i=1}^{a}\sum\limits_{j=1}^{b}(\bar{y}_{ij.}-\bar{y}_{i..}-\bar{y}_{.j.}+\bar{y}_{...})^2 = \dfrac{1}{n}\sum\limits_{i=1}^{a}\sum\limits_{j=1}^{b} \bar{y}_{ij.}^2 - CT$

誤差の平方和：$SS_E = SS_T - SS_{AB}$

A×B 交互作用の平方和：$SS_{A\times B} = SS_{AB} - SS_A - SS_B$

ここで，$SS_T = SS_{AB} + SS_E = SS_A + SS_B + SS_{A\times B} + SS_E$ の関係がなりたつ．

このように，$SS_{AB}$ を求め，次いで $SS_A$，$SS_B$ を引いて $SS_{A\times B}$ を求める手順が普通だったが，コンピュータの発達によりこの手順の重要性は薄れてきている．

$SS_{AB}$ を求めず，$SS_{A\times B}$ を求めるには，主効果だけのモデル

$$y_{ijk} = \alpha_i + \beta_j + e_{ijk}$$

と交互作用を含めたモデル

$$y_{ijk} = \alpha_i + \beta_j + (\alpha\beta)_{ij} + e_{ijk}$$

の平方和を計算しその差として平方和を計算する．

5) 平均平方の算出

それぞれの平方和を自由度で割って平均平方を計算する．ここで，自由度は

全平方和の自由度：$df_T =$ 観測値の数 $-1 = abn-1$

A 因子平方和の自由度：$df_A = $ A 因子水準数 $-1 = a-1$

B 因子平方和の自由度：$df_B = $ B 因子水準数 $-1 = b-1$

A×B 交互作用の自由度：$df_{A\times B} = (a-1)(b-1)$

誤差平方和の自由度：$df_E =$ 全体の自由度 − A 因子自由度 − B 因子自由度

$$-A \times B \text{ 交互作用の自由度}$$
$$= abn - 1 - (a-1) - (b-1) - (a-1)(b-1)$$
$$= abn - ab = ab(n-1)$$

これらの自由度をつかって，平均平方を求める．因子の平方和を自由度で割って平均平方を求めると，次の式が得られる．

全体の平均平方：$MS_T = SS_T/(ab-1)$

A因子の平均平方：$MS_A = SS_A/(a-1)$

B因子の平均平方：$MS_B = SS_B/(b-1)$

A×B交互作用の平均平方：$MS_{A \times B} = SS_{A \times B}/(a-1)(b-1)$

誤差の平均平方：$MS_E = SS_E/ab(n-1)$

6) 仮説検定に用いる $F$ 統計量は，

$H_0$：Aの水準間差 $\mu_{A1} = \mu_{A2} = \cdots = \mu_{Aa}$ の検定は，$F_A = MS_A/MS_E$

Bの水準間差 $\mu_{B1} = \mu_{B2} = \cdots = \mu_{Bb}$ の検定は，$F_B = MS_B/MS_E$

A×B交互作用効果 $\mu_{A1 \times B1} = \mu_{A1 \times B2} = \cdots = \mu_{Aa \times Bb}$ の検定は，

$F_{A \times B} = MS_{A \times B}/MS_E$

となる．通常は $MS_{AB}$ の検定は不要である．

## III．結論の導出

検定の結果から，統計上の結論を導く．

**(例題)** 繰り返しのある2因子分散分析における交互作用

産卵鶏について，30℃，23℃，12℃の3室（$A_1$, $A_2$, $A_3$）の温度条件で高および低のエネルギー水準（$B_1$, $B_2$）下で2羽ずつ飼育したときの飼料摂取量は表10.6のようになった．分散分析表を作成し，主効果と交互作用の有意性について検定しなさい．

**表10.6** 産卵鶏の飼料摂取量（g/鶏/日）

| | | 室温 | | |
|---|---|---|---|---|
| | | $A_1$ (30℃) | $A_2$ (23℃) | $A_3$ (12℃) |
| エネルギー | $B_1$ | 93, 95(188) | 100, 103(203) | 118, 110(228) |
| | $B_2$ | 105, 108(213) | 115, 109(224) | 113, 107(220) |

（ ）内はセルごとの計を示す．（吉田　実，阿部猛夫監修『畜産における統計的方法』中央畜産会より）

## I. 検定の準備

1) 検定仮説の設定

$H_0$: $\mu_{A1} = \mu_{A2} = \mu_{A3}$

$\mu_{B1} = \mu_{B2}$

$\mu_{A1B1} = \mu_{A1B2} = \mu_{A2B1} = \mu_{A2B2} = \mu_{A3B1} = \mu_{A3B2}$

$H_1$: $\mu_{A1} \neq \mu_{A2} \neq \mu_{A3}$

$\mu_{B1} \neq \mu_{B2}$

$\mu_{A1B1} \neq \mu_{A1B2} \neq \mu_{A2B1} \neq \mu_{A2B2} \neq \mu_{A3B1} \neq \mu_{A3B2}$

有意水準は $\alpha$ (通常 5%) とする.

## II. ロジックの展開

1) 平方和の算出

(a) 1元配置法による計算

① $CT$ を求める (総和と総数から)

$$CT = (619+657)^2/12 = 1276^2/12 = 135681.33$$

② 全体の平方和 $SS_{ABR}$ を求める.

$$SS_T = (93^2 + \cdots + 107^2) - CT = 136320 - 135681.33 = 638.67$$

③ 温度エネルギー間の平方和 $SS_{AB}$ を求める.

$$SS_{AB} = (188^2 + \cdots + 220^2)/2 - CT = 272482/2 - CT = 136241 - 135681.33 = 559.67$$

④ 繰り返し誤差, つまり個体差の平方和 $S_{R(AB)}$ を求める.

$$SS_E = SS_T - SS_{AB} = 638.7 - 559.7 = 79.0$$

⑤ 自由度を計算する.

$$df_{ABR} = abn - 1 = 12 - 1 = 11$$
$$df_{AB} = ab - 1 = 6 - 1 = 5$$
$$df_E = ab(n-1) = 6 \times 1 = 6$$

$a$ は A 因子の水準数, $b$ は B 因子の水準数, $n$ は反復数.

(b) 2元配置法による計算

⑥ 補助表を作る. 表のタテの和を並べ替えたもの.

| $n=2$ | $B_1$ | $B_2$ | タテの和 | 差 |
|---|---|---|---|---|
| $A_1$ | 188 | 213 | 401 | 25 |
| $A_2$ | 203 | 224 | 427 | 21 |
| $A_3$ | 228 | 220 | 448 | −8 |
| ヨコの和 | 619 | 657 | 1276 | ヨコの和 |
| 差 | 15, 25 | 11, −4 | | |

⑦温度条件間の平方和 $SS_A$ を求める．
$$SS_A = (401^2 + 427^2 + 448^2)/(2 \times 2) - CT = 543834/4 - CT$$
$$= 135958.5 - 135681.33 = 277.17$$

⑧飼料エネルギー間の平方和 $SS_B$ を求める．
$$SS_B = (619^2 + 657^2)/(3 \times 2) - CT = 135801.67 - 135681.33 = 120.34$$

⑨交互作用の平方和 $SS_{A \times B}$ を求める．
$$SS_{A \times B} = SS_{AB} - SS_A - SS_B = 559.67 - 277.17 - 120.34 = 162.16$$

⑩自由度を計算する．
$$df_A = a - 1 = 3 - 1 = 2$$
$$df_B = b - 1 = 2 - 1 = 1$$
$$df_{A \times B} = (a-1)(b-1) = 2 \times 1 = 2$$

⑪分散分析表を作る．

表10.7 分散分析表

| 要因 | 平方和 | 自由度 | 平均平方 | $F$ 値 |
|---|---|---|---|---|
| 温度条件効果　A | 277.17 | 2 | 138.59 | 10.523* |
| エネルギー効果　B | 120.34 | 1 | 120.34 | 9.137* |
| 交互作用　A×B | 162.16 | 2 | 81.08 | 6.156* |
| 温度エネルギー間　AB | 559.67 | 5 | 111.93 | |
| 個体差　E | 79.00 | 6 | 13.17 | |

＊：$p < 0.05$

⑫検定

Aの効果，およびA×Bの効果に対して，$F_{(2,6,0.05)} = 5.143$，$F_{(2,6,0.01)} = 10.925$

Bの効果に対して，$F_{(1,6,0.05)} = 5.987$，$F_{(1,6,0.01)} = 13.745$

## III．結論の導出

帰無仮説 $H_0: \mu_{A1} = \mu_{A2} = \mu_{A3}$，$\mu_{B1} = \mu_{B2}$，$\mu_{A1B1} = \mu_{A1B2} = \mu_{A2B1} = \mu_{A2B2} = \mu_{A3B1} = \mu_{A3B2}$ は3つとも棄却される．飼料摂取量に及ぼす室温効果と飼料中エネルギーの効果は有意である．さらに交互作用が有意であり，室温の効果とエネルギーの効果との関連をみると，タテの和から室温が下がると，飼料の摂取量が増えることが伺える．また，ヨコの和からエネルギーが低いと飼料の摂取量が増える．さらにエネルギーが低いと室温が変化しても飼料摂取量は変化しないが，エネルギーが高いと室温が高いと飼料摂取量は減少する（室温が低い場合，エネルギーが高いと摂取量が増加する）．この関係を下図に示した．

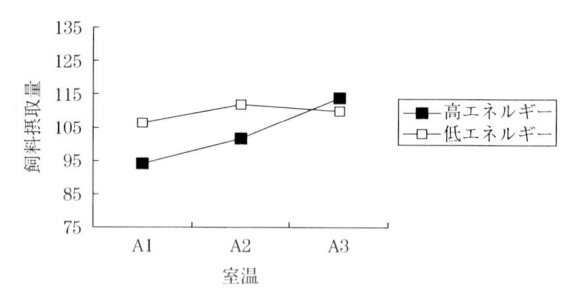

図10.1 室温，飼料エネルギーと摂取量との関係

交互作用が有意なので，AとBの水準間の相互の関連を詳しく検定する必要があるがここでは省略する．

## 練習問題

1. 魚の稚魚に与える飼料の種類を5種類準備し，それぞれ4頭ずつ一定の期間飼育後，増体量を測定した．飼料の種類が5種類，4反復の分散分析を行い，処理区間の平均値の差の検定をテューキーの方法により行いなさい（有意水準，5%）．

|  |  |  |  |  |  | $y_i$ | 平均 |
|---|---|---|---|---|---|---|---|
| 処理 | No. $A_1$ | 6 | 4 | 7 | 5 | 22 | 5.50 |
|  | No. $A_2$ | 5 | 6 | 3 | 3 | 17 | 4.25 |
|  | No. $A_3$ | 9 | 8 | 9 | 8 | 34 | 8.50 |
|  | No. $A_4$ | 8 | 8 | 7 | 7 | 30 | 7.50 |
|  | No. $A_5$ | 9 | 9 | 9 | 9 | 36 | 9.00 |

(単位：g)

2. マウスについて，飼料エネルギーとタンパク質含量を変えて体重（g）のデータを得た．これについて交互作用ありの分散分析を行い，さらに，水準間の差の検定を行いなさい（有意水準，5%）．

| 飼料エネルギー ($A$) | 高 | | 低 | |
|---|---|---|---|---|
| 飼料蛋白質 ($B$) | 高 | 低 | 高 | 低 |
| 飼料記号 | $A_1B_1$ | $A_1B_2$ | $A_2B_1$ | $A_2B_2$ |
| 増体量 | 34.5 | 27.5 | 20.2 | 28.2 |
| | 35.1 | 33.5 | 24.8 | 11.9 |
| | 33.8 | 31.6 | 20.6 | 23.4 |
| | 40.3 | 34.7 | 22.3 | 20.9 |
| | 42.5 | 41.0 | 16.5 | 24.9 |
| | 24.6 | 27.6 | 20.4 | 14.6 |
| | 16.8 | 22.4 | 25.5 | 13.5 |
| タテの和 | 227.6 | 218.3 | 150.3 | 137.4 |

# 11章 分散分析の応用
## (乱塊法, ラテン方格法, 枝分かれ配置法)

> 💡 実験計画法は，実験配置法と解析法を組合せて効率的な分析を可能にする手法である

　実験計画法にそった実験配置を計画することにより効率的に実験を進めることができる．実験計画法は実験配置法と実験解析法の2段階から構成されているので，この2つを考慮しながら分析を進めていくことになる．実験配置法は，実験の条件を考慮にいれながら因子の割りつけを行う．一方，実験解析法は割りつけに従って行われた実験結果を解析して有用な情報を取りだす．この解析には，10章で解説してきた分散分析の応用により，観測値にみられる変動を因子ごとに分割し，ばらつきの指標である誤差分散との比をとることで，分散の大きさの比較を行う．

---

**チェックポイント**

- [ ] フィッシャーの3原則とは，反復，無作為化および局所管理の3つである
- [ ] 反復，無作為化を考慮した方法としての完全無作為化法
- [ ] 乱塊法はフィッシャーの3原則を満たす実験計画法
- [ ] ラテン方格法は3原則を満たした上で2種類の系統誤差を考慮した実験計画法
- [ ] 階層的な実験計画である枝分かれ分散分析法は分散成分の大きさを推定する

---

## 11.1 フィッシャーの3原則

　観測データに影響する因子の効果を判定する実験を行う場合，比較する対象以外の因子によっても，実験の結果が影響を受けることが考えられる．この不必要な要因の影響を除いて，比較したい因子の効果だけを引き出せるように実

験の順序・区分・配置などに工夫を加えることが重要となる．近代統計学に基づく実験計画法を開発したフィッシャー（R. A. Fisher）は，実験にともなうこのような問題を解決するため，実験計画を実施する際の，重点的に管理すべきものとして次の3つの項目を提示した．

> ① 反復の原則
> ② 無作為化の原則
> ③ 局所管理の原則

①**反復の原則**：推定値の誤差は，繰り返しによって小さくすることができるので，同一条件下での実験を反復することで誤差分散の大きさを小さくし，誤差の影響を除くことができる．

②**無作為化の原則**：誤差は，系統的な誤差と偶然の誤差に分けられるが，系統的な誤差を排除するためには，実験の割付などを無作為に行う必要がある．また，決まった順序でなく実験のたびに無作為に順序を決めるなどの方法である．これは生物学的な実験において特に重要である．

③**局所管理化の原則**：実験の場全体をいくつかの部分（ブロック）に分け，それぞれのブロックの中での実験環境はできる限り均一になるように管理することが局所管理である．影響を調べる要因以外のすべての要因を可能な限り一定にする．

たとえば，図11.1の実験動物飼育室の温度は一定に制御されているとする．しかし，冬季には外部環境温度が低くなるため，飼育室内の温度は天井側が高く，床側は低くなる．このような条件下で異なる飼料水準（A～E）がマウスの発育に及ぼす試験をする場合，マウスケージを置く上下4段の各棚を1つのブロックとして動物を割りつけ，各棚にそれぞれ効果を検出したい飼料水準を割りつけて実験を行う計画を考える．この実験計画により，各棚で温度環境が異なるという系統誤差を除去できる．ブロック間の差は大きいかもしれないが，ブロック内の系統誤差は比較的小さいはずである．この方法により，系統誤差をブロック間差と残りの部分に区分してブロック間差を誤差項から除くことにより，因子の検定で使われる $F$ 比における誤差の部分，つまり分母を小さくできる．

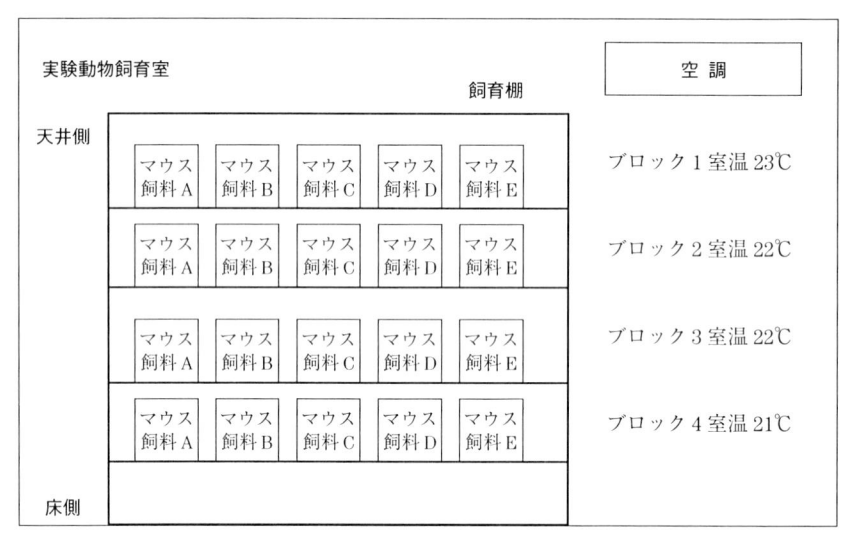

```
┌─────────────────────────────────────────────┐  ┌──────────┐
│ 実験動物飼育室                                │  │  空 調   │
│                          飼育棚              │  └──────────┘
│ 天井側  ┌────┬────┬────┬────┬────┐           
│         │マウス│マウス│マウス│マウス│マウス│      ブロック1 室温 23℃
│         │飼料A│飼料B│飼料C│飼料D│飼料E│
│         ├────┼────┼────┼────┼────┤
│         │マウス│マウス│マウス│マウス│マウス│      ブロック2 室温 22℃
│         │飼料A│飼料B│飼料C│飼料D│飼料E│
│         ├────┼────┼────┼────┼────┤
│         │マウス│マウス│マウス│マウス│マウス│      ブロック3 室温 22℃
│         │飼料A│飼料B│飼料C│飼料D│飼料E│
│         ├────┼────┼────┼────┼────┤
│         │マウス│マウス│マウス│マウス│マウス│      ブロック4 室温 21℃
│         │飼料A│飼料B│飼料C│飼料D│飼料E│
│         └────┴────┴────┴────┴────┘
│ 床側                                         │
└─────────────────────────────────────────────┘
```

**図 11.1** 実験動物飼育室の局所管理の例.

　以上の3原則のうち①と②の原則を満たすような計画を「完全無作為化法」といい，さらに③の原則を満足するブロック内での処理も無作為に割り付ける方法を，「乱塊法」という（表11.1）．局所管理化の原則はブロック内をできるだけ均一にすることである．しかし，系統誤差を生じる条件が2種類あるときは，2種のブロック因子を導入して「ラテン方格法」を採用する．ラテン方格法では，2種類の誤差（系統誤差）要因による変動が，処理効果を検定するための誤差（偶然誤差）から取り除かれるので，誤差平方和は完全無作為化法

---

**豆知識**

**偶然誤差と系統誤差**

偶然誤差：化学実験で繰返す場合の測定値のばらつきのように，まったく偶然に起こる誤差のこと．

系統誤差：畑の地力のむらとか，化学分析における空間的・時間的順序の影響，実験動物飼育室の棚の違いによる温度の違いの影響，家畜を使った実験では，畜舎の入り口から奥に向かって，室温，風の通しの良さ，夏の暑さなどの条件に，微細ではあるがわずかな差があり，これらが集積して飼育部屋ごとに固有の環境条件の違いを生じさせ，測定値に影響する．このように，実験結果に偏りを生ずるかもしれないタイプの誤差を系統誤差という．

　系統誤差が存在する場合，動物舎で動物を飼育する飼育施設などの固有の環境条件の差はブロック化，ブロックの無作為化で処理することができる．

や乱塊法に比べて小さくなる．しかし，誤差の自由度が小さくなるので，実験の精度は必ずしも向上するとはいえない．

　3原則に基づく実験計画の結果の解析では，分散を複数の成分（偶然の誤差や各要因の影響）の和としてモデル化した上で分析する分散分析（10章を参照のこと）が用いられる．

**表11.1** 乱塊法，ラテン方格法における処理，系統誤差，誤差の平方和の関係

| | 全体の平方和 | | | |
|---|---|---|---|---|
| 乱塊法 | 処理 | 系統誤差 I | 誤差 | |
| ラテン方格法 | 処理 | 系統誤差 I | 系統誤差 II | 誤差 |

## 11.2　完全無作為化法，乱塊法，ラテン方格法

### a．完全無作為化法

　完全な無作為化をめざした計画として完全無作為化法（Completely randomized design）がある．たとえば，3種類の餌 A，B，C を3頭ずつの合計9頭の子豚に与え，飼料の違いが発育に及ぼす影響をみる実験を考える．下図のように1～9の豚房に子豚が1頭ずつ飼われているとする．図11.2のように同じ飼料を給餌している実験区を隣同士並べて配置する方法は，試験飼料給与の作業上は都合がよいが，その反面，系統誤差が生じやすい配置になっている．つまり，同じ観測が反復されていることにより，第1原則はクリアされているが，第2原則については，同じ飼料を給与されている豚房の環境条件は画一化されているので，系統誤差が生じやすくなっている．入り口に近い1，2，3や7，8，9房に比べて4～6房は風などの影響が少なく，房の環境が良い．A，B間あるいはB，C間に差がみとめられたとしても，飼料による差なのか系統誤差による差なのか区別できないおそれがある．つまり，発育に及ぼす「飼料」「房」のうちどの因子がもっとも影響しているか判断できない．この場合，「飼

| | 豚房 | 1 | 2 | 3 | 4 | 5 | 6 | 7 | 8 | 9 | |
|---|---|---|---|---|---|---|---|---|---|---|---|
| 入口 | 子豚No | 1 | 2 | 3 | 4 | 5 | 6 | 7 | 8 | 9 | 入口 |
| | 飼料の種類 | A | A | A | B | B | B | C | C | C | |

**図11.2**　飼料の効果と豚房の効果が交絡している例．

料」と「房」は交絡しているという．

この問題に対する解決策としては，飼料ごとの豚房配置を図 11.3 のように無作為化することが考えられる．「房」の環境条件の違いによる発育への系統誤差を，偶然誤差に転化して，処理間（飼料間）の差を検出したい．飼料の種類がある房に割り当てられる確率を等しくするため，無作為化を行う．図 11.3 の例は，1 因子，3 水準，3 反復の実験である．

| | 豚 房 | 1 | 2 | 3 | 4 | 5 | 6 | 7 | 8 | 9 | |
|---|---|---|---|---|---|---|---|---|---|---|---|
| 入口 | 子豚 No | 1 | 2 | 3 | 4 | 5 | 6 | 7 | 8 | 9 | 入口 |
| | 飼料の種類 | B | C | A | B | B | A | C | A | C | |

図 11.3　飼料の配置の無作為化による系統誤差の排除の例．

**b．乱塊法**（Randomized block design）

Randomized block design のランダムを「乱」，ブロックを「塊」と訳して乱塊法といっている．系統誤差をなくすために局所管理の考えを取り入れて配置を次のように修正したものである．たとえば，子豚の発育に及ぼす飼料の試験の場合，実は初期体重が 20 kg〜30 kg と異なるので，あらかじめ体重を測定して大きい順に 3 つのブロックに分ける．つまり，初期体重の大きさをブロックと考える．各ブロックの実験個体に割りあてる飼料は，ブロックごとに無作為に決められる．房の効果は無作為化により，初期体重の効果はブロック化により考慮する．乱塊法では，ブロック因子と制御因子（飼料）の 2 因子を扱っているが，ブロック因子は局所管理に用いられ，初期体重を指標とした一方向のみにブロック分けを行うため，一方向制約型と呼ばれる．

| | | ブロック 1 | | | ブロック 2 | | | ブロック 3 | | | |
|---|---|---|---|---|---|---|---|---|---|---|---|
| | 豚 房 | 1 | 2 | 3 | 4 | 5 | 6 | 7 | 8 | 9 | |
| 入口 | 子豚 No | 1 | 2 | 3 | 4 | 5 | 6 | 7 | 8 | 9 | 入口 |
| | 飼料の種類 | B | C | A | A | B | C | C | A | B | |

図 11.4　乱塊法によるブロック化の例．

**c．ラテン方格法**（Latin Square design）

ブロック因子が 2 つあるときはラテン方格法により実験を計画する．たとえば，マウスを使い未利用資源給与に対する免疫応答反応を見る実験を行った．

制御因子は未利用資源の飼料中の割合（$C_1$：0%，$C_2$：1%，$C_3$：2%）である．特殊な免疫形質のため，1日に測定できる頭数が限られており，3日間に分けて測定を行った．日が異なることにより気候（気圧など）がマウスの免疫能に影響することが明らかな場合，日をブロック因子（$A_1$〜$A_3$）とし，1日の実験順序を無作為化して行うのが乱塊法（表11.2の割りつけ）だが，1日の実験順序（朝，昼，午後）も免疫能に影響を与えるのであれば，乱塊法では系統誤差が取り除けない．1日の順序では $C_2$ 水準は2日も第1回目に実験が行われているが，$C_3$ は一度も第1日目に行われていない．そこで，1日の実験順序についてもブロック因子（$B_1$〜$B_3$）としてバランスをとる実験法がラテン方格法である（表11.3）．各行各列に1，2，3，の数字がちょうど1回ずつ現れる3×3ラテン方格をもちいて，行に日，列に1日の中での実験順序を方格の中のCの数字をその水準を対応させて割りつける．

**表11.2** 乱塊法での実験配置

|  | 朝：$B_1$ | 昼：$B_2$ | 午後：$B_3$ |
|---|---|---|---|
| 第1日：$A_1$ | $C_2$ | $C_1$ | $C_3$ |
| 第2日：$A_2$ | $C_2$ | $C_3$ | $C_1$ |
| 第3日：$A_3$ | $C_1$ | $C_3$ | $C_2$ |

**表11.3** ラテン方格法での実験配置

|  | 朝：$B_1$ | 昼：$B_2$ | 午後：$B_3$ |
|---|---|---|---|
| 第1日：$A_1$ | $C_1$ | $C_2$ | $C_3$ |
| 第2日：$A_2$ | $C_2$ | $C_3$ | $C_1$ |
| 第3日：$A_3$ | $C_3$ | $C_1$ | $C_2$ |

> **ことばノート**
>
> **ラテン方格**
>
> 観測値が $y_{ijk} = \mu + \alpha_i + \beta_j + \gamma_k + \varepsilon_{ijk}$ のように3つの因子により影響され，いずれも3水準での実験が行われる場合，3つの要因が直交するような配置により実験を行う．つまり，ラテン文字 $C_1$，$C_2$，$C_3$ が，タテヨコ1回ずつ表れるようにする．これにより，$\alpha$，$\beta$ の要因に関する系統誤差が同時に排除できることになる．ラテン方陣を用いて配置を決めるので「ラテン方格」による実験配置と呼ばれる．
>
> |  | $B_1$ | $B_2$ | $B_3$ |
> |---|---|---|---|
> | $A_1$ | $C_1$ | $C_2$ | $C_3$ |
> | $A_2$ | $C_2$ | $C_3$ | $C_1$ |
> | $A_3$ | $C_3$ | $C_1$ | $C_2$ |

## 11.3 乱塊法の実際

農業試験場などでは，試験区の地力などの変動が大きいため，全体をいくつかのブロックに分け，その内部ができるだけ均一になるように管理した上で，品種や施肥法の比較をしたい処理をその中にランダムに割りあてる．この場合，

実験の場を内部の比較的均一ないくつかの部分（ブロック）に分け，各ブロックで処理（品種や施肥法）のひとそろいを行う方法が考えられる．

表 11.4 乱塊表の実験配置例 1
4 つの圃場ブロックそれぞれに，品種や施肥法などの処理(A)をランダムに割り当てる．

| | 圃　　場 | | | |
|---|---|---|---|---|
| | ブロック 1 | ブロック 2 | ブロック 3 | ブロック 4 |
| | $A_1$ | $A_3$ | $A_4$ | $A_2$ |
| | $A_4$ | $A_1$ | $A_2$ | $A_3$ |
| | $A_3$ | $A_2$ | $A_4$ | $A_1$ |
| | $A_2$ | $A_4$ | $A_1$ | $A_3$ |

また，豚 16 頭を使った 4 種類の飼料が発育に及ぼす試験を行う場合，無作為に 4 頭ずつ割り当てるよりも，もし，4 頭の母豚から生まれた 4 頭ずつの子豚が選ばれているとすると，同じ母豚から生まれた子豚 4 頭をブロックとして，このブロックに 4 種類の飼料を割り付けて行う試験が考えられる．

表 11.5 乱塊表の実験配置例 2

| 飼料種類 | 母豚 | | | |
|---|---|---|---|---|
| | ブロック 1 | ブロック 2 | ブロック 3 | ブロック 4 |
| $A_1$ | 1 | 1 | 1 | 1 |
| $A_2$ | 2 | 2 | 2 | 2 |
| $A_3$ | 3 | 3 | 3 | 3 |
| $A_4$ | 4 | 4 | 4 | 4 |

さらに，牛などの大家畜を使った試験は単独の試験場では十分な反復数を取れないので，試験場単位で飼養試験などを行い，分析は試験場をブロックとして解析することが行われている．

### 11.3.1　分 析 方 法

乱塊法では，局所管理する考え方を導入して各因子にブロックを設けている．実験全体をいくつかの部分（ブロック）に細分化し，それぞれのブロックの中での実験環境の局所的差異を管理するのである．分散分析には，ブロック効果

を1つの因子として扱い繰り返しのない2因子分散分析法を適用する．

分析のモデル式は

$$y_{ij} = 全体平均 + A_i 水準の効果 + ブロック B_j の効果 + 誤差$$
$$= \mu + \alpha_i + \beta_j + e_{ij}$$

となる．ただし，$\sum_{i=1}^{a}\alpha=0$，$\sum_{j=1}^{b}\beta_j=0$，$e_{ij}$ は $N(0,\sigma^2)$ の正規分布をする．

ここでブロック因子Bは実験精度を上げるために導入したものなので，これと制御因子Aとの交互作用を考えても意味がない．

**(例題)** 豚の増体量に及ぼす飼料の効果について試験をする場合を考えてみる．同じ雌から生まれた同性の9頭の子豚を使うかわりに，3頭の雌豚から生まれた9頭の子豚を使い，母豚が同じ3頭を1つのブロックとし，ブロックごとに3種類の飼料を無作為に割りあてる．この配置により，ブロック間差つまり母豚の影響を別に切り離すことができる．計算手順は繰り返しのない2因子分散分析と同じとなる．ただし，ブロック因子である母豚と制御因子である飼料との交互作用はないことが前提となる．測定データは表11.6に示すような割付により，分散分析を行うことになる．

測定データ ＝ 全体平均 ＋ 制御因子：3種類の飼料 ＋ ブロック因子：母豚の影響 ＋ 誤差

表11.6

| 飼料＼腹 | 母豚1 | 母豚2 | 母豚3 | 計 | 平均 |
|---|---|---|---|---|---|
| 飼料1 | 780 | 820 | 850 | 2450 | 817 |
| 飼料2 | 820 | 846 | 900 | 2566 | 855 |
| 飼料3 | 790 | 834 | 870 | 2494 | 831 |
| 計 | 2390 | 2500 | 2620 | 7510 | |

### I．検定の準備

帰無仮説，有意水準は5％あるいは1％と考える．

$H_0 : \mu_1 = \mu_2 = \mu_3$（増体量に対し3種類の飼料は同じ価値をもつ）
$H_1 : \mu_1 \neq \mu_2 \neq \mu_3$

統計モデル
$$y_{ijk} = \mu + \alpha_i + \beta_j + e_{ijk}$$
ここで，$\mu$ は全体平均，$\alpha_i$ は飼料の効果，$\beta_j$ はブロックの効果，$e_{ijk}$ は誤差項とする．

**II．ロジックの展開**

1) 分散分析表の作成

繰り返しのない2因子分散分析の分散分析表は次のような形式になる．この表の変数を埋めることで，分散分析を進めていくことにする．

| 変動因 | $df$ | $SS$ | $MS$ | $F$ 値 |
|---|---|---|---|---|
| 飼料間　A | $a-1$ | $SS_A$ | $MS_A$ | $MS_A/MS_E$ |
| ブロック間　B | $b-1$ | $SS_B$ | $MS_B$ | $MS_A/MS_E$ |
| 誤　差　E | $(a-1)(b-1)$ | $SS_E$ | $MS_E$ | |
| 全　体　T | $ab-1$ | $SS_T$ | $MS_T$ | |

2) 平方和の計算

上の分散分析表に対応する平方和は，下記の式を使って求める．

補正項： $CT = \dfrac{7510^2}{3 \times 3} = \dfrac{56400100}{9} = 6266678$

全平方和： $SS_T = 780^2 + 820^2 + 850^2 + \cdots + 870^2 - CT$
$= 6277972 - 6266678 = 11294.22$

飼料間平方和： $SS_A = \dfrac{1}{3}(2450^2 + 2566^2 + 2494^2) - CT$
$= 6268964 - 6266678 = 2286.222$

ブロック間平方和： $SS_B = \dfrac{1}{3}(2390^2 + 2500^2 + 2620^2) - CT$
$= 6275500 - 6266678 = 8822.222$

誤差平方和： $SS_E = SS_T - SS_A - SS_B = 11294.22 - 2286.222 - 8822.222$
$= 185.7778$

飼料間平均平方： $MS_A = 2286.222/(3-1) = 1143.111$

ブロック間平均平方： $MS_B = 8822.222/(3-1) = 4411.111$

誤差平均平方： $MS_E = 185.7778/3(3-1)(3-1) = 46.4444$

3) 分散分析表の作成

表 11.7 分散分析結果

| 変動因 | $df$ | SS | MS | $F$ 値 | $F$ 表 |
|---|---|---|---|---|---|
| 飼料間 A | $a-1=2$ | 2286.22 | 1143.11 | 24.61** | $F_{(2,4,0.05)}=6.944$ |
| ブロック間 B | $b-1=2$ | 8822.22 | 4411.11 | 94.98** | $F_{(2,4,0.01)}=18.000$ |
| 誤 差 E | $(a-1)(b-1)=4$ | 185.78 | 46.44 | | |
| 全 体 T | $ab-1=8$ | 11294.22 | | | |

**$p<0.01$

4) 多重比較

飼料 1, 2, 3 のうち, どの組み合わせ間で有意差があるかについて判定するため, テューキーの多重比較を行う.

ブロック平均値の標準誤差:$s_x=\sqrt{\dfrac{46.44}{3}}=3.935$(注意:3 はブロック内の A の数)

$Q_{(2,4,0.05)}=3.9265$, $Q_{(2,4,0.01)}=6.511$ を得る.

$s_x$ と $Q_{(2,4,0.05)}$, $Q_{(2,4,0.01)}$ から有意な差 $D$ を計算し, 実験で得られた平均値間の差を $D$ と比較する.

有意水準 5% に対しては次の $D$ が得られる.
$$D=s_x\times Q_{(2,4,0.05)}=3.935\times 3.9265=15.4508$$
また, 有意水準 1% に対しては次のようになる.
$$D=s_x\times Q_{(2,4,0.01)}=3.935\times 6.511=25.6208$$

この結果から, 飼料 1 と飼料 2, 飼料 2 と飼料 3 の間には差があるが, 飼料 1 と飼料 3 との間には差がないといえる.

表 11.8 平均値差の検定

| 因子 A | 水準平均 $\bar{x}$ | B3 との差 $\bar{x}-831$ | B2 との差 $\bar{x}-855$ |
|---|---|---|---|
| 飼料 1:817 | 817 | 14 | 38** |
| 飼料 2:855 | 855 | 24* | |
| 飼料 3:831 | 831 | | |

*$p<0.05$, **$p<0.01$

### III. 結論の導出

誤差分散の推定値 46.44 を使って検定する. 飼料間差とブロック間差の主効果の $F$ 統計量と $F$ 分布表の判定点を $F_{(2,4,0.05)}=6.944$ または $F_{(2,4,0.01)}=18.000$ と比較する.

この場合はいずれも1%水準で有意であった．すなわち，飼料区によって（飼料1と飼料2，飼料2と飼料3の間）豚の増体量に差があり，また，母豚ごとのブロック間に差があることを示している．ただし，母豚の効果により子豚の成績に差があることは当然であり，それを調べることが研究の目的ではない．

● 間違ったモデルの影響

この例において，もし，ブロック効果とした母豚の効果を考慮せずに単なる反復とした場合には，分散分析表は表11.9のようになる．

表11.9　1元配置による分散分析表

| 変動因 | $df$ | $SS$ | $MS$ | $F$ 値 |
|---|---|---|---|---|
| 飼料間　A | 2 | 2286.22 | 1143.11 | 0.76 |
| 誤　差　E | 6 | 9008.00 | 1501.33 | |
| 全　体　T | 8 | 11294.22 | | |

この場合，$F_{(2,6,0.05)}=5.143$ なので，飼料間には有意差はみられないという統計上の結論にいたる．表11.8の分散分析表では，表11.9の誤差平方和に含まれているブロック間 $SS_B$ を独立した因子として考慮することにより，誤差平方和を減少させて $F$ 検定の精度を高めていることになる．

### 11.3.2　乱塊法使用の注意点

① 誤差からブロック効果を分離することによりブロックの自由度も分離することになり，誤差項の自由度が減少するので，新たな因子をモデルに含める分だけ検定精度が落ちる．
② ブロックと他因子間に交互作用がある場合は，乱塊法は適用できない．
③ 各ブロックに少なくとも1セットの制御因子水準が入っていなければならない．
④ ブロックも因子の一種である．つまり，乱塊法は2因子分散分析の一つとして分類することができ，解析の手順は2因子分散分析と同じである．
⑤ ブロック因子の取り方にはいろいろある．植物の品種の比較などをする際，畑の区画の中の地力の差の影響を制御するために区画をブロック化することとか，家畜を使った試験では，都道府県の場所をブロックとする場合や試験の時期をかえてブロックとする場合，例題のように同じ雌の子など動物をブロックとする場合などがある．

⑥ブロックの配置は完全に無作為になるように配置する．

## 11.4 ラテン方格法の実際

　系統誤差を生じる条件が2種類あるときは2種のブロック因子（これを行と列と呼ぶ）を導入してラテン方格法により実験を計画する．2種類の系統誤差が処理効果を検定するための誤差項から取り除かれるので，誤差平方和は乱塊法に比べて小さくなる．しかし，2つのブロック因子に自由度をとられるので，誤差の自由度は小さくなり，実験の精度が必ずしも向上するとは言えない．また，処理数と反復数が同じにならなければならないので，処理数の多い実験では規模が大きくなりすぎて実験の遂行は困難となる．

### 11.4.1 ラテン方格法の割りつけ

　ラテン方格とは，ラテン文字A，B，C，…が各行各列にちょうど1回ずつ現れるようにした方格である．すなわち，処理の水準と同じ数だけのブロックの水準をそれぞれ必要とする．処理の水準が3種類であれば，2つのブロックもそれぞれ3水準が必要となる．また，2×2のラテン方格は2つしかないが，3×3のラテン方格は12個，4×4の場合は576個，5×5の場合は161280個もあるので，標準方格を1つ書き出して，その列と行をそれぞれ無作為化して，入れ替えることでランダムなラテン方格を選ぶのが一般的な方法となる．標準方格とは，第1行と第1列にA，B，C，…がアルファベット順に並んでいるもので，3×3ラテン方格では1個，4×4方格では4個，5×5方格では56個ある．

### 11.4.2 ラテン方格法の解析方法

　ラテン方格法では3因子分散分析となる．全体の平方和 $SS_T$ を行の平方和 $SS_R$，列の平方和 $SS_C$，処理の平方和 $SS_A$，および誤差の平方和 $SS_E$ に分解す

| A | B | C |
|---|---|---|
| B | C | A |
| C | A | B |

(a) 3×3の標準方格

| A | B | C | D |
|---|---|---|---|
| B | C | D | A |
| C | D | A | B |
| D | A | B | C |

(b) 4×4の標準方格

**図11.5** 標準方格

る．
$$SS_T = SS_R + SS_C + SS_A + SS_E$$
それぞれの平方和に対応する自由度は $k \times k$ 方格では次のように分解される．
$$df_T = df_R + df_C + df_A + df_E$$
ここで，$df_T = k^2 - 1$，$df_R = df_C = df_A = k - 1$，$df_E = (k-1)(k-2)$

3×3 のラテン方格の場合，$df_T = 3^2 - 1 = 8$，$df_R = df_C = df_A = 3 - 1 = 2$，$df_E = (3-1)(3-2) = 2$ となる．

**例題** 3頭の育成豚を使い，低タンパク質飼料給与が糞尿中窒素排泄量に及ぼす影響を調べた．消化試験用の代謝ケージは3台しかなかったため，試験の時期を3期に分けて行った．この際，対照区を通常のタンパク質含量16%（C区）とし，処理区1としてタンパク質含量12%（M区），処理区2としてタンパク質含量10%（L区）を設定した．体重45 kgから1回目の試験を開始し，8日間の予備飼育の後に，本試験を4日間，さらに餌を変えて8日間予備飼育の後，2回目の本試験を4日間，同様に8日間予備飼育後3回目の本試験を4日間行った．本試験の間，尿と糞中の窒素排泄量（g）を測定した．豚と試験期間をブロック因子とし，同じ豚を使い，3期間にそれぞれ3種類の飼料を給与して消化試験を行ったのである．試験の配置は以下のようになる．

**表11.10** ラテン方格法による事例（期間，豚，タンパク質飼料）

| 単位 (g) | 豚 (B) | | | |
|---|---|---|---|---|
| 期間 (PE) | No.1 | No.2 | No.3 | ヨコの和 |
| I | C: 59.1 | M: 43.5 | L: 18.9 | 121.5 |
| II | M: 33.3 | L: 28.4 | C: 46.0 | 107.7 |
| III | L: 30.7 | C: 56.7 | M: 31.9 | 119.3 |
| タテの和 | 123.1 | 128.6 | 96.8 | 348.5 |

|  | C区 | M区 | L区 |  |
|---|---|---|---|---|
| 飼料ごとの和 | 161.8 | 108.7 | 78.0 | 348.5 |
| 平均 | 53.93 | 36.23 | 26.0 | |

制御因子である飼料タンパク質含量16%，12%，10%をそれぞれ，C（コントロール）区，M（中）区，L（低）区とした．期間はI，II，III期をそれぞれ，体重

45 kg から開始し 1～12 日，13～24 日，24～36 日目，供試した豚 3 頭をそれぞれ No 1, No 2, No 3 とした．

表の数字は糞尿中の窒素含量である．さらに，行と列の和および制御因子である飼料タンパク質含量ごとの和と平均値を示している．

### Ⅰ．検定の準備

1) 統計モデル

$$y_{ijk} = \mu + \alpha_i + \beta_j + \gamma_k + e_{ijk}$$

ここで，$\mu$ は全体平均，$\alpha_i$ は飼料の効果，$\beta_j$ はブロック時期の効果，$\gamma_k$ は豚個体の効果，$e_{ijk}$ は誤差項とする．

この実験における帰無仮説は 3 種類の蛋白質飼料は同じ窒素排泄量となるというものである．

$H_0$：$\mu_C = \mu_M = \mu_L$

$H_1$：$\mu_C \neq \mu_M \neq \mu_L$

### Ⅱ．ロジックの展開

1) 平方和の計算

補正項： $CT = 348.5^2/9 = 121452.25/9 = 13494.694$

全平方和： $SS_T = (59.1^2 + \cdots + 31.9^2) - CT = 14948.71 - 13494.694 = 1454.02$

飼料間平方和： $SS_{CP} = (161.8^2 + 108.7^2 + 78.0^2)/3 - CT$
$= 44078.93/3 - 13494.694 = 1198.282$

個体間平方和： $SS_B = (123.1^2 + 128.6^2 + 96.8^2)/3 - CT$
$= 41061.81/3 - 13494.694 = 192.5756$

試験期間平方和： $SS_{PE} = (121.5^2 + 107.7^2 + 119.3^2)/3 - CT$
$= 40594.03/3 - 13494.694 = 36.64889$

誤差： $SS_E = SS_T - SS_{CP} - SS_B - SS_{PE}$
$= 1454.02 - 1198.282 - 192.5756 - 36.64889 = 26.51$

自由度： $df_T = 3^2 - 1 = 8$
$df_{CP} = df_B = df_{PE} = 3 - 1 = 2$
$df_E = (3-1) \times (3-2) = 2$

2) 分散分析表

上で計算した，自由度，平均平方を使って，分散分析表を完成させる．

3) 検定の実施

表11.11 分散分析結果

| 変動因 | | df | SS | MS | $F$値 | $F$表 |
|---|---|---|---|---|---|---|
| 蛋白質飼料 | CP | 2 | 1198.28 | 599.14 | 45.20* | $F_{(2,2,0.05)}=19.0$ |
| 個体 | AN | 2 | 192.58 | 96.29 | 7.26 | $F_{(2,2,0.01)}=99.0$ |
| 期間 | PE | 2 | 36.65 | 18.32 | 1.38 | |
| 誤差 | ZR | 2 | 26.51 | 13.25 | | |

　誤差分散13.25につき検定する。各因子の$F$値を，有意水準5%の場合$F_{(2,2,0.05)}=19.0$，有意水準1%の場合$F_{(2,2,0.01)}=99.0$と比較する。検定の結果，有意水準5%でタンパク質飼料間に有意な差が認められた。

4)　多重比較

　テュキーの方法による平均値の差の検定を行う。平均値の標準偏差$s_x$は誤差分散から次のようにして求められる。

$$s_x = \sqrt{13.25/3} = 2.101587$$

$$Q_{(3,2,0.05)} = 8.3308$$

$$D = Q \times s_x = 17.51$$

平均値の大きさの順にならべて差をとり比較する。

表11.12 平均値差の検定

| | 水準平均 $\bar{x}$ | CP 10 との差 $\bar{x}-L$ | CP 12 との差 $\bar{x}-M$ |
|---|---|---|---|
| C | 53.93 | 27.93* | 17.70* |
| M | 36.23 | 10.23 | |
| L | 26.00 | | |

*$p<0.05$

### III．結論の導出

　検定の結果，対照区のタンパク質含量16%と較べて，タンパク質含量12%，10%のいずれも尿中窒素含量が有意に低下することが明らかとなった。

## 11.5　枝分かれ分類（Hierarchal classification）

　これまで行ってきた分散分析，乱塊法，ラテン方格法などは因子の水準間の効果の差を問題としてきた。しかし，水準間のばらつきの大きさを把握することが目的の場合がある。

## 11.5 枝分かれ分類

たとえば，缶入り飲料を製造している製造工場で，製造ロット間，ロット内の缶間のばらつきを調べる目的で，多数の製造ロットからランダムに a 個のロットを選び，この各ロットからランダムに b 缶ずつえらび，さらにこの各缶から分析用のサンプルを c 個ずつ取って 1 回ずつ分析する例などがある．1 次因子が製造ロット（A），2 次因子が缶（B），3 次因子がサンプル（C）である．この際，缶とサンプルは対応のない因子である．つまり，$A_1$ ロットの $B_1$ 缶と $A_2$ ロットの $B_1$ 缶は同じ記号だが同じものという意味はまったくない．サンプルも同様で $A_1$ ロットの $B_1$ 缶からの第 1 サンプル $C_1$ と $A_1$ ロットの $B_2$ 缶の第 1 サンプル $C_1$ とでもやはり，同じものという意味はない．したがって，B の水準は A のある特定の水準のもとにおけるという条件付きのものとなる．この点を明確にするために，モデル式は次のように表される．

$$y_{ijkl} = \mu + \alpha_i + \beta_{ij} + \gamma_{ijk} + e_{ijkl}$$

ここで，$\alpha_i$ は $i$ 番目の製造ロットの効果，$\beta_{ij}$ は $i$ 番目の製造ロットの $j$ 番目の缶の効果，$\gamma_{ijk}$ は $i$ 番目の製造ロットの $j$ 番目の缶の $k$ 番目のサンプルの効果を，$e_{ijkl}$ は，$i$ 番目の製造ロットの $j$ 番目の缶の $k$ 番目のサンプルの $l$ 番目の繰り返しサンプルに特有な誤差を表す．

図 11.6 2 段枝分かれ配置．

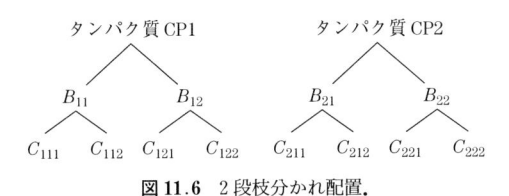

表 11.13 枝分かれ分類のデータ構造

| 蛋白質 (CP) | マウス (B) | 反復 (E) | 測定値 $y_{ijk}$ |
|---|---|---|---|
| CP1 | $B_{11}$ | $C_{111}$ | $y_{111}$ |
|  |  | $C_{112}$ | $y_{112}$ |
|  | $B_{12}$ | $C_{121}$ | $y_{121}$ |
|  |  | $C_{122}$ | $y_{122}$ |
| CP2 | $B_{21}$ | $C_{211}$ | $y_{211}$ |
|  |  | $C_{212}$ | $y_{212}$ |
|  | $B_{22}$ | $C_{221}$ | $y_{221}$ |
|  |  | $C_{222}$ | $y_{222}$ |

また、タンパク質含量が異なる2種類の飼料（CP）をそれぞれ2匹のマウス（$B_{11}$, $B_{12}$ と $B_{21}$, $B_{22}$）に給与し、血液を採取して2点ずつ血清中尿素態窒素含量を測定したデータ（$C_{111}$, $C_{112}$, $C_{121}$, $C_{122}$, $C_{221}$, $C_{222}$）の例などである。図と表に示すようなデータの構造から枝分かれ分類（Hierarchal classification）または巣ごもり分類（Nested design）と呼ばれている。

●枝分かれ分散分析の実際

表11.13の場合を例として考える。

### Ⅰ. 検定の準備

1) 統計モデル

$$y_{ijk} = \mu + \alpha_i + \beta_{ij} + \gamma_{ijk}$$

ここで、$\alpha_i$, $\beta_{ij}$, $\gamma_{ijk}$ には、$\alpha_i$ は $i$ 番目の飼料 A の効果、$\beta_{ij}$ は $i$ 番目の A の $j$ 番目のマウス B の効果、$\gamma_{ijk}$ は $i$ 番目の A の $j$ 番目の B の $k$ 番目の反復 C の効果を表す。

### Ⅱ. ロジックの展開

1) 平方和の計算

補正項：$CT = \dfrac{1}{abc}\left[\sum_{i=1}^{a}\sum_{j=1}^{b}\sum_{k=1}^{c} y_{ijk}\right]^2$

ただし、$a$, $b$, $c$ は A, B, C の水準数

全体平方和： $SS_T = \sum_{i=1}^{a}\sum_{j=1}^{b}\sum_{k=1}^{c} y_{ijk}^2 - CT$

A 間平方和： $SS_A = \dfrac{1}{bc}\sum_{i=1}^{a} y_{i..}^2 - CT$

$y_{i..}^2$ は効果 A ごとの和の平方を示す。

個体間平方和： $SS_{AB} = \dfrac{1}{c}\sum y_{ij.}^2 - CT$

$y_{ij.}^2$ は効果 B ごとの和の平方を示す。

誤差平方和： $SS_{C(AB)} = \sum_{i=1}^{a}\sum_{j=1}^{b}\left(\sum_{k=1}^{c} y_{ijk}^2 - \dfrac{y_{ij.}^2}{c}\right) = SS_T - S_{AB}$

マウス間誤差平方和： $SS_{B(A)} = S_{AB} - S_A$

全体の平方和 $SS_T$ は飼料間平方和 $SS_A$、マウス個体間誤差平方和 $S_{B(A)}$ および分析誤差平方和 $SS_{C(AB)}$ に分割された。

$$S_{ABC} = S_A + S_{B(A)} + S_{C(AB)}$$

2) 自由度の計算

平方和に対応する自由度は，各段階で水準間，水準内の自由度として求める．

全体平方和： $df_T = abc - 1$

A 間平方和： $df_A = a - 1$

AB 間平方和： $df_{AB} = ab - 1$

A 内 B 間平方和： $df_{B(A)} = a(b-1) = df_{AB} - df_A$

B 内 C 間（誤差）平方和： $df_{C(BA)} = ab(c-1) = df_T - df_{AB}$

3) 分散分析の作成

以上の結果から分散分析表を作成する．

表 11.14 2 段枝分かれ分散分析表

| 変動因 | $df$ | SS | MS | F | 分散の期待値 |
|---|---|---|---|---|---|
| A | $df_A = a-1$ | $SS_A$ | $MS_A$ | $MS_A / MS_{B(A)}$ | $\sigma_C^2 + c\sigma_B^2 + bc\sigma_A^2$ |
| B(A) | $df_{B(A)} = a(b-1)$ | $SS_{B(A)}$ | $MS_{B(A)}$ | $MA_{B(A)} / MS_{C(AB)}$ | $\sigma_C^2 + c\sigma_B^2$ |
| C(AB) | $df_{C(AB)} = ab(c-1)$ | $SS_{C(AB)}$ | $MS_{C(AB)}$ | | $\sigma_C^2$ |
| 全体 | $df_{ABC} = abc - 1$ | | | | |

4) 検定の実施

枝分かれ分析の場合は，$F$ 検定で要因効果の有無を確かめるよりは，むしろ変量因子の効果の推定（分散成分の推定）に重点が置かれる．分散の期待値から，$\sigma_A^2$, $\sigma_B^2$ および $\sigma_C^2$ の推定値を求めて，その大きさを比較する．

$$\hat{\sigma}_C^2 = MS_{C(AB)}$$
$$\hat{\sigma}_B^2 = (MS_{B(A)} - MS_{C(AB)})/c$$
$$\hat{\sigma}_A^2 = MS_A - MS_{B(A)})/bc$$

═══════════════ 練 習 問 題 ═══════════════

1. 植物実験，動物実験，工業実験で乱塊法が効果的だと思われる事例を挙げなさい．
2. 次の実験を配置しなさい．なお，配置は無作為にすること．
   3 品種のトウモロコシの収量比較を 4 ブロックの乱塊法で実験する．
3. 2 つの系統誤差が存在するとき使われるラテン方格法の考えを使う実験の事例を

あげなさい．

4. マウスを用い，薬物に対する免疫応答に関する試験を行ったが，下表のような測定日と実験装置を考慮したラテン方格法による結果を得た．このデータを解析しなさい．（A：実験装置，B：測定日，C：薬物の量）

|  | $B_1$ | $B_2$ | $B_3$ |
|---|---|---|---|
| $A_1$ | $C_1:15$ | $C_2:21$ | $C_3:28$ |
| $A_2$ | $C_2:19$ | $C_3:24$ | $C_1:22$ |
| $A_3$ | $C_3:25$ | $C_1:17$ | $C_2:24$ |

# 12章　一般線形モデル分析
## (General linear model analysis)

> 一般線形モデル分析は，線形モデルに基づく多くの統計分析に適用できる

前章でみてきたように，分散分析に含める要因の数が多くなると計算量が増大し，手計算による分析は難しくなる．このような場合，統計分析ソフトウェアの利用が威力を発揮する．本章では，ソフトウェアを利用して一般線形モデル分析を行うときに必要な線形モデルについて解説する．

> **チェックポイント**
> - □ データ構造に応じた線形モデルの記述法
> - □ 平方和の計算方法と4つの平方和の使い分け
> - □ 線形モデルの基本要素は，未知のパラメータと係数（他に集団平均，誤差）
> - □ 行列による線形モデルの記述
> - □ 多重比較の選択と線形対比の記述

ソフトウェアを使った分析は，不つり合い型のデータに対してとくに有効である．不つり合い型データとは各要因の群間で観測値数がそろっていないデータをいい，つり合い型データとは観測値数がそろっているデータをいう．実験データのように実験条件を制御できる場合は，各群の観測値数をそろえることは比較的容易である．しかし，事故などによりデータの欠損が出ることは避けられない．一方，フィールド調査では，観測値の数をそろえること自体が難しい．

分散分析（ANOVA）法は，一部の統計モデルを除き，不つり合い型データに対応できない．一方，一般線形モデルをつかうと，不つり合い型データに対してさまざまなモデルをあてはめて分析を行うことができる．一般線形モデルでは，表12.1にあるように分析方法の応用範囲が広い．ただし，モデル内の主効果間に交絡があると分析に支障がでるので，データの構造を注意深く調

査しておく必要がある．

表 12.1　一般線形モデルの応用範囲

| データ型 | 分散分析 | 応用範囲 |
| --- | --- | --- |
| 不つり合い型データ | 一般線形モデル法 | 要因分析<br>分散成分推定<br>共分散分析<br>最尤法<br>BLUE，BLUP 分析 |

**ことばノート**
**交絡**（Confounding）
　線形モデルに含まれる 2 つ以上の効果を互いに分離できないとき，これらの効果は交絡しているという．たとえば，人の性と年齢を考えてみるとき，データに含まれる男性の年齢は高齢者に限られ，女性の年齢は若齢者に限られるとすると，性と年齢の効果は分離できず，交絡しているといえる．

**ことばノート**
**共分散分析**（Analysis of covariance）
　分散分析で扱う主効果に加えて，連続変数である共変量にあてはめた偏回帰係数を含む分析を共分散分析という．つまり，分散分析と回帰分析をあわせたような分析である．一般線形モデルでは主効果も偏回帰係数も母数効果としてまったく同じように扱うことができる．

## 12.1　線形モデルの記述法

**a．分散分析モデル**（Analysis of variance model）

2 要因を含む線形モデルは次のようになる．ただし，交互作用は単純化のため省略してある．

$$y_{ijk} = \mu + \alpha_i + \beta_j + e_{ijk}$$

このモデルは，集団平均 $\mu$，2 つの未知の母数効果 $\alpha_i$，$\beta_j$ および変量誤差 $e_{ijk}$ からなる．この 1 次式は，観測値 $y_{ijk}$ の成り立ちを表している．ある観測値は，観測値全体に共通な集団平均，$i$ 番目の $\alpha$ の効果，$j$ 番目の $\beta$ の効果およびこの $\alpha$ と $\beta$ の要因では説明のできない $k$ 番目の観測値に固有の誤差（$e$）からなることを示している．

例として数種の薬剤の投与試験を考えてみよう．$\alpha$ を投与した薬剤の種類，$\beta$ を投与時期とすると，3 番目の薬剤を 2 番目の時期に投与された個体の内，5 番目の個体の観測値（薬剤の効果）は，次の 1 次式で表される．なお，$e$ は

薬剤の種類，投与時期では説明できない誤差である．
$$y_{325} = \mu + \alpha_3 + \beta_2 + e_{325}$$
ここで一般線形モデルの導入のため，このモデルを次のように変えてみよう．
$$y_{325} = \mu + \alpha_1 \times 0 + \alpha_2 \times 0 + \alpha_3 \times 1 + \cdots + \alpha_a \times 0 + \beta_1 \times 0$$
$$+ \beta_2 \times 1 + \beta_3 \times 0 + \cdots + \beta_b \times 0 + e_{325}$$

上の式では，すべての変数（主効果：$\alpha_i$, $\beta_j$）がリストアップされ，観測値に対する効果の関与はこれらの変数に 0 または 1 を乗じて表されている（ここで $a$ は $\alpha$ の水準数，$b$ は $\beta$ の水準数を示す）．ちょうど，この 0 と 1 はスイッチのオン／オフの役割をしている．

要因が増えた場合には，新たな要因 $\gamma$ とそれに対応した 0 または 1 からなる係数 $X$ を追加すればよい．ここで重要な点は，上のモデルが次の 2 つの変数の積で表されていることである．

　①ある効果に関する未知のパラメータ（$\alpha$ や $\beta$ など）

　②ある効果の生起（有り／無し）を示す係数（$X$ における 0 や 1）

**b．回帰分析モデル**（Regression model）

独立変数（共分散分析における共変量に該当）を一つ含む単回帰モデルは，次のようになる．
$$y_i = \mu + b \times X_i + e_i, \qquad i = 1, 2, \cdots, n$$

ここで，$y_i$ は観測値，$\mu$ は切片，$b$ は回帰係数，$X_i$ は独立変数（説明変数とも呼ばれる），$e_i$ は変量誤差を表す．このモデルでは，未知のパラメータは回帰係数である．一方，独立変数を 2 つ以上含むモデルは重回帰モデルと呼ばれる．$p$ 個の独立変数をもつ重回帰モデルは次のようになる．
$$y_j = \mu + b_1 \times X_{1j} + b_2 \times X_{2j} + \cdots + b_i \times X_{ij} + \cdots + b_p \times X_{pj} + e_j, \qquad j = 1, 2, \cdots, n$$

ここで，$y_j$ は $j$ 番目の観測値，$\mu$ は切片，$b_i$ は $i$ 番目の偏回帰係数（Partial regression coefficient），$X_{ij}$ は $i$ 番目の独立変数，$e_j$ は観測値の誤差を表す．ここでも重要な点は次の 2 変数の積を含むことである．

　①未知のパラメータ（偏回帰係数）

　②係数（独立変数）

**c．共分散分析モデル**（Analysis of covariance model）

分散分析モデルの積と回帰分析モデルの積の両方を含むモデルは，共分散分

析モデルと呼ばれる．共分散分析モデルの未知パラメータは，主効果と呼ばれる各群の効果（Effect）と偏回帰係数である．また，係数 $X$ は，主効果に対して0または1，偏回帰係数に対しては共変量（Covariate）と呼ばれる連続変数になる．共分散分析モデルは次のようになる．

$$y_{ijk} = \mu + \sum_{i=1}^{s}\sum_{j=1}^{p_i} a_{ij}X_{ij} + \sum_{l=1}^{t} b_l X_{lijk} + e_{ijk}$$

ここで，$y_{ijk}$ は $i$ 番目の効果における $j$ 番目の群内の $k$ 番目の観測値，$\mu$ は全体平均（切片），$a_{ij}$ は $i$ 番目の効果における $j$ 番目の群の効果，$X_{ij}$ は効果の生起を表す係数，$b_l$ は $l$ 番目の偏回帰係数，$X_{lijk}$ は観測値に対応した $l$ 番目の共変量，$e_{ijk}$ は変量誤差を表す．

### d．行列による記述

行列をつかうと，線形モデルを簡潔に表すことができる．

$$\mathbf{y} = \mathbf{Xb} + \mathbf{e}$$

ここで，$\mathbf{y}$ は観測値のベクトル，$\mathbf{b}$ は未知のパラメータのベクトル，$\mathbf{X}$ は係数からなる行列，$\mathbf{e}$ は変量誤差のベクトルである．$\mathbf{b}$ の推定値は次の式になる．

$$\hat{\mathbf{b}} = (\mathbf{X}'\mathbf{X})^{-}\mathbf{X}'\mathbf{y}$$

ここで，$(\mathbf{X}'\mathbf{X})^{-}$ は $(\mathbf{X}'\mathbf{X})$ の一般化逆行列を表す．この推定式に $\mathbf{e}$ ベクトルは含まれていないが，$\mathbf{e}$ はこの推定式を導く過程で使われている．

たとえば，2つの要因 $\alpha$ と $\beta$ がそれぞれ2水準と3水準からなる線形モデルの $\mathbf{y}$，$\mathbf{b}$，$\mathbf{X}$ と $\mathbf{e}$ は次のようになる．

$$\begin{bmatrix} y_{111} \\ y_{121} \\ y_{131} \\ y_{211} \\ y_{221} \\ y_{222} \\ y_{231} \end{bmatrix} = \begin{bmatrix} \mu + \alpha_1 + \beta_1 + e_{111} \\ \mu + \alpha_1 + \beta_2 + e_{121} \\ \mu + \alpha_1 + \beta_3 + e_{131} \\ \mu + \alpha_2 + \beta_1 + e_{211} \\ \mu + \alpha_2 + \beta_2 + e_{221} \\ \mu + \alpha_2 + \beta_2 + e_{222} \\ \mu + \alpha_2 + \beta_3 + e_{231} \end{bmatrix}$$

> **豆知識**
> **一般化逆行列**（Generalized inverse）
> 正則な行列だけに求めることができる逆行列の概念を正則でない行列に拡張したもの．

$$\begin{bmatrix} y_{111} \\ y_{121} \\ y_{131} \\ y_{211} \\ y_{221} \\ y_{222} \\ y_{231} \end{bmatrix} = \begin{bmatrix} 1 & 1 & 0 & 1 & 0 & 0 \\ 1 & 1 & 0 & 0 & 1 & 0 \\ 1 & 1 & 0 & 0 & 0 & 1 \\ 1 & 0 & 1 & 1 & 0 & 0 \\ 1 & 0 & 1 & 0 & 1 & 0 \\ 1 & 0 & 1 & 0 & 1 & 0 \\ 1 & 0 & 1 & 0 & 0 & 1 \end{bmatrix} \begin{bmatrix} \mu \\ \alpha_1 \\ \alpha_2 \\ \beta_1 \\ \beta_2 \\ \beta_3 \end{bmatrix} + \begin{bmatrix} e_{111} \\ e_{121} \\ e_{131} \\ e_{211} \\ e_{221} \\ e_{222} \\ e_{231} \end{bmatrix}$$

$$\mathbf{y} = \mathbf{Xb} + \mathbf{e}$$

ここで,

$$\mathbf{y} = \begin{bmatrix} y_{111} \\ y_{121} \\ y_{131} \\ y_{211} \\ y_{221} \\ y_{222} \\ y_{231} \end{bmatrix}, \quad \mathbf{X} = \begin{bmatrix} 1 & 1 & 0 & 1 & 0 & 0 \\ 1 & 1 & 0 & 0 & 1 & 0 \\ 1 & 1 & 0 & 0 & 0 & 1 \\ 1 & 0 & 1 & 1 & 0 & 0 \\ 1 & 0 & 1 & 0 & 1 & 0 \\ 1 & 0 & 1 & 0 & 1 & 0 \\ 1 & 0 & 1 & 0 & 0 & 1 \end{bmatrix}, \quad \mathbf{b} = \begin{bmatrix} \mu \\ \alpha_1 \\ \alpha_2 \\ \beta_1 \\ \beta_2 \\ \beta_3 \end{bmatrix}, \quad \mathbf{e} = \begin{bmatrix} e_{111} \\ e_{121} \\ e_{131} \\ e_{211} \\ e_{221} \\ e_{222} \\ e_{231} \end{bmatrix}$$

#### e．一般線形モデル（General linear model）

　これまでの分散分析モデル，回帰分析モデルおよび共分散分析モデルの共通点は，モデル内に未知のパラメータと係数の積をもつことである．一方，相違点は係数が0または1のダミー変数であるか，量的な変数であるかの点である．逆にいうと，この係数の違いを除けば，これらのモデルはすべて同じ構造をしている．この共通性からすべての線形モデルに対して，一般線形モデル分析が応用できることになる．今では，多くの統計ソフトウェアにおいて一般線形モデルが利用できるが，この場合，一般線形モデルはその頭文字からGLMと略称されることが多い．

## 12.2　一般線形モデル（GLM）における計算方法

　不つり合い型データに対応するため，平方和の計算に特別な工夫がされている．これは，定数あてはめ法またはリダクション法と呼ばれるアプローチで，概要は次のようになる．

いま，線形モデルに含まれる要因を $\mu$, $\alpha$, $\beta$, $\gamma$ および $\alpha$ と $\beta$ の交互作用 $\alpha\beta$ とする．

$$y_{ijkl} = \mu + \alpha_i + \beta_j + \alpha\beta_{ij} + \gamma_k + e_{ijkl}$$

ここで，リダクション（Reduction）は次のように定義される．

$$R(\mu, \alpha, \beta, \alpha\beta, \gamma) = \{\mu, \alpha, \beta, \alpha\beta, \gamma \text{ を含むフルモデルの平方和}\}$$

フルモデル平方和は，すべての効果を含むモデルでの平方和をいい，次のように計算される．

$$R(\mu, \alpha, \beta, \alpha\beta, \gamma) = \hat{\mathbf{b}}' \mathbf{X}' \mathbf{y}$$

一方，モデルのサブセット（サブモデル）のリダクションは，次のように定義される．

$$R(\mu, \alpha, \beta, \gamma) = \{\mu, \alpha, \beta, \gamma \text{ を含むサブモデルの平方和}\}$$

これは次のように計算される．

$$R(\mu, \alpha, \beta, \gamma) = \hat{\mathbf{b}}_S' \mathbf{X}_S' \mathbf{y}$$

ここで，$\mathbf{b}$ と $\mathbf{X}$ の添え字の $S$ は，サブモデルを示している．これらのリダクションを組み合わせることにより，さまざまな効果の平方和を計算することができる．たとえば，$\gamma$ の平方和は次のようになる．

$$R(\gamma | \mu, \alpha, \beta, \alpha\beta) = R(\mu, \alpha, \beta, \alpha\beta, \gamma) - R(\mu, \alpha, \beta, \alpha\beta)$$

このようにそれぞれの平方和は，フルモデルによる平方和から特定の効果を含まない平方和を引くことによって求められる．このとき，フルモデルからの平方和をつかった仮説検定を特に一般線形仮説（General linear hypothesis）と呼ぶ．また，各要因の自由度はリダクションの理論式をつかい，それぞれの係数行列の階数や全観測値数から計算される．

なお，フルモデルの平方和（$SS_R$），全平方和（$SS_T$）および誤差平方和（群内平方和，$SS_E$）の間には，$SS_T = SS_R + SS_E$ のような関係がある．ただし，$SS_T = \mathbf{y}'\mathbf{y}$．

この例の場合，$SS_R = R(\mu, \alpha, \beta, \alpha\beta, \gamma)$ である．また，誤差平方和は $SS_E = SS_T - SS_R$ で求められる．このリダクション法は，不つり合い型データの分析に対してたいへん強力な方法で

> **ことばノート**
>
> **階数**（ランク，Rank）
> 行列のなかで，1次独立している行または列の最大個数．次数と階数が同じ行列は正則行列と呼ばれる．

## 12.2 一般線形モデル (GLM) における計算方法

ある．しかし，ひとつだけ注意すべき点は，ひとつの平方和の計算に対して複数の算出法があることである．平方和の計算方法として，タイプⅠSS，タイプⅡSS，タイプⅢSS，タイプⅣSS の 4 つの方法が考案されている．ただし，SS は平方和 (Sum of square) を表す略称である．

各要因の平方和は，リダクションから次のように計算される．

| 要因 | 平方和 | | |
|---|---|---|---|
| | タイプⅠ | タイプⅡ | タイプⅢ／Ⅳ |
| $\alpha$ | $R(\mu,\alpha)-R(\mu)$ | $R(\mu,\alpha,\beta,\gamma)-R(\mu,\beta,\gamma)$ | $R(\alpha\|\mu,\beta,\alpha\beta,\gamma)$ |
| $\beta$ | $R(\mu,\alpha,\beta)-R(\mu,\alpha)$ | $R(\mu,\alpha,\beta,\gamma)-R(\mu,\alpha,\gamma)$ | $R(\beta\|\mu,\alpha,\alpha\beta,\gamma)$ |
| $\alpha\beta$ | $R(\mu,\alpha,\beta,\alpha\beta)-R(\mu,\alpha,\beta)$ | $R(\mu,\alpha,\beta,\alpha\beta,\gamma)-R(\mu,\alpha,\beta,\gamma)$ | $R(\alpha\beta\|\mu,\alpha,\beta,\gamma)$ |
| $\gamma$ | $R(\gamma\|\mu,\alpha,\beta,\alpha\beta)$ | $R(\gamma\|\mu,\alpha,\beta,\alpha\beta)$ | $R(\gamma\|\mu,\alpha,\beta,\alpha\beta)$ |

● タイプⅠSS

上の表からもわかるようにタイプⅠSS は，モデル内での記述順序に従って，単純なサブモデルから複雑なフルモデルへと逐次，計算される．タイプⅠSS は，計算過程で自然に計算される平方和であるが，この SS はモデル内の記述順序に依存するという欠点がある．たとえば，後に表れる効果は前に表れる効果を含まないが，前に表れる効果は後に表れる効果を含んでいる．また，タイプⅠ仮説はサブクラスのデータ数に依存するという欠点がある．このため不つり合い型データには適用できない．なお，上の例では $\gamma$ に対する仮説だけが正しい仮説（つまり一般線形仮説）といえる．なお，タイプⅠSS だけにみられる特徴として，各効果のリダクションの和はモデルの平方和に等しくなるという性質がある．このように制約の多い SS であるが，低次の効果から高次の交互作用などの効果へと適切に記述されたつり合い型主効果モデル，つり合い型枝分かれモデル，多項式回帰モデルにおいては正しい方法である．

● タイプⅡSS

タイプⅡSS は，タイプⅠSS と異なり，モデルにおける各効果の記述順序に依存しないが，枝分かれ型効果や交互作用あると，正しい検定にはならない．上の例では，$\alpha$，$\beta$ に対する仮説検定では交互作用が考慮されていない．タイプⅡSS は，つり合い型モデル，主効果のみからなるモデル，回帰モデルに対して正しい方法といえる．

● タイプIII SS

上の表からわかるように，タイプIII SS では，フルモデルから平方和が計算され，その仮説検定はすべて一般線形仮説となる．したがって，前述の2つの SS にみら

> **ことばノート**
> **サブクラス**（Subclass）
> ある要因の効果と別の要因の効果の組み合せで構成される単位をサブクラスという．たとえば，ある動物の品種と性別の2要因を考えるとすると，サブクラスは品種 A かつ雄，品種 C かつ雌のような要因の組み合せになる．

れるような欠点はない．ただし，タイプIII SS をつかって正しい仮説検定を行うためには，すべてのサブクラスに一つ以上の観測値があることが条件となる．したがって，タイプIII SS は空のサブクラスがない場合に正しい仮説検定を可能にする．

● タイプIV SS

タイプIV SS はタイプIII SS とは異なり，空のサブクラスのあるデータに対して適切な線形仮説関数を与える．ただし，標準の仮説検定では各効果の仮説を正しく反映しているとは限らない．したがって，仮説について推定可能な線形関数を調べておく必要がある．もしも，仮説関数をみた結果，線形仮説関数が意図したものと違う場合には別に仮説関数（＝線形対比）を設定する必要がある．もちろん，すべてのサブクラスが満たされている場合，タイプIV SS とタイプIII SS の結果は同じになる．

なお，一般線形仮説が有効であるためには，それが推定可能な線形関数でなければならない．つまり，一般線形モデルによる仮説検定を行うとき，関数の推定可能性（Estimability）が重要となる．線形モデルにおいて $\mathbf{y}$ の期待値は $\mathbf{Xb}$ で表されるが，推定可能関数は，係数行列 $\mathbf{X}$ またはそれから派生した $\mathbf{X'X}$ または $(\mathbf{X'X})^{-}\mathbf{X'X}$ の線形結合となる必要がある．統計ソフトウェアの中には，任意の推定可能関数を設定して線形対比ができるものがある．

## 12.3 線形モデルの例

### a． 主効果モデル

2つの効果，$\alpha$，$\beta$ を含む線形モデルを考えてみよう．

$$y_{ijk} = \mu + \alpha_i + \beta_j + e_{ijk}$$

2つの主効果の関係は直交配置（Cross classified）と呼ばれる．これを行列

で記述すると $\mathbf{y}=\mathbf{Xb}+\mathbf{e}$. いま, $\alpha$ と $\beta$ の効果はそれぞれ2つ, 3つの群からなり, 2要因のサブクラス内のデータ数を2で一定とすると (つり合い型データ), 上のモデルの $\mathbf{y}$ と $\mathbf{X}$ は次のようになる.

| y | X | | | | | |
|---|---|---|---|---|---|---|
| | $\mu$ | $\alpha_1$ | $\alpha_2$ | $\beta_1$ | $\beta_2$ | $\beta_3$ |
| $y_{111}$ | 1 | 1 | 0 | 1 | 0 | 0 |
| $y_{112}$ | 1 | 1 | 0 | 1 | 0 | 0 |
| $y_{121}$ | 1 | 1 | 0 | 0 | 1 | 0 |
| $y_{122}$ | 1 | 1 | 0 | 0 | 1 | 0 |
| $y_{131}$ | 1 | 1 | 0 | 0 | 0 | 1 |
| $y_{132}$ | 1 | 1 | 0 | 0 | 0 | 1 |
| $y_{211}$ | 1 | 0 | 1 | 1 | 0 | 0 |
| $y_{212}$ | 1 | 0 | 1 | 1 | 0 | 0 |
| $y_{221}$ | 1 | 0 | 1 | 0 | 1 | 0 |
| $y_{222}$ | 1 | 0 | 1 | 0 | 1 | 0 |
| $y_{231}$ | 1 | 0 | 1 | 0 | 0 | 1 |
| $y_{232}$ | 1 | 0 | 1 | 0 | 0 | 1 |

$\mathbf{y}$ には, 2回ずつの繰り返しデータが含まれるので, $\mathbf{X}$ では同じ係数が2行ずつ並んでいる. 繰り返しデータ間では, 誤差項だけが異なる. なお, 集団平均 $\mu$ は省略可能である. 集団平均が省略されると, 集団平均の推定, 仮説検定はできなくなるが, 行列の階数 (ランク) は1だけ回復する.

**b. 回帰モデル**

2つの連続変数, $x_1$, $x_2$ からなる重回帰モデルは次の線形モデルで表される.

$$y_i = \mu + b_1 x_{1i} + b_2 x_{2i} + e_i$$

行列では $\mathbf{y}=\mathbf{Xb}+\mathbf{e}$ で, 主効果モデルと同じ. たとえば, 5つの観測値では $\mathbf{y}$ と $\mathbf{X}$ は次のようになる.

| y | X | | |
|---|---|---|---|
| | $\mu$ | $x_1$ | $x_2$ |
| $y_1$ | 1 | 213 | 4.5 |
| $y_2$ | 1 | 257 | 3.2 |
| $y_3$ | 1 | 184 | 6.3 |
| $y_4$ | 1 | 206 | 8.4 |
| $y_5$ | 1 | 234 | 3.8 |

回帰モデルでは, $\mathbf{X}$ 中の集団平均 (インターセプト, 切片) は必須である.

また，係数は連続変数なので行列のランク落ち（つまり行列における線形従属）はない．

**c．共分散モデル**

1つの主効果と1つの共変量からなる最も単純な共分散モデルは次のようになる．

$$y_{ij} = \mu + \alpha_i + bx_{ij} + e_{ij}$$

$\alpha$に2つの群，群内のデータ数3の場合の **y** と **X** は次のようになる．

| y | X | | | |
|---|---|---|---|---|
| | $\mu$ | $\alpha_1$ | $\alpha_2$ | $x$ |
| $y_{11}$ | 1 | 1 | 0 | 4.5 |
| $y_{12}$ | 1 | 1 | 0 | 3.2 |
| $y_{13}$ | 1 | 1 | 0 | 6.3 |
| $y_{21}$ | 1 | 0 | 1 | 8.4 |
| $y_{22}$ | 1 | 0 | 1 | 3.8 |
| $y_{23}$ | 1 | 0 | 1 | 5.7 |

**d．枝分かれ配置モデル**（Nested design model）

2つの効果，$\alpha$，$\beta$を含む枝分かれ型の線形モデルを考えてみよう．

$$y_{ijk} = \mu + \alpha_i + \beta_{ij} + e_{ijk}$$

変数は直交配置モデルと同じであるが，変数の添え字が異なっている．枝分かれ配置では，下位の効果となる$\beta$の配置は$\alpha$の群内に限定され，別の$\alpha$に

| y | X | | | | | | | | |
|---|---|---|---|---|---|---|---|---|---|
| | $\mu$ | $\alpha_1$ | $\alpha_2$ | $\beta_{11}$ | $\beta_{12}$ | $\beta_{13}$ | $\beta_{21}$ | $\beta_{22}$ | $\beta_{23}$ |
| $y_{111}$ | 1 | 1 | 0 | 1 | 0 | 0 | 0 | 0 | 0 |
| $y_{112}$ | 1 | 1 | 0 | 1 | 0 | 0 | 0 | 0 | 0 |
| $y_{121}$ | 1 | 1 | 0 | 0 | 1 | 0 | 0 | 0 | 0 |
| $y_{122}$ | 1 | 1 | 0 | 0 | 1 | 0 | 0 | 0 | 0 |
| $y_{131}$ | 1 | 1 | 0 | 0 | 0 | 1 | 0 | 0 | 0 |
| $y_{132}$ | 1 | 1 | 0 | 0 | 0 | 1 | 0 | 0 | 0 |
| $y_{211}$ | 1 | 0 | 1 | 0 | 0 | 0 | 1 | 0 | 0 |
| $y_{212}$ | 1 | 0 | 1 | 0 | 0 | 0 | 1 | 0 | 0 |
| $y_{221}$ | 1 | 0 | 1 | 0 | 0 | 0 | 0 | 1 | 0 |
| $y_{222}$ | 1 | 0 | 1 | 0 | 0 | 0 | 0 | 1 | 0 |
| $y_{231}$ | 1 | 0 | 1 | 0 | 0 | 0 | 0 | 0 | 1 |
| $y_{232}$ | 1 | 0 | 1 | 0 | 0 | 0 | 0 | 0 | 1 |

12.3 線形モデルの例        165

属する $\beta$ とは異なる効果になる．2 群の $\alpha$ および各 $\alpha$ 内に 3 群の $\beta$ をもつモデルの $\mathbf{y}$ と $\mathbf{X}$ は次のようになる．なお，データはつり合い型（$n=2$）である．

上の $\mathbf{X}$ において，$\alpha_1$ の下の $\beta_{11}$ と $\alpha_2$ の下の $\beta_{21}$ とは別の効果であることに注意すること．

|  | $\beta_{11}$ | $\beta_{12}$ | $\beta_{13}$ | $\beta_{21}$ | $\beta_{22}$ | $\beta_{23}$ |
|---|---|---|---|---|---|---|
| $\alpha_1$ | ▓ | ▓ | ▓ |  |  |  |
| $\alpha_2$ |  |  |  | ▓ | ▓ | ▓ |

(a)

|  | $\beta_1$ | $\beta_2$ | $\beta_3$ |
|---|---|---|---|
| $\alpha_1$ | ▓ | ▓ | ▓ |
| $\alpha_2$ | ▓ | ▓ | ▓ |

(b)

**図 12.1** 枝分かれ配置モデル(a)と直行配置モデル(b)の充足サブクラスを模式的に表した図．網掛けの部分はデータが充足されているサブクラスを示す．

図 12.1 は，枝分かれ配置モデルと直行配置モデルのサブクラスにおけるデータの充足度を表した図である．B では，$\beta$ の効果が $\alpha$ の配置に関係なく配置しているが，A では最初の 3 つの $\beta$ は $\alpha_1$，後の 3 つの $\beta$ は $\alpha_2$ の元でしかデータをもたない．つまり，$\beta$ の配置が $\alpha$ に依存している．

**e．交互作用モデル**（Interaction model）

a. の主効果モデルに $\alpha$ と $\beta$ 間の交互作用が加わると，$\mathbf{X}$ は次のようになる（主効果の $\mathbf{X}$ は省略）．

| $\mathbf{y}$ | $\mathbf{X}$（交互作用項のみ） | | | | | |
|---|---|---|---|---|---|---|
|  | $\alpha\beta_{11}$ | $\alpha\beta_{12}$ | $\alpha\beta_{13}$ | $\alpha\beta_{21}$ | $\alpha\beta_{22}$ | $\alpha\beta_{23}$ |
| $y_{111}$ | 1 | 0 | 0 | 0 | 0 | 0 |
| $y_{112}$ | 1 | 0 | 0 | 0 | 0 | 0 |
| $y_{121}$ | 0 | 1 | 0 | 0 | 0 | 0 |
| $y_{122}$ | 0 | 1 | 0 | 0 | 0 | 0 |
| $y_{131}$ | 0 | 0 | 1 | 0 | 0 | 0 |
| $y_{132}$ | 0 | 0 | 1 | 0 | 0 | 0 |
| $y_{211}$ | 0 | 0 | 0 | 1 | 0 | 0 |
| $y_{212}$ | 0 | 0 | 0 | 1 | 0 | 0 |
| $y_{221}$ | 0 | 0 | 0 | 0 | 1 | 0 |
| $y_{222}$ | 0 | 0 | 0 | 0 | 1 | 0 |
| $y_{231}$ | 0 | 0 | 0 | 0 | 0 | 1 |
| $y_{232}$ | 0 | 0 | 0 | 0 | 0 | 1 |

**f. 多項式回帰モデル**（Polynomial regression model）

1つの連続変数，$x_1$ からなる多項式回帰モデルは次の線形モデルで表される．

$$y_i = \mu + b_1 x_1 + b_2 x_1^2 + e_i$$

たとえば，5つの観測値に対する **y** と **X** は次のようになる．

| y | X | | |
|---|---|---|---|
| | $\mu$ | $x_1$ | $x_1^2$ |
| $y_1$ | 1 | 213 | 45369 |
| $y_2$ | 1 | 257 | 66049 |
| $y_3$ | 1 | 184 | 33856 |
| $y_4$ | 1 | 206 | 42436 |
| $y_5$ | 1 | 234 | 54756 |

回帰モデルなので **X** の集団平均は必須，ランク落ち（つまり線形従属）もない．

## 12.4 母数に関する検定

**a. 多重比較**（Multiple comparison）

一般線形モデルによる要因の有意性検定は各要因を検定対象にしているのに対して，多重比較は要因内の群間の有意差について検定する．

不つり合い型データに対する多重比較には，テューキー－クラマー（Tukey-Kramer），シェフェ（Scheffe），ボンフェロニ（Bonferroni）などがある．現在，多くの統計ソフトウェアでこれらの方法を利用できるので，これら3方法の結果をすべて得た後，最も狭い信頼区間を与える方法を選択してもよい．このほか多重比較法の選ぶ際に考慮すべき点は次のとおりである．

① 対比較を行う場合にはテューキー－クラマーが狭い信頼区間を与えるため，他の2法よりも優れている．しかし対比較以外の場合は，ボンフェロニの方法がよい．

② 対比較以外の一般的な比較を行う場合，比較の数が群の水準数よりも少ない場合はボンフェロニが，多い場合はシェフェが優れている．

③ 上記のほかに多重比較法を選択する際の基準になるのが，比較対象が事前

に決まっているか否かの点である．あらかじめ興味の対象が限定されているにもかかわらず大量の結果が出力されるのはわずらわしい．したがって，統計分析を行う前に比較の対象が決まっている場合にはボンフェロニ，分析結果を出力した後で比較する場合にはシェフェがよい．

**b．線形対比**（Linear contrast）

単に対比（Contrast）ともいう．これにより特定の群間についての検定が可能で，いわば特注の仮説検定といえる．いま，推定したパラメータ $\theta_1$, $\theta_2$, $\theta_3$, …, $\theta_k$ に対してその線形結合を $L=c_1\theta_1+c_2\theta_2+c_3\theta_3+\cdots+c_k\theta_k$ とする．ただし，係数 $c_i$ について $\sum_{i=1}^{k} c_i=0$ が成り立つこと．

4つのパラメータ $\theta_1$, $\theta_2$, $\theta_3$, $\theta_4$ のうち $\theta_1$ と $\theta_2$ の差を検定する場合，**c** ベクトルは **c**=[1 −1 0 0] となる．また $\theta_1$ を対照群とし，対照群と他の処理群の比較を行う場合，**c**=[3 −1 −1 −1] となる．一方，$\theta$ が2つのグループに分けられる場合，たとえば生物の成長実験において $\theta_1$ と $\theta_2$ は高栄養区，$\theta_3$ と $\theta_4$ は低栄養区で，この両区の差を検定する場合，**c** ベクトルは **c**=[1 1 −1 −1] となる．

●線形対比の例

既出の3要因と1交互作用を含むモデルにおける線形対比を示す．線形モデルは次のようになる．

$$y_{ijkl}=\mu+\alpha_i+\beta_j+\alpha\beta_{ij}+\gamma_k+e_{ijkl}$$

ここで，$\alpha$ には2水準，$\beta$ には3水準，$\gamma$ には4水準があるとき，各効果の並びを以下に示す．

| 番号 | 1 | 2 | 3 | 4 | 5 | 6 | 7 | 8 | 9 | 10 | 11 | 12 | 13 | 14 | 15 | 16 |
|---|---|---|---|---|---|---|---|---|---|---|---|---|---|---|---|---|
| 効果 | $\mu$ | $\alpha_1$ | $\alpha_2$ | $\beta_1$ | $\beta_2$ | $\beta_3$ | $\alpha\beta_{11}$ | $\alpha\beta_{12}$ | $\alpha\beta_{13}$ | $\alpha\beta_{21}$ | $\alpha\beta_{22}$ | $\alpha\beta_{23}$ | $\gamma_1$ | $\gamma_2$ | $\gamma_3$ | $\gamma_4$ |

①要因 $\alpha$ の有意差検定

$\alpha$ には2水準あるので，線形対比は $L=\alpha_1-\alpha_2$ の1つである．交互作用にも $\alpha$ が含まれているので，それぞれの $\beta$ について交互作用の差（$\alpha\beta_{11}-\alpha\beta_{21}$ などの差）をとると，$\alpha\beta_{11}+\alpha\beta_{12}+\alpha\beta_{13}-\alpha\beta_{21}-\alpha\beta_{22}-\alpha\beta_{23}$ が得られる．つまり，各効果の係数は次のようになる．

| 番号 | 1 | 2 | 3 | 4 | 5 | 6 | 7 | 8 | 9 | 10 | 11 | 12 | 13 | 14 | 15 | 16 |
|---|---|---|---|---|---|---|---|---|---|---|---|---|---|---|---|---|
| 係数 | 0 | 1 | −1 | 0 | 0 | 0 | 1 | 1 | 1 | −1 | −1 | −1 | 0 | 0 | 0 | 0 |

②要因 $\beta$ の有意差検定

$\beta$ には3水準あるので,線形対比は $L_1=\beta_1-\beta_2$ と $L_2=\beta_2-\beta_3$ の2つである.
$\alpha$ と同様に交互作用 $\alpha\beta_{ij}$ を考慮すると,$\beta_1$ と $\beta_2$ の対比には $(\alpha\beta_{11}-\alpha\beta_{12})$ と $(\alpha\beta_{21}-\alpha\beta_{22})$ が含まれ,$\beta_2$ と $\beta_3$ の対比には $(\alpha\beta_{12}-\alpha\beta_{13})$ と $(\alpha\beta_{22}-\alpha\beta_{23})$ が含まれる.

| 番号 | 1 | 2 | 3 | 4 | 5 | 6 | 7 | 8 | 9 | 10 | 11 | 12 | 13 | 14 | 15 | 16 |
|---|---|---|---|---|---|---|---|---|---|---|---|---|---|---|---|---|
| 係数 | 0 | 0 | 0 | 1 | −1 | 0 | 1 | −1 | 0 | 1 | −1 | 0 | 0 | 0 | 0 | 0 |
|  | 0 | 0 | 0 | 0 | 1 | −1 | 0 | 1 | −1 | 0 | 1 | −1 | 0 | 0 | 0 | 0 |

③交互作用の検定

前記の対比より,$\alpha$ については $[1 \ -1]$,$\beta$ については $[1 \ -1 \ 0]$ および $[0 \ 1 \ -1]$.これらから次の計算を行う.

$$[1 \ -1] \otimes \begin{bmatrix} 1 & -1 & 0 \\ 0 & 1 & -1 \end{bmatrix} \tag{12.1}$$

この式において,1行目については,$[1 \ -1 \ 0]$ と $[-1 \ 1 \ 0]$ から $[1 \ -1 \ 0 \ -1 \ 1 \ 0]$ が得られ,2行目については $[0 \ 1 \ -1]$ と $[0 \ -1 \ 1]$ から $[0 \ 1 \ -1 \ 0 \ -1 \ 1]$ が得られる.

したがって,係数と対比は次のようになる.

| 番号 | 1 | 2 | 3 | 4 | 5 | 6 | 7 | 8 | 9 | 10 | 11 | 12 | 13 | 14 | 15 | 16 |
|---|---|---|---|---|---|---|---|---|---|---|---|---|---|---|---|---|
| 係数 | 0 | 0 | 0 | 0 | 0 | 0 | 1 | −1 | 0 | −1 | 1 | 0 | 0 | 0 | 0 | 0 |
|  | 0 | 0 | 0 | 0 | 0 | 0 | 0 | 1 | −1 | 0 | −1 | 1 | 0 | 0 | 0 | 0 |

$$\begin{cases} L_1 = \alpha\beta_{11} + \alpha\beta_{22} - (\alpha\beta_{12} + \alpha\beta_{21}) \\ L_2 = \alpha\beta_{12} + \alpha\beta_{23} - (\alpha\beta_{13} + \alpha\beta_{22}) \end{cases}$$

なお,上記の積(12.1)を直積という.

④要因 $\gamma$ の検定

$\gamma$ には交互作用がないので,対比は $L_1=\gamma_1-\gamma_2$, $L_2=\gamma_2-\gamma_3$, $L_3=\gamma_3-\gamma_4$.

| 番号 | 1 | 2 | 3 | 4 | 5 | 6 | 7 | 8 | 9 | 10 | 11 | 12 | 13 | 14 | 15 | 16 |
|---|---|---|---|---|---|---|---|---|---|---|---|---|---|---|---|---|
| 係数 | 0 | 0 | 0 | 0 | 0 | 0 | 0 | 0 | 0 | 0 | 0 | 0 | 1 | −1 | 0 | 0 |
|  | 0 | 0 | 0 | 0 | 0 | 0 | 0 | 0 | 0 | 0 | 0 | 0 | 0 | 1 | −1 | 0 |
|  | 0 | 0 | 0 | 0 | 0 | 0 | 0 | 0 | 0 | 0 | 0 | 0 | 0 | 0 | 1 | −1 |

**c．直交対比**（Orthogonal contrast）

いま，2つの線形対比 $L_1=\sum_{i=1}^{k}c_i\theta_i$ および $L_2=\sum_{i=1}^{k}d_i\theta_i$ において，その係数間に $\sum_{i=1}^{k}(c_id_i/n_i)=0$（ただし，各標本数 $n_i$ が等しいときは $\sum_{i=1}^{k}c_id_i=0$）の関係があるとき，2つの線形対比は直交しているといい，これらの対比を直交対比という．直交する対比はそれぞれ独立しているので，その要因の平方和の中で独立した平方和を形成する（各直交対比の自由度は1）．また，$k$ 個の水準に対して $k-1$ 個の直交対比があるとすると，それらの合計はその要因の平方和に等しいという特性がある．

**（例）**（各群の $n_i$ が等しいとき）

3つのパラメータに対する2つの線形対比

- $[1,-1,0]$ と $[-1,-1,2]$
- $[1,-1/2,-1/2]$ と $[0,1,-1]$
- $[1,0,-1]$ と $[1,-2,1]$

4パラメータに対する3つの線形対比

- $[1,-1,0,0]$, $[-1,-1,2,0]$ と $[-1,-1,-1,3]$
- $[1,-1,0,0]$, $[0,0,1,-1]$ と $[1,1,-1,-1]$
- $[1,1,-1,-1]$, $[1,-1,1,-1]$ と $[1,-1,-1,1]$

## 12.5 一般線形モデル分析の進め方

一般線形モデル分析の手順をまとめると，次のようになる．

①前提条件の確認
　分析の前提条件を確認し，線形モデルを決定する
②要因分析
　一般線形モデル分析の主目的である要因の有意性検定を実施する
③母数に関する分析
　要因分析につづき，各要因に含まれる群の水準に対して分析を行う

### a. 前提条件の確認

**1) 観測値の尺度と正規性**

観測値には間隔尺度と名義尺度があるが，分散分析で扱うことができるのは間隔尺度である．分散分析では，観測値の正規性が条件となる．ただし，分散分析は非正規性に対して頑健なので，正規分布から少々ずれても正確度はそれほど落ちない．この非正規性を解決するひとつの方法に変数変換がある．対数変換は標準偏差が平均と比例する場合に有効である．

**2) 主効果間の交絡と配置**

線形モデル内の主効果間の関係について直交型や枝分かれ型の関係を調べる．要因数が多いときは，一対の要因ごとにクロス表を作成する．特に，要因間の交絡には注意する必要がある．

**3) 共変量（独立変数）の多重共線性**

共変量を複数含む場合には，共変量間の多重共線性に注意が必要である．多重共線性があると分析結果の信頼性が低下するからである．

> **ことばノート**
>
> **多重共線性**（Multicollinearity）
> 多重共線性は，独立変数（共変量）間に線形従属の関係または強い相関関係がある場合をいう．高い決定係数の反面，母数の推定誤差が大きくなるなど分析の信頼性が劣化する．たとえば，動物の体脂肪量に対して体重と日齢を同時にあてはめるときにみられる．解決策には一方の変数の除外，リッジ回帰などの採用がある．

**4) 交互作用**

各主効果間の交互作用について，有意な効果をモデルに入れる．モデルに交互作用を含めると，分析にかかわる計算量が増えるので，モデルに含める交互作用は必要最小限にする．

### b. 要因の検定

**1) 基礎モデルによる予備分析**

線形モデル中の要因の内，有意性のないものから順に除いていく．重要度が同じぐらいの場合は，交互作用，主効果，共変量の順に除いていく．

**2) 平方和の選択**

タイプIからタイプIV平方和の中から，条件に合致した平方和を選択する．

**3) 分散分析の実施**

要因の有意性検定のためにはすべての要因を含むモデル，母数の推定や特定の効果間の比較には有意性のある要因だけを含むモデルを分析につかう．

### c．母数の分析

1) 方程式の解の出力（主効果と共変量）

分析の目的に応じて，主効果，偏回帰係数，交互作用の解を求める．共変量をその平均からの偏差として分析すると，その平均について推定値を求めることができる．

2) 多重比較と対比

分析目的，観測値の条件に応じた多重比較や対比を行う．

## 練習問題

1. 分散分析法と一般線形モデルにおける平均平方の計算方法の違いについて説明しなさい．

2. 一般線形モデルにおける4つの平均平方の計算方法およびその適用条件について説明しなさい．

> **豆知識**
> **近交系とクローズドコロニー**
> 近交系は，長期間にわたる近親交配によって作出され，遺伝的に均質である．一方，クローズドコロニーは閉鎖集団において近親交配を避けながら維持されてきた集団で，遺伝的多様性と均質性をあわせもっている．

3. 次のような観測値に関する線形モデルを記述しなさい．

   1) 観測値には5つの群からなる要因 $\alpha$ が影響し，それぞれの群内には複数の観測値が含まれる．

   2) 観測値には，2つの水準からなる要因 $\alpha$，4つの水準からなる要因 $\beta$，3つの水準からなる要因 $\gamma$ が影響し，それぞれのサブクラスには複数の観測値が含まれる．

   3) 観測値には，3つの水準からなる要因 $\alpha$ とそれにネストする要因 $\beta$（不ぞろいな複数の水準）が影響し，その要因内の各水準には複数の観測値が含まれる．

   4) 観測値には，5つの群からなる要因 $\alpha$，7つの群からなる要因 $\beta$ およびこれらの間の交互作用が影響し，それぞれのサブクラスには複数の観測値が含まれる．また，一つの共変量に対して1次および2次偏回帰係数をあてはめる．

   5) 観測値には，8つの群からなる要因 $\alpha$ が影響し，各群には複数の観測値が含まれる．また，2つの共変量に対し，それぞれ1次偏回帰係数をあてはめる．

4. 下記の表は，5系統のマウスについて10分間あたりのある行動量の平均値（各系統8匹づつの標本）をまとめたものである．下記の問いに答えなさい．

| A | B | C | D | E |
|---|---|---|---|---|
| 34 | 26 | 15 | 9 | 24 |

1) 上の系統のうち，A系統とB系統は日本産マウス由来の近交系で，C系統からE系統は外国産マウスに由来する系統である．日本産と外国産を比較する線形対比を書きなさい．
2) また，上の系統のうち，E系統だけがクローズドコロニー集団で他は近交系である．近交系とクローズドコロニーを比較する線形対比を書きなさい．
3) 上の各系統の水準を比較する線形対比を書きなさい．

# 13章 ノンパラメトリック検定

💡 **ノンパラメトリック法の有用性は分布の条件を必要としない点にある**

　本章では，母集団の分布に特定の分布を仮定しないで行う統計分析，つまりノンパラメトリック分析について解説する．ノンパラメトリック法には多くの手法があるが，ここでは適合度検定および平均に関する2つの検定方法について解説する．

　正規分布を仮定できない観測値の例として，分布の中心が分布の片側に片寄った観測値（分布の片側にすそ野が伸びた分布をもつ観測値），高い比率または低い比率に分布の中心がある比率の観測値，少数のスコアに数値化された観測値などがある．また2群以上の分析で，群間の分散が異なるときもノンパラメトリック法が有効である．3章でみてきたように分析をはじめる前に観測値の分布の形をみておくことが重要である．

> **チェックポイント**
> - ☐ カイ2乗適合度検定は，名義尺度における期待度数と観察度数を比較する
> - ☐ ウィルコクスンの順位和検定では，順位和が近似的に正規分布にしたがうことを利用する
> - ☐ 小標本に対してウィルコクスンの順位和検定を適用する場合は，専用の数表から棄却域の判定点を求める
> - ☐ クラスカル・ウォリスの検定は，パラメトリック法の一元配置分散分析に相当する検定法である

　ノンパラメトリック法の統計量は，順位，度数，データの大小などから計算され，比較的簡単に求められるものが多い．統計分析を行う上で分布に関する正規性などの条件が当てはまらないとき，ノンパラメトリック法は便利な方法である．しかし，分布の条件が合うときはパラメトリック法の検定力の方が高

い．したがって，このような場合はパラメトリック法を用いるのがよい．

ノンパラメトリック法の長所と欠点をまとめると次のようになる．

---

**長所**
1. 標本が小さいとき，分布の型があらかじめ不明なときでも検定ができる
2. 計算が比較的簡単である
3. 名義尺度のデータに対してはノンパラメトリック法しか使用できない

**欠点**
1. パラメトリック法とノンパラメトリック法を比較すると，ノンパラメトリック法の検定力は劣る
2. 標本数が大きくなると，ノンパラメトリック検定の計算は複雑さを増してくる
3. 複雑な実験計画に応用できるノンパラメトリック法の開発が課題である

---

ノンパラメトリック検定には，パラメトリック検定と同様，多数の方法がある．主なものだけでも①ランダム性に関するラン検定，独立性に関する順位相関検定，②適合度について検定するコルモゴロフの適合度検定，③独立な2標本の比較を行うメディアン検定，正規スコア検定，ウィルコクスンの順位和検定，アンサリー・ブラッドレイの検定，スミルノフの検定，④対になった2標本の比較を行う符号検定，マクマニーの検定，⑤3つ以上の独立な標本の比較を行うクラスカル・ウォリスの検定，⑥3つ以上のブロック化された標本を比較するフリードマンの検定などがある．ここでは，カイ2乗分布による適合度検定，ウィルコクスンの順位和検定（マン-ホイットニー検定とも呼ばれる）およびクラスカル・ウォリスの検定について紹介する．

表 13.1 主なノンパラメトリック検定

| 母数 検定対象 | A. 幾何モデル | B. 統計量 | C. 自由度 | D. 条件 |
|---|---|---|---|---|
| ①適合度検定 | カイ2乗分布 | $\chi^2 = \sum_{i=1}^{k} \frac{(O_i - E_i)^2}{E_i}$ | $k-1$ | カテゴリは名義尺度 |
| ②ウィルコクスンの順位和検定<br>分布：2つの分布の中心 | 正規分布 | $Z = \frac{S_i - \bar{R}}{\sqrt{V_R}}$ | — | $n_1 > 20,\ n_2 > 20$ |
| ③クラスカル・ウォリスの検定<br>分布：分布の中心<br>（3つ以上） | カイ2乗分布 | $\chi^2 = \frac{12}{N(N+1)} \sum_{i=1}^{k} \frac{R_i^2}{n_i} - 3(N+1)$ | $k-1$ | すべての群に対して $n_i \geq 5$ |

注）①適合度検定において $k=2$ の統計量は $\chi^2_{adj} = \sum_{i=1}^{2} \frac{(|O_i - E_i| - 0.5)^2}{E_i}$ である。

②ウィルコクスンの順位和検定において，$n_1 > 20$，$n_2 > 20$ のとき統計量 $Z$ は平均 $\bar{R} = \frac{n_1(N+1)}{2}$，分散 $V_R = \frac{n_1 n_2 (N+1)}{12}$ の正規分布をするので，このことを利用して検定を行う．ここで，$n_1$ と $n_2$ は2つの群の観測値数で，$n_1$ を小さい群の標本数（$n_1 [n_2$）, $N$ は観測値総数，$S_i$ は小さい方の群における順位和とする（$i=1$）．なお，小標本の分析用には数表が用意されている．

③クラスカル・ウォリスの検定において，各群内の観測値の数値に1番目から $N$ 番目まで順位をつけたとき，$R_i$ は $i$ 番目の群における順位和とする．また，$n_i$ は $i$ 番目の群における観測値の数とする（$\sum_{i=1}^{k} n_i = N$）．上記の統計量は同順位が無い場合のものである．同順位がある場合には次の統計量を用いる．
$\chi^2 = (N-1)\left(\sum_{i=1}^{k} \frac{R_i^2}{n_i} - \frac{N(N+1)^2}{4}\right) \Big/ \left(S - \frac{N(N+1)^2}{4}\right)$，ここで $S$ は $N$ 個の観測値につけられた順位の平方和とする．

## 13.1 カイ2乗分布による適合度検定

個体の生存／死亡，ある病気の発病の有無，人工授精の成功／不成功，鳥類のふ化／死ごもり，メンデル遺伝における遺伝子型の分離比などにおいて，実測値と理論値の差の検定に対してカイ2乗適合度検定が用いられる．ただし，順序尺度のデータに関してはカテゴリー間に順序があり，順序に関する情報の損失が生じるためカイ2乗検定は不適切な適用となる．適用できるのは名義尺度データに限る．

目的：男女の性別，A，B，AB，O型などの血液型などカテゴリーに分類されてデータについてカテゴリーごとに分類し，それが予測通りの割合（比率）かどうかを判定する方法としてのカイ2乗適合度検定がある．

条件:カテゴリーは名義尺度であること.
方法:

### I. 検定の準備

いま,標本が$k$個のカテゴリーに分類されているとき,この中の$i$番目のカテゴリーにおける観測度数を$O_i$とし,期待される度数を$E_i$とする.観測度数$O_i$と期待度数$E_i$との差が,偶然誤差のみに依存すると仮定すると,検定統計量がカイ2乗分布に従うようになる.したがって,適合度検定はカイ2乗検定となる.カイ2乗適合度検定における自由度は,期待度数$E_i$のカテゴリーの数から標本統計量の数(適合度検定の場合は,標本総数)を引いた値になる.したがって,$E_i$の数を$k$とすると適合度検定の自由度は$k$から1を引いた$k-1$になる.

仮説の設定

$H_0$:観測度数は期待度数に一致する

$H_1$:観測度数は期待度数と異なる

有意水準の設定をする.たとえば,5%有意水準($\alpha=0.05$).

### II. ロジックの展開

統計量を求める.

$$\chi^2 = \sum_{i=1}^{k} \frac{(観測度数-期待度数)^2}{期待度数} = \sum_{i=1}^{k} \frac{(O_i - E_i)^2}{E_i}$$

カテゴリーの数が2のときは自由度が1になる.この場合は$\chi^2$の値がやや高めに算出されるので,連続性を補正するのに$1/2=0.5$を$(O_i-E_i)$から引いて2乗する.つまり次式をつかうことになる.

$$\chi^2_{adj} = \sum_{i=1}^{2} \frac{(|観測度数-期待度数|-0.5)^2}{期待度数} = \sum_{i=1}^{2} \frac{(|O_i - E_i|-0.5)^2}{E_i}$$

### III. 結論の導出

検定結果より,統計上の結論を導く.

**(例題)** サイコロを100回振り,各目の出た度数を下表にまとめた.6つの目の出る

| サイコロの目 | | 1 | 2 | 3 | 4 | 5 | 6 |
|---|---|---|---|---|---|---|---|
| 観察度数 | $O_i$ | 10 | 12 | 24 | 16 | 21 | 17 |
| 期待度数 | $E_i$ | 16.7 | 16.7 | 16.7 | 16.7 | 16.7 | 16.7 |

確率は等しいと考えてよいかどうか検定しなさい（有意水準5%）．

### Ⅰ．検定の準備
仮説の設定

$H_0$：すべての目の出る確率は等しい（1/6）．

$H_1$：目の出る確率に違いがある

有意水準は5%である（$\alpha=0.05$）．棄却域は，巻末のカイ2乗分布表から自由度 $k-1=6-1=5$，有意水準5%に応じた判定点（$\chi^2_{0.05}=11.07$）を求める．

### Ⅱ．ロジックの展開
期待度数 $E_i$ と観察度数 $O_i$ からカイ2乗値を求める．

$$\chi^2=\sum_{i=1}^{6}\frac{(O_i-E_i)^2}{E_i}=\frac{(10-16.7)^2}{16.7}+\frac{(12-16.7)^2}{16.7}+\frac{(24-16.7)^2}{16.7}$$
$$+\frac{(16-16.7)^2}{16.7}+\frac{(21-16.7)^2}{16.7}+\frac{(17-16.7)^2}{16.7}=8.34$$

### Ⅲ．結論の導出
カイ2乗分布表における自由度5，有意水準0.05の判定点は11.07になるので，8.34<11.07から $H_0$ は棄却できないと判断される．したがって，この程度の違いは帰無仮説の下で十分あり得るという統計上の結論が得られる．

## 13.2　ウィルコクスンの順位和検定

目的：2つの群の分布に差があるか否かについて検定を行う．パラメトリック法での母平均の差の検定に相当する．

条件：2つの群の標本数は20よりも大きい（$n_1>20$，$n_2>20$）．

方法：

### Ⅰ．検定の準備

まず小さい方の群の標本数を $n_1$，大きい方の群の標本数を $n_2$ とすると，($n_1\leq n_2$)，「B．統計量」$Z$ が近似的に正規分布に従うことを利用して検定を行う．ただし，$N$ は標本総数である．

仮説は次のようになる．ただし，$F_1$ と $F_2$ はそれぞれ小さい方の群と大きい方の群の分布関数とする．つまり，帰無仮説は両群の分布が等しいという仮説である．仮説は両側検定または片側検定である．

両側検定　　　　　　片側検定
$H_0: F_1 = F_2$　　　　$H_0: F_1 = F_2$ ⎫
$H_1: F_1 \neq F_2$　　　$H_1: F_1 < F_2$ ⎭ 下側棄却域（$R_L$）
　　　　　　　　　　または
　　　　　　　　$H_0: F_1 = F_2$ ⎫
　　　　　　　　$H_1: F_1 > F_2$ ⎭ 上側棄却域（$R_U$）

有意水準を $\alpha$ とする．
この有意水準に応じて，巻末の正規分布表から棄却域の判定点を読み出す．

| 両側検定 | 片側検定 |
| --- | --- |
| $R_L = (-\infty, z_{\alpha/2})$　および　$R_U = (z_{1-\alpha/2}, +\infty)$ | $R_L = (-\infty, z_\alpha)$　または　$R_U = (z_{1-\alpha}, +\infty)$ |

## II．ロジックの展開

統計量の計算には以下の式をつかう．まず，2つの群に統一の順位をつけ，これを $R_{ij}$ とする．ここで，$R_{ij}$ は群 $i$ における $j$ 番目の観測値の順位とするとき，小さい方の群の順位和を求める．

**補足事項**
ここでは，標本数の小さい群を分析対象としている．これは，小標本用に用意されている数表を使うとき，この方が都合が良いからである．したがって，標本数が大きいときはどちらの群を分析対象としてもよい．

$$S_i = \sum_{j=1}^{n_{ij}} R_{ij} \quad (小さい方の群が1なので，ここでは i=1)$$

$n_1 > 20$，$n_2 > 20$ のとき，統計量 $Z$ は近似的に平均 $\dfrac{n_1(N+1)}{2}$，分散 $\dfrac{n_1 n_2 (N+1)}{12}$ の正規分布に従う．つまり，

$$\bar{R} = \frac{n_1(N+1)}{2}, \qquad V_R = \frac{n_1 n_2 (N+1)}{12}$$

とすると，統計量は次のようになる．

$$Z = \frac{S_i - \bar{R}}{\sqrt{V_R}}$$

この統計量は正規分布に従うので，上で読み取った判定点と比較することに

より，統計量が棄却域に位置するか否かについて判定できる．

●小標本の場合

小標本つまり $n_1 < 20$，$n_2 < 20$ の場合，上で求めた順位和 $S_i$ を数表 6 (p.195, 196) と直接比較することにより，棄却域を得ることができる．つまり，数表から下側の判定点 $C_L$ と上側の判定点 $C_U$ の 2 つを読み出し，これらで囲まれた範囲 $(C_L, C_U)$ が帰無仮説の採択域，この範囲以外の $C_L$ 以下，または $C_U$ 以上が帰無仮説の棄却域となる．

### III．結論の導出

検定結果より，統計上の結論を導く．

**(例題)** 牛の生産では生産効率の上で有利な 1 年 1 産を実現するために，雌牛の分娩間隔は 365 日前後が理想的とされている．しかし，現実にはこれより長くなることが多い．下の表は，2 つの地域における分娩間隔の調査結果をまとめたものである．これらの 2 群間に差があるか否かについて，有意水準を 5% として検定しなさい．なお，分娩間隔の分布は，370〜380 日を中心に分布の上側に長くすそ野を引く分布をすることが多い．

|      | 1   | 2   | 3   | 4   | 5   | 6   |
|------|-----|-----|-----|-----|-----|-----|
| A 地域 | 452 | 392 | 431 | 383 | 426 |     |
| B 地域 | 384 | 344 | 370 | 424 | 373 | 390 |

### I．検定の準備

1 つ目の群の標本数は 5，2 つ目の群の標本数は 6 なので，1 つ目の群について順位和を求める．このような小標本ではウィルコクスンの順位和検定のためにつくられた数表を利用して検定を行う．検定の目的は，両群の分布に差があるか否かの検定になるので，両側検定をつかう．

両側検定

$H_0: F_1 = F_2$

$H_1: F_1 \neq F_2$

有意水準は 5% であるが（$\alpha = 0.05$），両側検定の問題なので棄却域は下側と上側に 2.5% づつわけてとられる．この 2.5% の有意水準に応じた巻末の数表（p.195）から

| 両側検定 |
|---|
| $R_L$：18 以下　または　$R_U$：42 以上 |

棄却域の判定点を読み出す．すると $C_L=18$，$C_U=42$ が得られる．

### II．ロジックの展開

上のデータに順位をつけると以下のようになる．

|      | 1  | 2 | 3  | 4 | 5 | 6 |
|------|----|---|----|---|---|---|
| A 地域 | 11 | 7 | 10 | 4 | 9 |   |
| B 地域 | 5  | 1 | 2  | 8 | 3 | 6 |

統計量の計算には，以下の式をつかう．$R_{ij}$ を群 $i$ における $j$ 番目の観測値の順位とするとき，

$$S_1 = \sum_{j=1}^{n_{1j}} R_{1j} = 41$$

この順位和 $S_1$ は，下側棄却域また上側棄却域のどちらにも含まれていないことがわかる．

### III．結論の導出

統計量が採択域に位置するので，帰無仮説が採択される．したがって，仮説検定の結果，両地域間の分娩間隔には有意水準 5% で有意差はみられず，両地域の牛の分娩間隔には差がないという統計上の結論にいたる．

## 13.3 クラスカル・ウォリスの検定

目的：3つ以上の群の分布に差があるか否かについて検定を行う．パラメトリック法における1因子分散分析に相当する．

条件：すべての群に対して $n_i \geq 5$ であること．ただし $i$ は群を識別する番号で，$i=1,2,\cdots,k$．

方法：

### I．検定の準備

データを構成する $k$ 個の群に対して，それぞれ $n_i$ の標本が得られているとき（$\sum_{i=1}^{k} n_i = N$），「B．統計量」は自由度 $k-1$ のカイ2乗分布に従う．仮説は次のようになる．

$H_0: F_i = F_0$（ただし $i=1,2,\cdots,k$）

$H_1: F_i \neq F_0$（少なくとも一つ以上の $F_i$ に対して成立すること，ただし $i=1,2,\cdots,k$）

有意水準を設定する（$\alpha=0.05$）．

棄却域は次のようになる．巻末のカイ2乗分布表から，自由度 $k-1$，有意水準 $\alpha$ に応じた判定点 $\chi^2_{1-\alpha}$ をもとめる．

$$R_U = (\chi^2_{1-\alpha}, +\infty)$$

## II．ロジックの展開

統計量の計算は以下のようになる（同じ順位のものが含まれないとき）．

$$\chi^2 = \frac{12}{N(N+1)} \sum_{i=1}^{k} \frac{R_i^2}{n_i} - 3(N+1)$$

各群に統一の順位をつけ，この順位を $r_{ij}$ とする．ただし，$r_{ij}$ は $i$ 番目の群における $j$ 番目の観測値の順位とする．また，$i$ 番目の群の順位和を $R_i = \sum_{j=1}^{n_i} r_{ij}$ とする（なお，$\sum_{i=1}^{k} R_i = \frac{N(N+1)}{2}$）．また，同順位があるときは，次の式をつかう．ここで $N$ は標本総数である．

$$\chi^2 = (N-1)\left(\sum_{i=1}^{k} \frac{R_i^2}{n_i} - \frac{N(N+1)^2}{4}\right) \bigg/ \left(S - \frac{N(N+1)^2}{4}\right)$$，ここで $S$ は $N$ 個の観測値につけられた順位の平方和とする．

上の統計量は自由度 $k-1$ のカイ2乗分布に従うので，得られた棄却域の判定点と比較をすることにより，統計量が棄却域に位置するかまたは採択域に位置するかを判定する．統計量が棄却域にあるときは帰無仮説が棄却され，対立仮説が採択される．反対に，採択域にあるときは帰無仮説が採択される．なお，$n_i < 5$ のような小標本の分析には，専用の数表が用意されている（統計ガイドブック）．

## III．結論の導出

検定結果より，統計上の結論を導く．

**（例題）** モモの糖度（Brix）は，近赤外線の反射光による非破壊検査で測定可能である．次はモモの3品種（A，BおよびC）についての糖度を計測した結果である．3品種間に差があるかどうか検定しなさい（有意水準5％）．

| 品種 | 1 | 2 | 3 | 4 | 5 | 6 | 7 |
|---|---|---|---|---|---|---|---|
| A | 9.5 | 7.3 | 12.9 | 10.4 | 6.8 | | |
| B | 12.4 | 9.4 | 16.1 | 13.2 | 10.5 | 12.3 | 14.2 |
| C | 15.1 | 14.4 | 17.6 | 19.6 | 11.4 | | |

## I．検定の準備

上のデータは3群の観測値で構成され（$k=3$），それぞれの標本数は，5，7，5である（$\sum_{i=1}^{k} n_i = 17$）．「B．統計量」は自由度 $k-1=2$ のカイ2乗分布に従う．仮説は次のようになる．

$H_0: F_i = F_0$（ただし $i=1,2,3$）

$H_1: F_i \neq F_0$（少なくとも一つ以上の $F_i$ に対して成立すること，ただし $i=1,2,3$）

有意水準を設定する（$\alpha=0.05$）．棄却域は次のようになる．巻末のカイ2乗分布表から自由度2，有意水準5%に応じた判定点（$\chi^2_{0.95}=5.99$）を読みだす．

$$R_U = (\chi^2_{0.95}, +\infty) = (5.99, +\infty)$$

## II．ロジックの展開

元のデータに順位をつけると次の表になる．

| 品種 | 1 | 2 | 3 | 4 | 5 | 6 | 7 |
|---|---|---|---|---|---|---|---|
| A | 4 | 2 | 10 | 5 | 1 | | |
| B | 9 | 3 | 15 | 11 | 6 | 8 | 12 |
| C | 14 | 13 | 16 | 17 | 7 | | |

上のデータには同順位のものは含まれていないので，統計量は以下のように計算される．

$$\chi^2 = \frac{12}{N(N+1)} \sum_{i=1}^{k} \frac{R_i^2}{n_i} - 3(N+1) = \frac{12}{17 \times 18} 1579.7 - 3 \times 18 = 7.95$$

この統計量は上で得られた棄却域 $R_U = (5.99, +\infty)$ に位置するので（$7.95 \in R_U$），帰無仮説は棄却され，対立仮説が採択される．

## III．結論の導出

統計量が棄却域にあることより，対立仮説が採択される．したがって仮説検定の結果，3品種のモモの糖度には5%水準で有意差があるという統計上の結論にいたる．

---

### 練習問題

1. 黒毛のアンガス牛と赤毛の日本短角牛の中の雑種第1代（$F_1$）同士の交配から，黒毛の子牛が80頭，赤毛の子牛30頭生まれた．ただし，牛では黒毛は赤毛に対して優性で，この $F_1$ 牛はすべて黒毛である．この同士の交配ではメンデルの分離の法則により，黒毛：赤毛は理論上3：1で生まれるはずである．この交配結果がメンデルの分離の法則にしたがっているか否かについて検定しなさい（有意水準5%）．（ヒント：自由度が1の問題である）

2. 下記の表は，日本酒換算1日当たり2合以上の飲酒者と非飲酒者の血中 $\gamma$-GTP (IU/L)について調査し，順位和をまとめたものである．両群に有意な差があるといえるか．有意水準5%で検定しなさい．なお，$\gamma$-GTPとはタンパク質を分解する酵素で，アルコール性肝臓障害の指標として使われる．

|       | 標本数 | 順位和 |
|-------|------|------|
| 飲酒群 | 25   | 716  |
| 非飲酒群 | 23 | 460  |

3. ヒトの血中好酸球割合はアレルギー反応に対する指標として有効である．今，ある種の乳酸菌発酵食品はアレルギー性疾患の予防に効果があるといわれている．下のデータは，乳酸菌発酵食品摂取区と対照区の血中好酸球割合（%）について調査した結果である．乳酸菌発酵食品は血中好酸球割合の低減に効果があったといえるか，有意水準5%で検定しなさい．

|      | 1 | 2 | 3 | 4 | 5 | 6 |
|------|---|---|---|---|---|---|
| 対照区 | 15 | 16 | 19 | 9 | 18 | 14 |
| 試験区 | 8 | 5 | 7 | 13 | 10 |   |

4. 次の表は，3種類の異なる飼料を与えたときのウズラの産卵率（%）をまとめたものである．産卵率に対する飼料の効果の有意性について検定しなさい（有意水準5%）．

| 飼料 | 1 | 2 | 3 | 4 | 5 | 6 | 7 |
|------|---|---|---|---|---|---|---|
| A | 96 | 84 | 95 | 92 | 94 | 82 |   |
| B | 77 | 81 | 71 | 86 | 83 |   |   |
| C | 87 | 80 | 66 | 73 | 89 | 74 | 88 |

# 参 考 図 書

足立堅一（2001）：実践統計学入門，篠原出版社．
足立堅一（2003）：らくらく生物統計学，中山書店．
池田　央（1976）：統計的方法 I　基礎，新曜社．
池田　央（1989）：統計ガイドブック，新曜社．
石村貞夫（1989）：統計解析のはなし，東京図書．
石村貞夫（1994）：すぐわかる統計入門，東京図書．
石村貞夫，デズモンド・アレン（2003）：すぐわかる統計用語，東京図書．
応用統計ハンドブック編集委員会編（代表：奥野忠一）（1978）：応用統計ハンドブック，養賢堂．
近藤良夫，舟阪　渡（1981）：技術者のための統計的方法，共立出版．
芝　祐順，渡部　洋（1984）：統計的方法 II　推測　増訂版，新曜社．
芝　祐順，渡部　洋，石塚智一（1984）：統計用語辞典，新曜社．
清水良一（2005）：統計科学事典，朝倉書店．
新城明久（1988）：生物統計学入門，朝倉書店．
杉本典夫（2006）：医学・薬学・生命科学を学ぶ人のための統計学入門，プレアデス出版．
鈴木義一郎（1998）：現代統計学小事典，講談社．
鈴木啓一，内田　宏，及川卓郎訳―Cameron, N. D.（2000）：最新家畜育種の基礎と展開，大学教育出版．
田畑吉雄（1986）：やさしい統計学，現代数学社．
東京大学教養学部統計学教室編（2005）：自然科学の統計学，東京大学出版会．
東京大学教養学部統計学教室編（2005）：統計学入門，東京大学出版会．
永田　靖（2003）：サンプルサイズの決め方，朝倉書店．
松原　望（2007）：入門統計解析，東京図書．
三上　操（1969）：統計的推測，筑摩書房．

森田優三（1972）：統計数理入門，日本評論社．

森田優三，久次智雄（1993）：新統計概論 改訂版，日本評論社．

吉田 実（1975）：畜産を中心とする実験計画法，養賢堂．

吉田 実，阿部猛夫監修（1982）：畜産における統計的方法，中央畜産会．

Snedecor, G. W. and Cochran, W. G (1978) : *Statistical Methods*. 6th ed., The Iowa State University Press.

付録　統計分布の数表

**付表1**　正規分布の上側確率に対する判定点 $z$

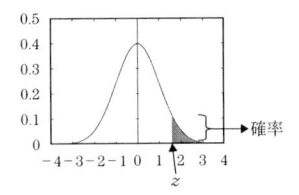

判定点 $z$ に対する確率を表示している．

| $z$ | 0.00 | 0.01 | 0.02 | 0.03 | 0.04 | 0.05 | 0.06 | 0.07 | 0.08 | 0.09 |
|---|---|---|---|---|---|---|---|---|---|---|
| 0.0 | 0.5000 | 0.4960 | 0.4920 | 0.4880 | 0.4840 | 0.4801 | 0.4761 | 0.4721 | 0.4681 | 0.4641 |
| 0.1 | 0.4602 | 0.4562 | 0.4522 | 0.4483 | 0.4443 | 0.4404 | 0.4364 | 0.4325 | 0.4286 | 0.4247 |
| 0.2 | 0.4207 | 0.4168 | 0.4129 | 0.4090 | 0.4052 | 0.4013 | 0.3974 | 0.3936 | 0.3897 | 0.3859 |
| 0.3 | 0.3821 | 0.3783 | 0.3745 | 0.3707 | 0.3669 | 0.3632 | 0.3594 | 0.3557 | 0.3520 | 0.3483 |
| 0.4 | 0.3446 | 0.3409 | 0.3372 | 0.3336 | 0.3300 | 0.3264 | 0.3228 | 0.3192 | 0.3156 | 0.3121 |
| 0.5 | 0.3085 | 0.3050 | 0.3015 | 0.2981 | 0.2946 | 0.2912 | 0.2877 | 0.2843 | 0.2810 | 0.2776 |
| 0.6 | 0.2743 | 0.2709 | 0.2676 | 0.2643 | 0.2611 | 0.2578 | 0.2546 | 0.2514 | 0.2483 | 0.2451 |
| 0.7 | 0.2420 | 0.2389 | 0.2358 | 0.2327 | 0.2296 | 0.2266 | 0.2236 | 0.2206 | 0.2177 | 0.2148 |
| 0.8 | 0.2119 | 0.2090 | 0.2061 | 0.2033 | 0.2005 | 0.1977 | 0.1949 | 0.1922 | 0.1894 | 0.1867 |
| 0.9 | 0.1841 | 0.1814 | 0.1788 | 0.1762 | 0.1736 | 0.1711 | 0.1685 | 0.1660 | 0.1635 | 0.1611 |
| 1.0 | 0.1587 | 0.1562 | 0.1539 | 0.1515 | 0.1492 | 0.1469 | 0.1446 | 0.1423 | 0.1401 | 0.1379 |
| 1.1 | 0.1357 | 0.1335 | 0.1314 | 0.1292 | 0.1271 | 0.1251 | 0.1230 | 0.1210 | 0.1190 | 0.1170 |
| 1.2 | 0.1151 | 0.1131 | 0.1112 | 0.1093 | 0.1075 | 0.1056 | 0.1038 | 0.1020 | 0.1003 | 0.0985 |
| 1.3 | 0.0968 | 0.0951 | 0.0934 | 0.0918 | 0.0901 | 0.0885 | 0.0869 | 0.0853 | 0.0838 | 0.0823 |
| 1.4 | 0.0808 | 0.0793 | 0.0778 | 0.0764 | 0.0749 | 0.0735 | 0.0721 | 0.0708 | 0.0694 | 0.0681 |
| 1.5 | 0.0668 | 0.0655 | 0.0643 | 0.0630 | 0.0618 | 0.0606 | 0.0594 | 0.0582 | 0.0571 | 0.0559 |
| 1.6 | 0.0548 | 0.0537 | 0.0526 | 0.0516 | 0.0505 | 0.0495 | 0.0485 | 0.0475 | 0.0465 | 0.0455 |
| 1.7 | 0.0446 | 0.0436 | 0.0427 | 0.0418 | 0.0409 | 0.0401 | 0.0392 | 0.0384 | 0.0375 | 0.0367 |
| 1.8 | 0.0359 | 0.0351 | 0.0344 | 0.0336 | 0.0329 | 0.0322 | 0.0314 | 0.0307 | 0.0301 | 0.0294 |
| 1.9 | 0.0287 | 0.0281 | 0.0274 | 0.0268 | 0.0262 | 0.0256 | 0.0250 | 0.0244 | 0.0239 | 0.0233 |
| 2.0 | 0.0228 | 0.0222 | 0.0217 | 0.0212 | 0.0207 | 0.0202 | 0.0197 | 0.0192 | 0.0188 | 0.0183 |
| 2.1 | 0.0179 | 0.0174 | 0.0170 | 0.0166 | 0.0162 | 0.0158 | 0.0154 | 0.0150 | 0.0146 | 0.0143 |
| 2.2 | 0.0139 | 0.0136 | 0.0132 | 0.0129 | 0.0125 | 0.0122 | 0.0119 | 0.0116 | 0.0113 | 0.0110 |
| 2.3 | 0.0107 | 0.0104 | 0.0102 | 0.0099 | 0.0096 | 0.0094 | 0.0091 | 0.0089 | 0.0087 | 0.0084 |
| 2.4 | 0.0082 | 0.0080 | 0.0078 | 0.0075 | 0.0073 | 0.0071 | 0.0069 | 0.0068 | 0.0066 | 0.0064 |
| 2.5 | 0.0062 | 0.0060 | 0.0059 | 0.0057 | 0.0055 | 0.0054 | 0.0052 | 0.0051 | 0.0049 | 0.0048 |
| 2.6 | 0.0047 | 0.0045 | 0.0044 | 0.0043 | 0.0041 | 0.0040 | 0.0039 | 0.0038 | 0.0037 | 0.0036 |
| 2.7 | 0.0035 | 0.0034 | 0.0033 | 0.0032 | 0.0031 | 0.0030 | 0.0029 | 0.0028 | 0.0027 | 0.0026 |
| 2.8 | 0.0026 | 0.0025 | 0.0024 | 0.0023 | 0.0023 | 0.0022 | 0.0021 | 0.0021 | 0.0020 | 0.0019 |
| 2.9 | 0.0019 | 0.0018 | 0.0018 | 0.0017 | 0.0016 | 0.0016 | 0.0015 | 0.0015 | 0.0014 | 0.0014 |
| 3.0 | 0.0013 | 0.0013 | 0.0013 | 0.0012 | 0.0012 | 0.0011 | 0.0011 | 0.0011 | 0.0010 | 0.0010 |
| 3.1 | 0.0010 | 0.0009 | 0.0009 | 0.0009 | 0.0008 | 0.0008 | 0.0008 | 0.0008 | 0.0007 | 0.0007 |
| 3.2 | 0.0007 | 0.0007 | 0.0006 | 0.0006 | 0.0006 | 0.0006 | 0.0006 | 0.0005 | 0.0005 | 0.0005 |
| 3.3 | 0.0005 | 0.0005 | 0.0005 | 0.0004 | 0.0004 | 0.0004 | 0.0004 | 0.0004 | 0.0004 | 0.0003 |
| 3.4 | 0.0003 | 0.0003 | 0.0003 | 0.0003 | 0.0003 | 0.0003 | 0.0003 | 0.0003 | 0.0003 | 0.0002 |

**付表2** t分布での上側確率に対する判定点 t

| 自由度 | 確率（上側） | | | | |
|---|---|---|---|---|---|
| | 0.1 | 0.05 | 0.025 | 0.01 | 0.005 |
| 1 | 3.078 | 6.314 | 12.706 | 31.821 | 63.657 |
| 2 | 1.886 | 2.920 | 4.303 | 6.965 | 9.925 |
| 3 | 1.638 | 2.353 | 3.182 | 4.541 | 5.841 |
| 4 | 1.533 | 2.132 | 2.776 | 3.747 | 4.604 |
| 5 | 1.476 | 2.015 | 2.571 | 3.365 | 4.032 |
| 6 | 1.440 | 1.943 | 2.447 | 3.143 | 3.707 |
| 7 | 1.415 | 1.895 | 2.365 | 2.998 | 3.500 |
| 8 | 1.397 | 1.860 | 2.306 | 2.897 | 3.355 |
| 9 | 1.383 | 1.833 | 2.262 | 2.821 | 3.250 |
| 10 | 1.372 | 1.813 | 2.228 | 2.764 | 3.169 |
| 11 | 1.363 | 1.796 | 2.201 | 2.718 | 3.106 |
| 12 | 1.356 | 1.782 | 2.179 | 2.681 | 3.055 |
| 13 | 1.350 | 1.771 | 2.160 | 2.650 | 3.012 |
| 14 | 1.345 | 1.761 | 2.145 | 2.625 | 2.977 |
| 15 | 1.341 | 1.753 | 2.131 | 2.603 | 2.947 |
| 16 | 1.337 | 1.746 | 2.120 | 2.584 | 2.921 |
| 17 | 1.333 | 1.740 | 2.110 | 2.567 | 2.898 |
| 18 | 1.330 | 1.734 | 2.101 | 2.552 | 2.878 |
| 19 | 1.328 | 1.729 | 2.093 | 2.540 | 2.861 |
| 20 | 1.325 | 1.725 | 2.086 | 2.528 | 2.845 |
| 22 | 1.321 | 1.717 | 2.074 | 2.508 | 2.819 |
| 24 | 1.318 | 1.711 | 2.064 | 2.492 | 2.797 |
| 26 | 1.315 | 1.706 | 2.056 | 2.479 | 2.779 |
| 28 | 1.313 | 1.701 | 2.048 | 2.467 | 2.763 |
| 30 | 1.310 | 1.697 | 2.042 | 2.457 | 2.750 |
| 40 | 1.303 | 1.684 | 2.021 | 2.423 | 2.705 |
| 50 | 1.299 | 1.676 | 2.009 | 2.403 | 2.678 |
| 60 | 1.296 | 1.671 | 2.000 | 2.390 | 2.660 |
| 70 | 1.294 | 1.667 | 1.994 | 2.381 | 2.648 |
| 80 | 1.292 | 1.664 | 1.990 | 2.374 | 2.639 |
| 90 | 1.291 | 1.662 | 1.987 | 2.369 | 2.632 |
| 100 | 1.290 | 1.660 | 1.984 | 2.364 | 2.626 |
| 110 | 1.289 | 1.659 | 1.982 | 2.361 | 2.621 |
| 120 | 1.289 | 1.658 | 1.980 | 2.358 | 2.617 |
| ∞ | 1.282 | 1.645 | 1.960 | 2.326 | 2.576 |

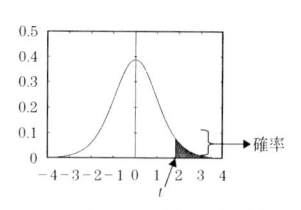

各自由度，確率に対する判定点 $t$ を表示している．

**付表 3** カイ 2 乗分布における判定点

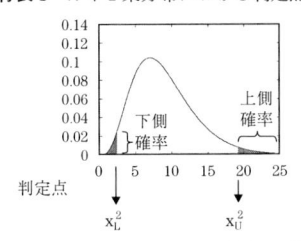

各自由度に対応した下側確率と上側確率に対する判定点（$\chi_L^2$ と $\chi_U^2$）を表示している.

| | 確率（下側） | | | | | 確率（上側） | | | | |
|---|---|---|---|---|---|---|---|---|---|---|
| | 0.005 | 0.01 | 0.025 | 0.05 | 0.1 | 0.1 | 0.05 | 0.025 | 0.01 | 0.005 |
| 自由度 | | | | | | | | | | |
| 1 | — | — | 0.001 | 0.004 | 0.016 | 2.706 | 3.841 | 5.024 | 6.635 | 7.879 |
| 2 | 0.010 | 0.020 | 0.051 | 0.103 | 0.211 | 4.605 | 5.991 | 7.378 | 9.210 | 10.60 |
| 3 | 0.072 | 0.115 | 0.216 | 0.352 | 0.584 | 6.251 | 7.815 | 9.348 | 11.34 | 12.84 |
| 4 | 0.207 | 0.297 | 0.484 | 0.711 | 1.064 | 7.779 | 9.488 | 11.14 | 13.28 | 14.86 |
| 5 | 0.412 | 0.554 | 0.831 | 1.145 | 1.610 | 9.236 | 11.07 | 12.83 | 15.09 | 16.75 |
| 6 | 0.676 | 0.872 | 1.237 | 1.635 | 2.204 | 10.64 | 12.59 | 14.45 | 16.81 | 18.55 |
| 7 | 0.989 | 1.239 | 1.690 | 2.167 | 2.833 | 12.02 | 14.07 | 16.01 | 18.48 | 20.28 |
| 8 | 1.344 | 1.646 | 2.180 | 2.733 | 3.490 | 13.36 | 15.51 | 17.53 | 20.09 | 21.95 |
| 9 | 1.735 | 2.088 | 2.700 | 3.325 | 4.168 | 14.68 | 16.92 | 19.02 | 21.67 | 23.59 |
| 10 | 2.156 | 2.558 | 3.247 | 3.940 | 4.865 | 15.99 | 18.31 | 20.48 | 23.21 | 25.19 |
| 11 | 2.603 | 3.053 | 3.816 | 4.575 | 5.578 | 17.28 | 19.68 | 21.92 | 24.72 | 26.76 |
| 12 | 3.074 | 3.571 | 4.404 | 5.226 | 6.304 | 18.55 | 21.03 | 23.34 | 26.22 | 28.30 |
| 13 | 3.565 | 4.107 | 5.009 | 5.892 | 7.042 | 19.81 | 22.36 | 24.74 | 27.69 | 29.82 |
| 14 | 4.075 | 4.660 | 5.629 | 6.571 | 7.790 | 21.06 | 23.68 | 26.12 | 29.14 | 31.32 |
| 15 | 4.601 | 5.229 | 6.262 | 7.261 | 8.547 | 22.31 | 25.00 | 27.49 | 30.58 | 32.80 |
| 16 | 5.142 | 5.812 | 6.908 | 7.962 | 9.312 | 23.54 | 26.30 | 28.85 | 32.00 | 34.27 |
| 17 | 5.697 | 6.408 | 7.564 | 8.672 | 10.09 | 24.77 | 27.59 | 30.19 | 33.41 | 35.72 |
| 18 | 6.265 | 7.015 | 8.231 | 9.390 | 10.86 | 25.99 | 28.87 | 31.53 | 34.81 | 37.16 |
| 19 | 6.844 | 7.633 | 8.907 | 10.12 | 11.65 | 27.20 | 30.14 | 32.85 | 36.19 | 38.58 |
| 20 | 7.434 | 8.260 | 9.591 | 10.85 | 12.44 | 28.41 | 31.41 | 34.17 | 37.57 | 40.00 |
| 22 | 8.643 | 9.542 | 10.980 | 12.34 | 14.04 | 30.81 | 33.92 | 36.78 | 40.29 | 42.80 |
| 24 | 9.886 | 10.860 | 12.400 | 13.85 | 15.66 | 33.20 | 36.42 | 39.36 | 42.98 | 45.56 |
| 26 | 11.16 | 12.20 | 13.84 | 15.38 | 17.29 | 35.56 | 38.89 | 41.92 | 45.64 | 48.29 |
| 28 | 12.46 | 13.56 | 15.31 | 16.93 | 18.94 | 37.92 | 41.34 | 44.46 | 48.28 | 50.99 |
| 30 | 13.79 | 14.95 | 16.79 | 18.49 | 20.60 | 40.26 | 43.77 | 46.98 | 50.89 | 53.67 |
| 40 | 20.71 | 22.16 | 24.43 | 26.51 | 29.05 | 51.81 | 55.76 | 59.34 | 63.69 | 66.77 |
| 50 | 27.99 | 29.71 | 32.36 | 34.76 | 37.69 | 63.17 | 67.50 | 71.42 | 76.15 | 79.49 |
| 60 | 35.53 | 37.48 | 40.48 | 43.19 | 46.46 | 74.40 | 79.08 | 83.30 | 88.38 | 91.95 |
| 70 | 43.28 | 45.44 | 48.76 | 51.74 | 55.33 | 85.53 | 90.53 | 95.02 | 100.4 | 104.2 |
| 80 | 51.17 | 53.54 | 57.15 | 60.39 | 64.28 | 96.58 | 101.9 | 106.6 | 112.3 | 116.3 |
| 90 | 59.20 | 61.75 | 65.65 | 69.13 | 73.29 | 107.6 | 113.1 | 118.1 | 124.1 | 128.3 |
| 100 | 67.33 | 70.06 | 74.22 | 77.93 | 82.36 | 118.5 | 124.3 | 129.6 | 135.8 | 140.2 |
| 110 | 75.55 | 78.46 | 82.87 | 86.79 | 91.47 | 129.4 | 135.5 | 140.9 | 147.4 | 151.9 |
| 120 | 83.85 | 86.92 | 91.57 | 95.70 | 100.6 | 140.2 | 146.6 | 152.2 | 159.0 | 163.6 |

## 付表4　F分布

(a) $F$分布における上側確率5%に対する判定点$F$ ($\alpha=0.05$)

| $\nu_2$ \ $\nu_1$ | 1 | 2 | 3 | 4 | 5 | 6 | 7 | 8 | 9 | 10 | 11 | 12 | 15 | 20 | 24 | 30 | 40 | 60 | 120 | ∞ |
|---|---|---|---|---|---|---|---|---|---|---|---|---|---|---|---|---|---|---|---|---|
| 1 | 161.4 | 199.5 | 215.7 | 224.6 | 230.2 | 234.0 | 236.8 | 238.9 | 240.5 | 241.9 | 243.0 | 243.9 | 245.9 | 248.0 | 249.1 | 250.1 | 251.1 | 252.2 | 253.3 | 254.3 |
| 2 | 18.51 | 19.00 | 19.16 | 19.25 | 19.30 | 19.33 | 19.35 | 19.37 | 19.38 | 19.40 | 19.40 | 19.41 | 19.43 | 19.45 | 19.45 | 19.46 | 19.47 | 19.48 | 19.49 | 19.50 |
| 3 | 10.13 | 9.55 | 9.28 | 9.12 | 9.01 | 8.94 | 8.89 | 8.85 | 8.81 | 8.79 | 8.76 | 8.74 | 8.70 | 8.66 | 8.64 | 8.62 | 8.59 | 8.57 | 8.55 | 8.53 |
| 4 | 7.71 | 6.94 | 6.59 | 6.39 | 6.26 | 6.16 | 6.09 | 6.04 | 6.00 | 5.96 | 5.94 | 5.91 | 5.86 | 5.80 | 5.77 | 5.75 | 5.72 | 5.69 | 5.66 | 5.63 |
| 5 | 6.61 | 5.79 | 5.41 | 5.19 | 5.05 | 4.95 | 4.88 | 4.82 | 4.77 | 4.74 | 4.70 | 4.68 | 4.62 | 4.56 | 4.53 | 4.50 | 4.46 | 4.43 | 4.40 | 4.36 |
| 6 | 5.99 | 5.14 | 4.76 | 4.53 | 4.39 | 4.28 | 4.21 | 4.15 | 4.10 | 4.06 | 4.03 | 4.00 | 3.94 | 3.87 | 3.84 | 3.81 | 3.77 | 3.74 | 3.70 | 3.67 |
| 7 | 5.59 | 4.74 | 4.35 | 4.12 | 3.97 | 3.87 | 3.79 | 3.73 | 3.68 | 3.64 | 3.60 | 3.57 | 3.51 | 3.44 | 3.41 | 3.38 | 3.34 | 3.30 | 3.27 | 3.23 |
| 8 | 5.32 | 4.46 | 4.07 | 3.84 | 3.69 | 3.58 | 3.50 | 3.44 | 3.39 | 3.35 | 3.31 | 3.28 | 3.22 | 3.15 | 3.12 | 3.08 | 3.04 | 3.01 | 2.97 | 2.93 |
| 9 | 5.12 | 4.26 | 3.86 | 3.63 | 3.48 | 3.37 | 3.29 | 3.23 | 3.18 | 3.14 | 3.10 | 3.07 | 3.01 | 2.94 | 2.90 | 2.86 | 2.83 | 2.79 | 2.75 | 2.71 |
| 10 | 4.96 | 4.10 | 3.71 | 3.48 | 3.33 | 3.22 | 3.14 | 3.07 | 3.02 | 2.98 | 2.94 | 2.91 | 2.85 | 2.77 | 2.74 | 2.70 | 2.66 | 2.62 | 2.58 | 2.54 |
| 11 | 4.84 | 3.98 | 3.59 | 3.36 | 3.20 | 3.09 | 3.01 | 2.95 | 2.90 | 2.85 | 2.82 | 2.79 | 2.72 | 2.65 | 2.61 | 2.57 | 2.53 | 2.49 | 2.45 | 2.40 |
| 12 | 4.75 | 3.89 | 3.49 | 3.26 | 3.11 | 3.00 | 2.91 | 2.85 | 2.80 | 2.75 | 2.72 | 2.69 | 2.62 | 2.54 | 2.51 | 2.47 | 2.43 | 2.38 | 2.34 | 2.30 |
| 13 | 4.67 | 3.81 | 3.41 | 3.18 | 3.03 | 2.92 | 2.83 | 2.77 | 2.71 | 2.67 | 2.63 | 2.60 | 2.53 | 2.46 | 2.42 | 2.38 | 2.34 | 2.30 | 2.25 | 2.21 |
| 14 | 4.60 | 3.74 | 3.34 | 3.11 | 2.96 | 2.85 | 2.76 | 2.70 | 2.65 | 2.60 | 2.57 | 2.53 | 2.46 | 2.39 | 2.35 | 2.31 | 2.27 | 2.22 | 2.18 | 2.13 |
| 15 | 4.54 | 3.68 | 3.29 | 3.06 | 2.90 | 2.79 | 2.71 | 2.64 | 2.59 | 2.54 | 2.51 | 2.48 | 2.40 | 2.33 | 2.29 | 2.25 | 2.20 | 2.16 | 2.11 | 2.07 |
| 16 | 4.49 | 3.63 | 3.24 | 3.01 | 2.85 | 2.74 | 2.66 | 2.59 | 2.54 | 2.49 | 2.46 | 2.42 | 2.35 | 2.28 | 2.24 | 2.19 | 2.15 | 2.11 | 2.06 | 2.01 |
| 17 | 4.45 | 3.59 | 3.20 | 2.96 | 2.81 | 2.70 | 2.61 | 2.55 | 2.49 | 2.45 | 2.41 | 2.38 | 2.31 | 2.23 | 2.19 | 2.15 | 2.10 | 2.06 | 2.01 | 1.96 |
| 18 | 4.41 | 3.55 | 3.16 | 2.93 | 2.77 | 2.66 | 2.58 | 2.51 | 2.46 | 2.41 | 2.37 | 2.34 | 2.27 | 2.19 | 2.15 | 2.11 | 2.06 | 2.02 | 1.97 | 1.92 |
| 19 | 4.38 | 3.52 | 3.13 | 2.90 | 2.74 | 2.63 | 2.54 | 2.48 | 2.42 | 2.38 | 2.34 | 2.31 | 2.23 | 2.16 | 2.11 | 2.07 | 2.03 | 1.98 | 1.93 | 1.88 |
| 20 | 4.35 | 3.49 | 3.10 | 2.87 | 2.71 | 2.60 | 2.51 | 2.45 | 2.39 | 2.35 | 2.31 | 2.28 | 2.20 | 2.12 | 2.08 | 2.04 | 1.99 | 1.95 | 1.90 | 1.84 |
| 21 | 4.32 | 3.47 | 3.07 | 2.84 | 2.68 | 2.57 | 2.49 | 2.42 | 2.37 | 2.32 | 2.28 | 2.25 | 2.18 | 2.10 | 2.05 | 2.01 | 1.96 | 1.92 | 1.87 | 1.81 |
| 22 | 4.30 | 3.44 | 3.05 | 2.82 | 2.66 | 2.55 | 2.46 | 2.40 | 2.34 | 2.30 | 2.26 | 2.23 | 2.15 | 2.07 | 2.03 | 1.98 | 1.94 | 1.89 | 1.84 | 1.78 |
| 23 | 4.28 | 3.42 | 3.03 | 2.80 | 2.64 | 2.53 | 2.44 | 2.37 | 2.32 | 2.27 | 2.24 | 2.20 | 2.13 | 2.05 | 2.01 | 1.96 | 1.91 | 1.86 | 1.81 | 1.76 |
| 24 | 4.26 | 3.40 | 3.01 | 2.78 | 2.62 | 2.51 | 2.42 | 2.36 | 2.30 | 2.25 | 2.22 | 2.18 | 2.11 | 2.03 | 1.98 | 1.94 | 1.89 | 1.84 | 1.79 | 1.73 |
| 25 | 4.24 | 3.39 | 2.99 | 2.76 | 2.60 | 2.49 | 2.40 | 2.34 | 2.28 | 2.24 | 2.20 | 2.16 | 2.09 | 2.01 | 1.96 | 1.92 | 1.87 | 1.82 | 1.77 | 1.71 |
| 26 | 4.23 | 3.37 | 2.98 | 2.74 | 2.59 | 2.47 | 2.39 | 2.32 | 2.27 | 2.22 | 2.18 | 2.15 | 2.07 | 1.99 | 1.95 | 1.90 | 1.85 | 1.80 | 1.75 | 1.69 |
| 27 | 4.21 | 3.35 | 2.96 | 2.73 | 2.57 | 2.46 | 2.37 | 2.31 | 2.25 | 2.20 | 2.17 | 2.13 | 2.06 | 1.97 | 1.93 | 1.88 | 1.84 | 1.79 | 1.73 | 1.67 |
| 28 | 4.20 | 3.34 | 2.95 | 2.71 | 2.56 | 2.45 | 2.36 | 2.29 | 2.24 | 2.19 | 2.15 | 2.12 | 2.04 | 1.96 | 1.91 | 1.87 | 1.82 | 1.77 | 1.71 | 1.65 |
| 29 | 4.18 | 3.33 | 2.93 | 2.70 | 2.55 | 2.43 | 2.35 | 2.28 | 2.22 | 2.18 | 2.14 | 2.10 | 2.03 | 1.94 | 1.90 | 1.85 | 1.81 | 1.75 | 1.70 | 1.64 |
| 30 | 4.17 | 3.32 | 2.92 | 2.69 | 2.53 | 2.42 | 2.33 | 2.27 | 2.21 | 2.16 | 2.13 | 2.09 | 2.01 | 1.93 | 1.89 | 1.84 | 1.79 | 1.74 | 1.68 | 1.62 |
| 40 | 4.08 | 3.23 | 2.84 | 2.61 | 2.45 | 2.34 | 2.25 | 2.18 | 2.12 | 2.08 | 2.04 | 2.00 | 1.92 | 1.84 | 1.79 | 1.74 | 1.69 | 1.64 | 1.58 | 1.51 |
| 60 | 4.00 | 3.15 | 2.76 | 2.53 | 2.37 | 2.25 | 2.17 | 2.10 | 2.04 | 1.99 | 1.95 | 1.92 | 1.84 | 1.75 | 1.70 | 1.65 | 1.59 | 1.53 | 1.47 | 1.39 |
| 120 | 3.92 | 3.07 | 2.68 | 2.45 | 2.29 | 2.17 | 2.09 | 2.02 | 1.96 | 1.91 | 1.87 | 1.83 | 1.75 | 1.66 | 1.61 | 1.55 | 1.50 | 1.43 | 1.35 | 1.25 |
| ∞ | 3.84 | 3.00 | 2.60 | 2.37 | 2.21 | 2.10 | 2.01 | 1.94 | 1.88 | 1.83 | 1.79 | 1.75 | 1.67 | 1.57 | 1.52 | 1.46 | 1.39 | 1.32 | 1.22 | 1.00 |

(b) $F$ 分布における上側確率 2.5%に対する判定点 $F$ ($\alpha=0.025$)

| $\nu_2$ \ $\nu_1$ | 1 | 2 | 3 | 4 | 5 | 6 | 7 | 8 | 9 | 10 | 11 | 12 | 15 | 20 | 24 | 30 | 40 | 60 | 120 | $\infty$ |
|---|---|---|---|---|---|---|---|---|---|---|---|---|---|---|---|---|---|---|---|---|
| 1 | 647.8 | 799.5 | 864.2 | 899.6 | 921.8 | 937.1 | 948.2 | 956.7 | 963.3 | 968.6 | 973.0 | 976.7 | 984.9 | 993.1 | 997.2 | 1001 | 1006 | 1010 | 1014 | 1018 |
| 2 | 38.51 | 39.00 | 39.17 | 39.25 | 39.30 | 39.33 | 39.36 | 39.37 | 39.39 | 39.40 | 39.41 | 39.41 | 39.43 | 39.45 | 39.46 | 39.46 | 39.47 | 39.48 | 39.49 | 39.50 |
| 3 | 17.44 | 16.04 | 15.44 | 15.10 | 14.88 | 14.73 | 14.62 | 14.54 | 14.47 | 14.42 | 14.37 | 14.34 | 14.25 | 14.17 | 14.12 | 14.08 | 14.04 | 13.99 | 13.95 | 13.90 |
| 4 | 12.22 | 10.65 | 9.98 | 9.60 | 9.36 | 9.20 | 9.07 | 8.98 | 8.90 | 8.84 | 8.79 | 8.75 | 8.66 | 8.56 | 8.51 | 8.46 | 8.41 | 8.36 | 8.31 | 8.26 |
| 5 | 10.01 | 8.43 | 7.76 | 7.39 | 7.15 | 6.98 | 6.85 | 6.76 | 6.68 | 6.62 | 6.57 | 6.52 | 6.43 | 6.33 | 6.28 | 6.23 | 6.18 | 6.12 | 6.07 | 6.02 |
| 6 | 8.81 | 7.26 | 6.60 | 6.23 | 5.99 | 5.82 | 5.70 | 5.60 | 5.52 | 5.46 | 5.41 | 5.37 | 5.27 | 5.17 | 5.12 | 5.07 | 5.01 | 4.96 | 4.90 | 4.85 |
| 7 | 8.07 | 6.54 | 5.89 | 5.52 | 5.29 | 5.12 | 4.99 | 4.90 | 4.82 | 4.76 | 4.71 | 4.67 | 4.57 | 4.47 | 4.42 | 4.36 | 4.31 | 4.25 | 4.20 | 4.14 |
| 8 | 7.57 | 6.06 | 5.42 | 5.05 | 4.82 | 4.65 | 4.53 | 4.43 | 4.36 | 4.30 | 4.24 | 4.20 | 4.10 | 4.00 | 3.95 | 3.89 | 3.84 | 3.78 | 3.73 | 3.67 |
| 9 | 7.21 | 5.71 | 5.08 | 4.72 | 4.48 | 4.32 | 4.20 | 4.10 | 4.03 | 3.96 | 3.91 | 3.87 | 3.77 | 3.67 | 3.61 | 3.56 | 3.51 | 3.45 | 3.39 | 3.33 |
| 10 | 6.94 | 5.46 | 4.83 | 4.47 | 4.24 | 4.07 | 3.95 | 3.85 | 3.78 | 3.72 | 3.66 | 3.62 | 3.52 | 3.42 | 3.37 | 3.31 | 3.26 | 3.20 | 3.14 | 3.08 |
| 11 | 6.72 | 5.26 | 4.63 | 4.28 | 4.04 | 3.88 | 3.76 | 3.66 | 3.59 | 3.53 | 3.47 | 3.43 | 3.33 | 3.23 | 3.17 | 3.12 | 3.06 | 3.00 | 2.94 | 2.88 |
| 12 | 6.55 | 5.10 | 4.47 | 4.12 | 3.89 | 3.73 | 3.61 | 3.51 | 3.44 | 3.37 | 3.32 | 3.28 | 3.18 | 3.07 | 3.02 | 2.96 | 2.91 | 2.85 | 2.79 | 2.72 |
| 13 | 6.41 | 4.97 | 4.35 | 4.00 | 3.77 | 3.60 | 3.48 | 3.39 | 3.31 | 3.25 | 3.20 | 3.15 | 3.05 | 2.95 | 2.89 | 2.84 | 2.78 | 2.72 | 2.66 | 2.60 |
| 14 | 6.30 | 4.86 | 4.24 | 3.89 | 3.66 | 3.50 | 3.38 | 3.29 | 3.21 | 3.15 | 3.09 | 3.05 | 2.95 | 2.84 | 2.79 | 2.73 | 2.67 | 2.61 | 2.55 | 2.49 |
| 15 | 6.20 | 4.77 | 4.15 | 3.80 | 3.58 | 3.41 | 3.29 | 3.20 | 3.12 | 3.06 | 3.01 | 2.96 | 2.86 | 2.76 | 2.70 | 2.64 | 2.59 | 2.52 | 2.46 | 2.40 |
| 16 | 6.12 | 4.69 | 4.08 | 3.73 | 3.50 | 3.34 | 3.22 | 3.12 | 3.05 | 2.99 | 2.93 | 2.89 | 2.79 | 2.68 | 2.63 | 2.57 | 2.51 | 2.45 | 2.38 | 2.32 |
| 17 | 6.04 | 4.62 | 4.01 | 3.66 | 3.44 | 3.28 | 3.16 | 3.06 | 2.98 | 2.92 | 2.87 | 2.82 | 2.72 | 2.62 | 2.56 | 2.50 | 2.44 | 2.38 | 2.32 | 2.25 |
| 18 | 5.98 | 4.56 | 3.95 | 3.61 | 3.38 | 3.22 | 3.10 | 3.01 | 2.93 | 2.87 | 2.81 | 2.77 | 2.67 | 2.56 | 2.50 | 2.44 | 2.38 | 2.32 | 2.26 | 2.19 |
| 19 | 5.92 | 4.51 | 3.90 | 3.56 | 3.33 | 3.17 | 3.05 | 2.96 | 2.88 | 2.82 | 2.76 | 2.72 | 2.62 | 2.51 | 2.45 | 2.39 | 2.33 | 2.27 | 2.20 | 2.13 |
| 20 | 5.87 | 4.46 | 3.86 | 3.51 | 3.29 | 3.13 | 3.01 | 2.91 | 2.84 | 2.77 | 2.72 | 2.68 | 2.57 | 2.46 | 2.41 | 2.35 | 2.29 | 2.22 | 2.16 | 2.09 |
| 21 | 5.83 | 4.42 | 3.82 | 3.48 | 3.25 | 3.09 | 2.97 | 2.87 | 2.80 | 2.73 | 2.68 | 2.64 | 2.53 | 2.42 | 2.37 | 2.31 | 2.25 | 2.18 | 2.11 | 2.04 |
| 22 | 5.79 | 4.38 | 3.78 | 3.44 | 3.22 | 3.05 | 2.93 | 2.84 | 2.76 | 2.70 | 2.65 | 2.60 | 2.50 | 2.39 | 2.33 | 2.27 | 2.21 | 2.14 | 2.08 | 2.00 |
| 23 | 5.75 | 4.35 | 3.75 | 3.41 | 3.18 | 3.02 | 2.90 | 2.81 | 2.73 | 2.67 | 2.62 | 2.57 | 2.47 | 2.36 | 2.30 | 2.24 | 2.18 | 2.11 | 2.04 | 1.97 |
| 24 | 5.72 | 4.32 | 3.72 | 3.38 | 3.15 | 2.99 | 2.87 | 2.78 | 2.70 | 2.64 | 2.59 | 2.54 | 2.44 | 2.33 | 2.27 | 2.21 | 2.15 | 2.08 | 2.01 | 1.94 |
| 25 | 5.69 | 4.29 | 3.69 | 3.35 | 3.13 | 2.97 | 2.85 | 2.75 | 2.68 | 2.61 | 2.56 | 2.51 | 2.41 | 2.30 | 2.24 | 2.18 | 2.12 | 2.05 | 1.98 | 1.91 |
| 26 | 5.66 | 4.27 | 3.67 | 3.33 | 3.10 | 2.94 | 2.82 | 2.73 | 2.65 | 2.59 | 2.54 | 2.49 | 2.39 | 2.28 | 2.22 | 2.16 | 2.09 | 2.03 | 1.95 | 1.88 |
| 27 | 5.63 | 4.24 | 3.65 | 3.31 | 3.08 | 2.92 | 2.80 | 2.71 | 2.63 | 2.57 | 2.51 | 2.47 | 2.36 | 2.25 | 2.19 | 2.13 | 2.07 | 2.00 | 1.93 | 1.85 |
| 28 | 5.61 | 4.22 | 3.63 | 3.29 | 3.06 | 2.90 | 2.78 | 2.69 | 2.61 | 2.55 | 2.49 | 2.45 | 2.34 | 2.23 | 2.17 | 2.11 | 2.05 | 1.98 | 1.91 | 1.83 |
| 29 | 5.59 | 4.20 | 3.61 | 3.27 | 3.04 | 2.88 | 2.76 | 2.67 | 2.59 | 2.53 | 2.48 | 2.43 | 2.32 | 2.21 | 2.15 | 2.09 | 2.03 | 1.96 | 1.89 | 1.81 |
| 30 | 5.57 | 4.18 | 3.59 | 3.25 | 3.03 | 2.87 | 2.75 | 2.65 | 2.57 | 2.51 | 2.46 | 2.41 | 2.31 | 2.20 | 2.14 | 2.07 | 2.01 | 1.94 | 1.87 | 1.79 |
| 40 | 5.42 | 4.05 | 3.46 | 3.13 | 2.90 | 2.74 | 2.62 | 2.53 | 2.45 | 2.39 | 2.33 | 2.29 | 2.18 | 2.07 | 2.01 | 1.94 | 1.88 | 1.80 | 1.72 | 1.64 |
| 60 | 5.29 | 3.93 | 3.34 | 3.01 | 2.79 | 2.63 | 2.51 | 2.41 | 2.33 | 2.27 | 2.22 | 2.17 | 2.06 | 1.94 | 1.88 | 1.82 | 1.74 | 1.67 | 1.58 | 1.48 |
| 120 | 5.15 | 3.80 | 3.23 | 2.89 | 2.67 | 2.52 | 2.39 | 2.30 | 2.22 | 2.16 | 2.10 | 2.05 | 1.94 | 1.82 | 1.76 | 1.69 | 1.61 | 1.53 | 1.43 | 1.31 |
| $\infty$ | 5.02 | 3.69 | 3.12 | 2.79 | 2.57 | 2.41 | 2.29 | 2.19 | 2.11 | 2.05 | 1.99 | 1.94 | 1.83 | 1.71 | 1.64 | 1.57 | 1.48 | 1.39 | 1.27 | 1.00 |

(c) $F$ 分布における上側確率 1%に対する判定点 $F$ ($\alpha=0.01$)

| $\nu_2$ \ $\nu_1$ | 1 | 2 | 3 | 4 | 5 | 6 | 7 | 8 | 9 | 10 | 11 | 12 | 15 | 20 | 24 | 30 | 40 | 60 | 120 | $\infty$ |
|---|---|---|---|---|---|---|---|---|---|---|---|---|---|---|---|---|---|---|---|---|
| 1 | 4052 | 4999 | 5403 | 5625 | 5764 | 5859 | 5928 | 5981 | 6022 | 6056 | 6083 | 6106 | 6157 | 6209 | 6235 | 6261 | 6287 | 6313 | 6339 | 6366 |
| 2 | 98.50 | 99.00 | 99.17 | 99.25 | 99.30 | 99.33 | 99.36 | 99.37 | 99.39 | 99.40 | 99.41 | 99.42 | 99.43 | 99.45 | 99.46 | 99.47 | 99.47 | 99.48 | 99.49 | 99.50 |
| 3 | 34.12 | 30.82 | 29.46 | 28.71 | 28.24 | 27.91 | 27.67 | 27.49 | 27.35 | 27.23 | 27.13 | 27.05 | 26.87 | 26.69 | 26.60 | 26.50 | 26.41 | 26.32 | 26.22 | 26.13 |
| 4 | 21.20 | 18.00 | 16.69 | 15.98 | 15.52 | 15.21 | 14.98 | 14.80 | 14.66 | 14.55 | 14.45 | 14.37 | 14.20 | 14.02 | 13.93 | 13.84 | 13.75 | 13.65 | 13.56 | 13.46 |
| 5 | 16.26 | 13.27 | 12.06 | 11.39 | 10.97 | 10.67 | 10.46 | 10.29 | 10.16 | 10.05 | 9.96 | 9.89 | 9.72 | 9.55 | 9.47 | 9.38 | 9.29 | 9.20 | 9.11 | 9.02 |
| 6 | 13.75 | 10.92 | 9.78 | 9.15 | 8.75 | 8.47 | 8.26 | 8.10 | 7.98 | 7.87 | 7.79 | 7.72 | 7.56 | 7.40 | 7.31 | 7.23 | 7.14 | 7.06 | 6.97 | 6.88 |
| 7 | 12.25 | 9.55 | 8.45 | 7.85 | 7.46 | 7.19 | 6.99 | 6.84 | 6.72 | 6.62 | 6.54 | 6.47 | 6.31 | 6.16 | 6.07 | 5.99 | 5.91 | 5.82 | 5.74 | 5.65 |
| 8 | 11.26 | 8.65 | 7.59 | 7.01 | 6.63 | 6.37 | 6.18 | 6.03 | 5.91 | 5.81 | 5.73 | 5.67 | 5.52 | 5.36 | 5.28 | 5.20 | 5.12 | 5.03 | 4.95 | 4.86 |
| 9 | 10.56 | 8.02 | 6.99 | 6.42 | 6.06 | 5.80 | 5.61 | 5.47 | 5.35 | 5.26 | 5.18 | 5.11 | 4.96 | 4.81 | 4.73 | 4.65 | 4.57 | 4.48 | 4.40 | 4.31 |
| 10 | 10.04 | 7.56 | 6.55 | 5.99 | 5.64 | 5.39 | 5.20 | 5.06 | 4.94 | 4.85 | 4.77 | 4.71 | 4.56 | 4.41 | 4.33 | 4.25 | 4.17 | 4.08 | 4.00 | 3.91 |
| 11 | 9.65 | 7.21 | 6.22 | 5.67 | 5.32 | 5.07 | 4.89 | 4.74 | 4.63 | 4.54 | 4.46 | 4.40 | 4.25 | 4.10 | 4.02 | 3.94 | 3.86 | 3.78 | 3.69 | 3.60 |
| 12 | 9.33 | 6.93 | 5.95 | 5.41 | 5.06 | 4.82 | 4.64 | 4.50 | 4.39 | 4.30 | 4.22 | 4.16 | 4.01 | 3.86 | 3.78 | 3.70 | 3.62 | 3.54 | 3.45 | 3.36 |
| 13 | 9.07 | 6.70 | 5.74 | 5.21 | 4.86 | 4.62 | 4.44 | 4.30 | 4.19 | 4.10 | 4.02 | 3.96 | 3.82 | 3.66 | 3.59 | 3.51 | 3.43 | 3.34 | 3.25 | 3.17 |
| 14 | 8.86 | 6.51 | 5.56 | 5.04 | 4.69 | 4.46 | 4.28 | 4.14 | 4.03 | 3.94 | 3.86 | 3.80 | 3.66 | 3.51 | 3.43 | 3.35 | 3.27 | 3.18 | 3.09 | 3.00 |
| 15 | 8.68 | 6.36 | 5.42 | 4.89 | 4.56 | 4.32 | 4.14 | 4.00 | 3.89 | 3.80 | 3.73 | 3.67 | 3.52 | 3.37 | 3.29 | 3.21 | 3.13 | 3.05 | 2.96 | 2.87 |
| 16 | 8.53 | 6.23 | 5.29 | 4.77 | 4.44 | 4.20 | 4.03 | 3.89 | 3.78 | 3.69 | 3.62 | 3.55 | 3.41 | 3.26 | 3.18 | 3.10 | 3.02 | 2.93 | 2.84 | 2.75 |
| 17 | 8.40 | 6.11 | 5.18 | 4.67 | 4.34 | 4.10 | 3.93 | 3.79 | 3.68 | 3.59 | 3.52 | 3.46 | 3.31 | 3.16 | 3.08 | 3.00 | 2.92 | 2.83 | 2.75 | 2.65 |
| 18 | 8.29 | 6.01 | 5.09 | 4.58 | 4.25 | 4.01 | 3.84 | 3.71 | 3.60 | 3.51 | 3.43 | 3.37 | 3.23 | 3.08 | 3.00 | 2.92 | 2.84 | 2.75 | 2.66 | 2.57 |
| 19 | 8.18 | 5.93 | 5.01 | 4.50 | 4.17 | 3.94 | 3.77 | 3.63 | 3.52 | 3.43 | 3.36 | 3.30 | 3.15 | 3.00 | 2.92 | 2.84 | 2.76 | 2.67 | 2.58 | 2.49 |
| 20 | 8.10 | 5.85 | 4.94 | 4.43 | 4.10 | 3.87 | 3.70 | 3.56 | 3.46 | 3.37 | 3.29 | 3.23 | 3.09 | 2.94 | 2.86 | 2.78 | 2.69 | 2.61 | 2.52 | 2.42 |
| 21 | 8.02 | 5.78 | 4.87 | 4.37 | 4.04 | 3.81 | 3.64 | 3.51 | 3.40 | 3.31 | 3.24 | 3.17 | 3.03 | 2.88 | 2.80 | 2.72 | 2.64 | 2.55 | 2.46 | 2.36 |
| 22 | 7.95 | 5.72 | 4.82 | 4.31 | 3.99 | 3.76 | 3.59 | 3.45 | 3.35 | 3.26 | 3.18 | 3.12 | 2.98 | 2.83 | 2.75 | 2.67 | 2.58 | 2.50 | 2.40 | 2.31 |
| 23 | 7.88 | 5.66 | 4.76 | 4.26 | 3.94 | 3.71 | 3.54 | 3.41 | 3.30 | 3.21 | 3.14 | 3.07 | 2.93 | 2.78 | 2.70 | 2.62 | 2.54 | 2.45 | 2.35 | 2.26 |
| 24 | 7.82 | 5.61 | 4.72 | 4.22 | 3.90 | 3.67 | 3.50 | 3.36 | 3.26 | 3.17 | 3.09 | 3.03 | 2.89 | 2.74 | 2.66 | 2.58 | 2.49 | 2.40 | 2.31 | 2.21 |
| 25 | 7.77 | 5.57 | 4.68 | 4.18 | 3.85 | 3.63 | 3.46 | 3.32 | 3.22 | 3.13 | 3.06 | 2.99 | 2.85 | 2.70 | 2.62 | 2.54 | 2.45 | 2.36 | 2.27 | 2.17 |
| 26 | 7.72 | 5.53 | 4.64 | 4.14 | 3.82 | 3.59 | 3.42 | 3.29 | 3.18 | 3.09 | 3.02 | 2.96 | 2.81 | 2.66 | 2.58 | 2.50 | 2.42 | 2.33 | 2.23 | 2.13 |
| 27 | 7.68 | 5.49 | 4.60 | 4.11 | 3.78 | 3.56 | 3.39 | 3.26 | 3.15 | 3.06 | 2.99 | 2.93 | 2.78 | 2.63 | 2.55 | 2.47 | 2.38 | 2.29 | 2.20 | 2.10 |
| 28 | 7.64 | 5.45 | 4.57 | 4.07 | 3.75 | 3.53 | 3.36 | 3.23 | 3.12 | 3.03 | 2.96 | 2.90 | 2.75 | 2.60 | 2.52 | 2.44 | 2.35 | 2.26 | 2.17 | 2.06 |
| 29 | 7.60 | 5.42 | 4.54 | 4.04 | 3.73 | 3.50 | 3.33 | 3.20 | 3.09 | 3.00 | 2.93 | 2.87 | 2.73 | 2.57 | 2.49 | 2.41 | 2.33 | 2.23 | 2.14 | 2.03 |
| 30 | 7.56 | 5.39 | 4.51 | 4.02 | 3.70 | 3.47 | 3.30 | 3.17 | 3.07 | 2.98 | 2.91 | 2.84 | 2.70 | 2.55 | 2.47 | 2.39 | 2.30 | 2.21 | 2.11 | 2.01 |
| 40 | 7.31 | 5.18 | 4.31 | 3.83 | 3.51 | 3.29 | 3.12 | 2.99 | 2.89 | 2.80 | 2.73 | 2.66 | 2.52 | 2.37 | 2.29 | 2.20 | 2.11 | 2.02 | 1.92 | 1.80 |
| 60 | 7.08 | 4.98 | 4.13 | 3.65 | 3.34 | 3.12 | 2.95 | 2.82 | 2.72 | 2.63 | 2.56 | 2.50 | 2.35 | 2.20 | 2.12 | 2.03 | 1.94 | 1.84 | 1.73 | 1.60 |
| 120 | 6.85 | 4.79 | 3.95 | 3.48 | 3.17 | 2.96 | 2.79 | 2.66 | 2.56 | 2.47 | 2.40 | 2.34 | 2.19 | 2.03 | 1.95 | 1.86 | 1.76 | 1.66 | 1.53 | 1.38 |
| $\infty$ | 6.63 | 4.61 | 3.78 | 3.32 | 3.02 | 2.80 | 2.64 | 2.51 | 2.41 | 2.32 | 2.25 | 2.18 | 2.04 | 1.88 | 1.79 | 1.70 | 1.59 | 1.47 | 1.32 | 1.00 |

(d) $F$ 分布における上側確率 $0.5\%$ に対する判定点 $F$ ($\alpha=0.005$)

| $\nu_2$ \ $\nu_1$ | 1 | 2 | 3 | 4 | 5 | 6 | 7 | 8 | 9 | 10 | 11 | 12 | 15 | 20 | 24 | 30 | 40 | 60 | 120 | ∞ |
|---|---|---|---|---|---|---|---|---|---|---|---|---|---|---|---|---|---|---|---|---|
| 1 | 16211 | 20000 | 21615 | 22500 | 23056 | 23437 | 23715 | 23925 | 24091 | 24224 | 24334 | 24426 | 24630 | 24836 | 24940 | 25044 | 25148 | 25253 | 25359 | 25464 |
| 2 | 198.5 | 199.0 | 199.2 | 199.2 | 199.3 | 199.3 | 199.4 | 199.4 | 199.4 | 199.4 | 199.4 | 199.4 | 199.4 | 199.4 | 199.5 | 199.5 | 199.5 | 199.5 | 199.5 | 199.5 |
| 3 | 55.55 | 49.80 | 47.47 | 46.19 | 45.39 | 44.84 | 44.43 | 44.13 | 43.88 | 43.69 | 43.52 | 43.39 | 43.08 | 42.78 | 42.62 | 42.47 | 42.31 | 42.15 | 42.00 | 41.83 |
| 4 | 31.33 | 26.28 | 24.26 | 23.15 | 22.46 | 21.97 | 21.62 | 21.35 | 21.14 | 20.97 | 20.82 | 20.70 | 20.44 | 20.17 | 20.03 | 19.89 | 19.75 | 19.61 | 19.47 | 19.32 |
| 5 | 22.78 | 18.31 | 16.53 | 15.56 | 14.94 | 14.51 | 14.20 | 13.96 | 13.77 | 13.62 | 13.49 | 13.38 | 13.15 | 12.90 | 12.78 | 12.66 | 12.53 | 12.40 | 12.27 | 12.14 |
| 6 | 18.63 | 14.54 | 12.92 | 12.03 | 11.46 | 11.07 | 10.79 | 10.57 | 10.39 | 10.25 | 10.13 | 10.03 | 9.81 | 9.59 | 9.47 | 9.36 | 9.24 | 9.12 | 9.00 | 8.88 |
| 7 | 16.24 | 12.40 | 10.88 | 10.05 | 9.52 | 9.16 | 8.89 | 8.68 | 8.51 | 8.38 | 8.27 | 8.18 | 7.97 | 7.75 | 7.65 | 7.53 | 7.42 | 7.31 | 7.19 | 7.08 |
| 8 | 14.69 | 11.04 | 9.60 | 8.81 | 8.30 | 7.95 | 7.69 | 7.50 | 7.34 | 7.21 | 7.10 | 7.01 | 6.81 | 6.61 | 6.50 | 6.40 | 6.29 | 6.18 | 6.06 | 5.95 |
| 9 | 13.61 | 10.11 | 8.72 | 7.96 | 7.47 | 7.13 | 6.88 | 6.69 | 6.54 | 6.42 | 6.31 | 6.23 | 6.03 | 5.83 | 5.73 | 5.62 | 5.52 | 5.41 | 5.30 | 5.19 |
| 10 | 12.83 | 9.43 | 8.08 | 7.34 | 6.87 | 6.54 | 6.30 | 6.12 | 5.97 | 5.85 | 5.75 | 5.66 | 5.47 | 5.27 | 5.17 | 5.07 | 4.97 | 4.86 | 4.75 | 4.64 |
| 11 | 12.23 | 8.91 | 7.60 | 6.88 | 6.42 | 6.10 | 5.86 | 5.68 | 5.54 | 5.42 | 5.32 | 5.24 | 5.05 | 4.86 | 4.76 | 4.65 | 4.55 | 4.44 | 4.34 | 4.23 |
| 12 | 11.75 | 8.51 | 7.23 | 6.52 | 6.07 | 5.76 | 5.52 | 5.35 | 5.20 | 5.09 | 4.99 | 4.91 | 4.72 | 4.53 | 4.43 | 4.33 | 4.23 | 4.12 | 4.01 | 3.90 |
| 13 | 11.37 | 8.19 | 6.93 | 6.23 | 5.79 | 5.48 | 5.25 | 5.08 | 4.94 | 4.82 | 4.72 | 4.64 | 4.46 | 4.27 | 4.17 | 4.07 | 3.97 | 3.87 | 3.76 | 3.65 |
| 14 | 11.06 | 7.92 | 6.68 | 6.00 | 5.56 | 5.26 | 5.03 | 4.86 | 4.72 | 4.60 | 4.51 | 4.43 | 4.25 | 4.06 | 3.96 | 3.86 | 3.76 | 3.66 | 3.55 | 3.44 |
| 15 | 10.80 | 7.70 | 6.48 | 5.80 | 5.37 | 5.07 | 4.85 | 4.67 | 4.54 | 4.42 | 4.33 | 4.25 | 4.07 | 3.88 | 3.79 | 3.69 | 3.58 | 3.48 | 3.37 | 3.26 |
| 16 | 10.58 | 7.51 | 6.30 | 5.64 | 5.21 | 4.91 | 4.69 | 4.52 | 4.38 | 4.27 | 4.18 | 4.10 | 3.92 | 3.73 | 3.64 | 3.54 | 3.44 | 3.33 | 3.22 | 3.11 |
| 17 | 10.38 | 7.35 | 6.16 | 5.50 | 5.07 | 4.78 | 4.56 | 4.39 | 4.25 | 4.14 | 4.05 | 3.97 | 3.79 | 3.61 | 3.51 | 3.41 | 3.31 | 3.21 | 3.10 | 2.98 |
| 18 | 10.22 | 7.21 | 6.03 | 5.37 | 4.96 | 4.66 | 4.44 | 4.28 | 4.14 | 4.03 | 3.94 | 3.86 | 3.68 | 3.50 | 3.40 | 3.30 | 3.20 | 3.10 | 2.99 | 2.87 |
| 19 | 10.07 | 7.09 | 5.92 | 5.27 | 4.85 | 4.56 | 4.34 | 4.18 | 4.04 | 3.93 | 3.84 | 3.76 | 3.59 | 3.40 | 3.31 | 3.21 | 3.11 | 3.00 | 2.89 | 2.78 |
| 20 | 9.94 | 6.99 | 5.82 | 5.17 | 4.76 | 4.47 | 4.26 | 4.09 | 3.96 | 3.85 | 3.76 | 3.68 | 3.50 | 3.32 | 3.22 | 3.12 | 3.02 | 2.92 | 2.81 | 2.69 |
| 21 | 9.83 | 6.89 | 5.73 | 5.09 | 4.68 | 4.39 | 4.18 | 4.01 | 3.88 | 3.77 | 3.68 | 3.60 | 3.43 | 3.24 | 3.15 | 3.05 | 2.95 | 2.84 | 2.73 | 2.61 |
| 22 | 9.73 | 6.81 | 5.65 | 5.02 | 4.61 | 4.32 | 4.11 | 3.94 | 3.81 | 3.70 | 3.61 | 3.54 | 3.36 | 3.18 | 3.08 | 2.98 | 2.88 | 2.77 | 2.66 | 2.55 |
| 23 | 9.63 | 6.73 | 5.58 | 4.95 | 4.54 | 4.26 | 4.05 | 3.88 | 3.75 | 3.64 | 3.55 | 3.47 | 3.30 | 3.12 | 3.02 | 2.92 | 2.82 | 2.71 | 2.60 | 2.48 |
| 24 | 9.55 | 6.66 | 5.52 | 4.89 | 4.49 | 4.20 | 3.99 | 3.83 | 3.69 | 3.59 | 3.50 | 3.42 | 3.25 | 3.06 | 2.97 | 2.87 | 2.77 | 2.66 | 2.55 | 2.43 |
| 25 | 9.48 | 6.60 | 5.46 | 4.84 | 4.43 | 4.15 | 3.94 | 3.78 | 3.64 | 3.54 | 3.45 | 3.37 | 3.20 | 3.01 | 2.92 | 2.82 | 2.72 | 2.61 | 2.50 | 2.38 |
| 26 | 9.41 | 6.54 | 5.41 | 4.79 | 4.38 | 4.10 | 3.89 | 3.73 | 3.60 | 3.49 | 3.40 | 3.33 | 3.15 | 2.97 | 2.87 | 2.77 | 2.67 | 2.56 | 2.45 | 2.33 |
| 27 | 9.34 | 6.49 | 5.36 | 4.74 | 4.34 | 4.06 | 3.85 | 3.69 | 3.56 | 3.45 | 3.36 | 3.28 | 3.11 | 2.93 | 2.83 | 2.73 | 2.63 | 2.52 | 2.41 | 2.29 |
| 28 | 9.28 | 6.44 | 5.32 | 4.70 | 4.30 | 4.02 | 3.81 | 3.65 | 3.52 | 3.41 | 3.32 | 3.25 | 3.07 | 2.89 | 2.79 | 2.69 | 2.59 | 2.48 | 2.37 | 2.25 |
| 29 | 9.23 | 6.40 | 5.28 | 4.66 | 4.26 | 3.98 | 3.77 | 3.61 | 3.48 | 3.38 | 3.29 | 3.21 | 3.04 | 2.86 | 2.76 | 2.66 | 2.56 | 2.45 | 2.33 | 2.21 |
| 30 | 9.18 | 6.35 | 5.24 | 4.62 | 4.23 | 3.95 | 3.74 | 3.58 | 3.45 | 3.34 | 3.25 | 3.18 | 3.01 | 2.82 | 2.73 | 2.63 | 2.52 | 2.42 | 2.30 | 2.18 |
| 40 | 8.83 | 6.07 | 4.98 | 4.37 | 3.99 | 3.71 | 3.51 | 3.35 | 3.22 | 3.12 | 3.03 | 2.95 | 2.78 | 2.60 | 2.50 | 2.40 | 2.30 | 2.18 | 2.06 | 1.93 |
| 60 | 8.49 | 5.79 | 4.73 | 4.14 | 3.76 | 3.49 | 3.29 | 3.13 | 3.01 | 2.90 | 2.82 | 2.74 | 2.57 | 2.39 | 2.29 | 2.19 | 2.08 | 1.96 | 1.83 | 1.69 |
| 120 | 8.18 | 5.54 | 4.50 | 3.92 | 3.55 | 3.28 | 3.09 | 2.93 | 2.81 | 2.71 | 2.62 | 2.54 | 2.37 | 2.19 | 2.09 | 1.98 | 1.87 | 1.75 | 1.61 | 1.43 |
| ∞ | 7.88 | 5.30 | 4.28 | 3.72 | 3.35 | 3.09 | 2.90 | 2.74 | 2.62 | 2.52 | 2.43 | 2.36 | 2.19 | 2.00 | 1.90 | 1.79 | 1.67 | 1.53 | 1.36 | 1.00 |

**付表5　Q表**

(a) 有意水準5%

| 自由度 | 水準数 | | | | | | | | | |
|---|---|---|---|---|---|---|---|---|---|---|
| | 2 | 3 | 4 | 5 | 6 | 8 | 10 | 15 | 20 | 30 |
| 1 | 17.9693 | 26.9755 | 32.8187 | 37.0815 | 40.4076 | 45.3973 | 49.0710 | 55.3607 | 59.5576 | 65.1490 |
| 2 | 6.0849 | 8.3308 | 9.7980 | 10.8811 | 11.7343 | 13.0273 | 13.9885 | 15.6503 | 16.7688 | 18.2690 |
| 3 | 4.5007 | 5.9096 | 6.8245 | 7.5017 | 8.0371 | 8.8525 | 9.4620 | 10.5222 | 11.2400 | 12.2073 |
| 4 | 3.9265 | 5.0402 | 5.7571 | 6.2870 | 6.7064 | 7.3465 | 7.8263 | 8.6640 | 9.2334 | 10.0034 |
| 5 | 3.6354 | 4.6017 | 5.2183 | 5.6731 | 6.0329 | 6.5823 | 6.9947 | 7.7163 | 8.2080 | 8.8747 |
| 6 | 3.4605 | 4.3392 | 4.8956 | 5.3049 | 5.6284 | 6.1222 | 6.4931 | 7.1428 | 7.5864 | 8.1889 |
| 7 | 3.3441 | 4.1649 | 4.6813 | 5.0601 | 5.3591 | 5.8153 | 6.1579 | 6.7586 | 7.1691 | 7.7275 |
| 8 | 3.2612 | 4.0410 | 4.5288 | 4.8858 | 5.1672 | 5.5962 | 5.9183 | 6.4831 | 6.8694 | 7.3953 |
| 9 | 3.1992 | 3.9485 | 4.4149 | 4.7554 | 5.0235 | 5.4319 | 5.7384 | 6.2758 | 6.6435 | 7.1444 |
| 10 | 3.1511 | 3.8768 | 4.3266 | 4.6543 | 4.9120 | 5.3042 | 5.5984 | 6.1141 | 6.4670 | 6.9480 |
| 12 | 3.0813 | 3.7729 | 4.1987 | 4.5077 | 4.7502 | 5.1187 | 5.3946 | 5.8780 | 6.2089 | 6.6600 |
| 14 | 3.0332 | 3.7014 | 4.1105 | 4.4066 | 4.6385 | 4.9903 | 5.2534 | 5.7139 | 6.0290 | 6.4586 |
| 16 | 2.9980 | 3.6491 | 4.0461 | 4.3327 | 4.5568 | 4.8962 | 5.1498 | 5.5932 | 5.8963 | 6.3097 |
| 18 | 2.9712 | 3.6093 | 3.9970 | 4.2763 | 4.4944 | 4.8243 | 5.0705 | 5.5006 | 5.7944 | 6.1950 |
| 20 | 2.9500 | 3.5779 | 3.9583 | 4.2319 | 4.4452 | 4.7676 | 5.0079 | 5.4273 | 5.7136 | 6.1039 |
| 24 | 2.9188 | 3.5317 | 3.9013 | 4.1663 | 4.3727 | 4.6838 | 4.9152 | 5.3186 | 5.5936 | 5.9682 |
| 30 | 2.8882 | 3.4864 | 3.8454 | 4.1021 | 4.3015 | 4.6014 | 4.8241 | 5.2114 | 5.4750 | 5.8335 |
| 40 | 2.8582 | 3.4421 | 3.7907 | 4.0391 | 4.2316 | 4.5205 | 4.7345 | 5.1056 | 5.3575 | 5.6996 |
| 60 | 2.8288 | 3.3987 | 3.7371 | 3.9774 | 4.1632 | 4.4411 | 4.6463 | 5.0011 | 5.2412 | 5.5663 |
| 120 | 2.8000 | 3.3561 | 3.6846 | 3.9169 | 4.0960 | 4.3630 | 4.5595 | 4.8979 | 5.1259 | 5.4336 |
| ∞ | 2.7718 | 3.3145 | 3.6332 | 3.8577 | 4.0301 | 4.2863 | 4.4741 | 4.7959 | 5.0117 | 5.3013 |

有意水準5%, 水準数12, 自由度24 に対しては, $p=(1/12-1/15)/(1/10-1/15)=0.500$ を求め, $Q(12,24,0.05)=pQ(10,24,0.05)+(1-p)Q(15,24,0.05)=5.1169$ と補間する. 有意水準5%, 水準数10, 自由度22 に対しては, $p=(1/22-1/24)/(1/20-1/24)=0.455$ を求め, $Q(10,22,0.05)=pQ(10,20,0.05)+(1-p)Q(10,24,0.05)=4.9616$ と補間する.

(b) 有意水準1%

| 自由度 | 水準数 | | | | | | | | | |
|---|---|---|---|---|---|---|---|---|---|---|
| | 2 | 3 | 4 | 5 | 6 | 8 | 10 | 15 | 20 | 30 |
| 1 | 90.0242 | 135.0407 | 164.2577 | 185.5753 | 202.2097 | 227.1663 | 245.5416 | 277.0034 | 297.9972 | 325.9682 |
| 2 | 14.0358 | 19.0189 | 22.2937 | 24.7172 | 26.6290 | 29.5301 | 31.6894 | 35.4261 | 37.9435 | 41.3221 |
| 3 | 8.2603 | 10.6185 | 12.1695 | 13.3243 | 14.2407 | 15.6410 | 16.6908 | 18.5219 | 19.7648 | 21.4429 |
| 4 | 6.5112 | 8.1198 | 9.1729 | 9.9583 | 10.5832 | 11.5418 | 12.2637 | 13.5298 | 14.3939 | 15.5662 |
| 5 | 5.7023 | 6.9757 | 7.8042 | 8.4215 | 8.9131 | 9.6687 | 10.2393 | 11.2436 | 11.9318 | 12.8688 |
| 6 | 5.2431 | 6.3305 | 7.0333 | 7.5560 | 7.9723 | 8.6125 | 9.0966 | 9.9508 | 10.5378 | 11.3393 |
| 7 | 4.9490 | 5.9193 | 6.5424 | 7.0050 | 7.3730 | 7.9404 | 8.3674 | 9.1242 | 9.6454 | 10.3586 |
| 8 | 4.7452 | 5.6354 | 6.2038 | 6.6248 | 6.9594 | 7.4738 | 7.8632 | 8.5517 | 9.0265 | 9.6773 |
| 9 | 4.5960 | 5.4280 | 5.9567 | 6.3473 | 6.6574 | 7.1339 | 7.4945 | 8.1323 | 8.5726 | 9.1767 |
| 10 | 4.4820 | 5.2702 | 5.7686 | 6.1361 | 6.4275 | 6.8740 | 7.2133 | 7.8121 | 8.2256 | 8.7936 |
| 12 | 4.3198 | 5.0459 | 5.5016 | 5.8363 | 6.1011 | 6.5069 | 6.8136 | 7.3558 | 7.7305 | 8.2456 |
| 14 | 4.2099 | 4.8945 | 5.3215 | 5.6340 | 5.8808 | 6.2583 | 6.5432 | 7.0466 | 7.3943 | 7.8726 |
| 16 | 4.1306 | 4.7855 | 5.1919 | 5.4885 | 5.7223 | 6.0793 | 6.3483 | 6.8233 | 7.1512 | 7.6023 |
| 18 | 4.0707 | 4.7034 | 5.0942 | 5.3788 | 5.6028 | 5.9443 | 6.2013 | 6.6546 | 6.9673 | 7.3973 |
| 20 | 4.0239 | 4.6392 | 5.0180 | 5.2933 | 5.5095 | 5.8389 | 6.0865 | 6.5226 | 6.8232 | 7.2366 |
| 24 | 3.9555 | 4.5456 | 4.9068 | 5.1684 | 5.3735 | 5.6850 | 5.9187 | 6.3296 | 6.6123 | 7.0008 |
| 30 | 3.8891 | 4.4549 | 4.7992 | 5.0476 | 5.2418 | 5.5361 | 5.7563 | 6.1423 | 6.4074 | 6.7710 |
| 40 | 3.8247 | 4.3672 | 4.6951 | 4.9308 | 5.1145 | 5.3920 | 5.5989 | 5.9606 | 6.2083 | 6.5471 |
| 60 | 3.7622 | 4.2822 | 4.5944 | 4.8178 | 4.9913 | 5.2525 | 5.4466 | 5.7845 | 6.0149 | 6.3290 |
| 120 | 3.7016 | 4.1999 | 4.4970 | 4.7085 | 4.8722 | 5.1176 | 5.2992 | 5.6138 | 5.8272 | 6.1168 |
| ∞ | 3.6428 | 4.1203 | 4.4028 | 4.6028 | 4.7570 | 4.9872 | 5.1566 | 5.4485 | 5.6452 | 5.9106 |

付録　統計分布の数表

**付表6** ウィルコクスンの順位和検定における判定点

(a) 2.5%下側確率に対する判定点（$n_1$ と $n_2$ はそれぞれ1番目と2番目の群の観測値数，ただし $n_1 \leq n_2$）

| $n_2$ \ $n_1$ | 1 | 2 | 3 | 4 | 5 | 6 | 7 | 8 | 9 | 10 | 11 | 12 | 13 | 14 | 15 | 16 | 17 | 18 | 19 | 20 |
|---|---|---|---|---|---|---|---|---|---|---|---|---|---|---|---|---|---|---|---|---|
| 1 | — | | | | | | | | | | | | | | | | | | | |
| 2 | — | — | | | | | | | | | | | | | | | | | | |
| 3 | — | — | — | | | | | | | | | | | | | | | | | |
| 4 | — | — | — | 10 | | | | | | | | | | | | | | | | |
| 5 | — | — | 6 | 11 | 17 | | | | | | | | | | | | | | | |
| 6 | — | — | 7 | 12 | 18 | 26 | | | | | | | | | | | | | | |
| 7 | — | — | 7 | 13 | 20 | 27 | 36 | | | | | | | | | | | | | |
| 8 | — | 3 | 8 | 14 | 21 | 29 | 38 | 49 | | | | | | | | | | | | |
| 9 | — | 3 | 8 | 14 | 22 | 31 | 40 | 51 | 62 | | | | | | | | | | | |
| 10 | — | 3 | 9 | 15 | 23 | 32 | 42 | 53 | 65 | 78 | | | | | | | | | | |
| 11 | — | 3 | 9 | 16 | 24 | 34 | 44 | 55 | 68 | 81 | 96 | | | | | | | | | |
| 12 | — | 4 | 10 | 17 | 26 | 35 | 46 | 58 | 71 | 84 | 99 | 115 | | | | | | | | |
| 13 | — | 4 | 10 | 18 | 27 | 37 | 48 | 60 | 73 | 88 | 103 | 119 | 136 | | | | | | | |
| 14 | — | 4 | 11 | 19 | 28 | 38 | 50 | 62 | 76 | 91 | 106 | 123 | 141 | 160 | | | | | | |
| 15 | — | 4 | 11 | 20 | 29 | 40 | 52 | 65 | 79 | 94 | 110 | 127 | 145 | 164 | 184 | | | | | |
| 16 | — | 4 | 12 | 21 | 30 | 42 | 54 | 67 | 82 | 97 | 113 | 131 | 150 | 169 | 190 | 211 | | | | |
| 17 | — | 5 | 12 | 21 | 32 | 43 | 56 | 70 | 84 | 100 | 117 | 135 | 154 | 174 | 195 | 217 | 240 | | | |
| 18 | — | 5 | 13 | 22 | 33 | 45 | 58 | 72 | 87 | 103 | 121 | 139 | 158 | 179 | 200 | 222 | 246 | 270 | | |
| 19 | — | 5 | 13 | 23 | 34 | 46 | 60 | 74 | 90 | 107 | 124 | 143 | 163 | 183 | 205 | 228 | 252 | 277 | 303 | |
| 20 | — | 5 | 14 | 24 | 35 | 48 | 62 | 77 | 93 | 110 | 128 | 147 | 167 | 188 | 210 | 234 | 258 | 283 | 309 | 337 |

(b) 2.5%上側確率に対する判定点（$n_1$ と $n_2$ はそれぞれ1番目と2番目の群の観測値数，ただし $n_1 \leq n_2$）

| $n_2$ \ $n_1$ | 1 | 2 | 3 | 4 | 5 | 6 | 7 | 8 | 9 | 10 | 11 | 12 | 13 | 14 | 15 | 16 | 17 | 18 | 19 | 20 |
|---|---|---|---|---|---|---|---|---|---|---|---|---|---|---|---|---|---|---|---|---|
| 1 | — | | | | | | | | | | | | | | | | | | | |
| 2 | — | — | | | | | | | | | | | | | | | | | | |
| 3 | — | — | — | | | | | | | | | | | | | | | | | |
| 4 | — | — | — | 26 | | | | | | | | | | | | | | | | |
| 5 | — | — | 21 | 29 | 38 | | | | | | | | | | | | | | | |
| 6 | — | — | 23 | 32 | 42 | 52 | | | | | | | | | | | | | | |
| 7 | — | — | 26 | 35 | 45 | 57 | 69 | | | | | | | | | | | | | |
| 8 | — | 19 | 28 | 38 | 49 | 61 | 74 | 87 | | | | | | | | | | | | |
| 9 | — | 21 | 31 | 42 | 53 | 65 | 79 | 93 | 109 | | | | | | | | | | | |
| 10 | — | 23 | 33 | 45 | 57 | 70 | 84 | 99 | 115 | 132 | | | | | | | | | | |
| 11 | — | 25 | 36 | 48 | 61 | 74 | 89 | 105 | 121 | 139 | 157 | | | | | | | | | |
| 12 | — | 26 | 38 | 51 | 64 | 79 | 94 | 110 | 127 | 146 | 165 | 185 | | | | | | | | |
| 13 | — | 28 | 41 | 54 | 68 | 83 | 99 | 116 | 134 | 152 | 172 | 193 | 215 | | | | | | | |
| 14 | — | 30 | 43 | 57 | 72 | 88 | 104 | 122 | 140 | 159 | 180 | 201 | 223 | 246 | | | | | | |
| 15 | — | 32 | 46 | 60 | 76 | 92 | 109 | 127 | 146 | 166 | 187 | 209 | 232 | 256 | 281 | | | | | |
| 16 | — | 34 | 48 | 63 | 80 | 96 | 114 | 133 | 152 | 173 | 195 | 217 | 240 | 265 | 290 | 317 | | | | |
| 17 | — | 35 | 51 | 67 | 83 | 101 | 119 | 138 | 159 | 180 | 202 | 225 | 249 | 274 | 300 | 327 | 355 | | | |
| 18 | — | 37 | 53 | 70 | 87 | 105 | 124 | 144 | 165 | 187 | 209 | 233 | 258 | 283 | 310 | 338 | 366 | 396 | | |
| 19 | — | 39 | 56 | 73 | 91 | 110 | 129 | 150 | 171 | 193 | 217 | 241 | 266 | 293 | 320 | 348 | 377 | 407 | 438 | |
| 20 | — | 41 | 58 | 76 | 95 | 114 | 134 | 155 | 177 | 200 | 224 | 249 | 275 | 302 | 330 | 358 | 388 | 419 | 451 | 483 |

(c) 5%下側確率に対する判定点（$n_1$ と $n_2$ はそれぞれ1番目と2番目の群の観測値数，ただし $n_1 \leq n_2$）

| $n_2$ \ $n_1$ | 1 | 2 | 3 | 4 | 5 | 6 | 7 | 8 | 9 | 10 | 11 | 12 | 13 | 14 | 15 | 16 | 17 | 18 | 19 | 20 |
|---|---|---|---|---|---|---|---|---|---|---|---|---|---|---|---|---|---|---|---|---|
| 1 | — | | | | | | | | | | | | | | | | | | | |
| 2 | — | — | | | | | | | | | | | | | | | | | | |
| 3 | — | — | 6 | | | | | | | | | | | | | | | | | |
| 4 | — | — | 6 | 11 | | | | | | | | | | | | | | | | |
| 5 | — | 3 | 7 | 12 | 19 | | | | | | | | | | | | | | | |
| 6 | — | 3 | 8 | 13 | 20 | 28 | | | | | | | | | | | | | | |
| 7 | — | 3 | 8 | 14 | 21 | 29 | 39 | | | | | | | | | | | | | |
| 8 | — | 4 | 9 | 15 | 23 | 31 | 41 | 51 | | | | | | | | | | | | |
| 9 | — | 4 | 10 | 16 | 24 | 33 | 43 | 54 | 66 | | | | | | | | | | | |
| 10 | — | 4 | 10 | 17 | 26 | 35 | 45 | 56 | 69 | 82 | | | | | | | | | | |
| 11 | — | 4 | 11 | 18 | 27 | 37 | 47 | 59 | 72 | 86 | 100 | | | | | | | | | |
| 12 | — | 5 | 11 | 19 | 28 | 38 | 49 | 62 | 75 | 89 | 104 | 120 | | | | | | | | |
| 13 | — | 5 | 12 | 20 | 30 | 40 | 52 | 64 | 78 | 92 | 108 | 125 | 142 | | | | | | | |
| 14 | — | 6 | 13 | 21 | 31 | 42 | 54 | 67 | 81 | 96 | 112 | 129 | 147 | 166 | | | | | | |
| 15 | — | 6 | 13 | 22 | 33 | 44 | 56 | 69 | 84 | 99 | 116 | 133 | 152 | 171 | 192 | | | | | |
| 16 | — | 6 | 14 | 24 | 34 | 46 | 58 | 72 | 87 | 103 | 120 | 138 | 156 | 176 | 197 | 219 | | | | |
| 17 | — | 6 | 15 | 25 | 35 | 47 | 61 | 75 | 90 | 106 | 123 | 142 | 161 | 182 | 203 | 225 | 249 | | | |
| 18 | — | 7 | 15 | 26 | 37 | 49 | 63 | 77 | 93 | 110 | 127 | 146 | 166 | 187 | 208 | 231 | 255 | 280 | | |
| 19 | 1 | 7 | 16 | 27 | 38 | 51 | 65 | 80 | 96 | 113 | 131 | 150 | 171 | 192 | 214 | 237 | 262 | 287 | 313 | |
| 20 | 1 | 7 | 17 | 28 | 40 | 53 | 67 | 83 | 99 | 117 | 135 | 155 | 175 | 197 | 220 | 243 | 268 | 294 | 320 | 348 |

(d) 5%上側確率に対する判定点（$n_1$ と $n_2$ はそれぞれ1番目と2番目の群の観測値数，ただし $n_1 \leq n_2$）

| $n_2$ \ $n_1$ | 1 | 2 | 3 | 4 | 5 | 6 | 7 | 8 | 9 | 10 | 11 | 12 | 13 | 14 | 15 | 16 | 17 | 18 | 19 | 20 |
|---|---|---|---|---|---|---|---|---|---|---|---|---|---|---|---|---|---|---|---|---|
| 1 | — | | | | | | | | | | | | | | | | | | | |
| 2 | — | — | | | | | | | | | | | | | | | | | | |
| 3 | — | — | 15 | | | | | | | | | | | | | | | | | |
| 4 | — | — | 18 | 25 | | | | | | | | | | | | | | | | |
| 5 | — | 13 | 20 | 28 | 36 | | | | | | | | | | | | | | | |
| 6 | — | 15 | 22 | 31 | 40 | 50 | | | | | | | | | | | | | | |
| 7 | — | 17 | 25 | 34 | 44 | 55 | 66 | | | | | | | | | | | | | |
| 8 | — | 18 | 27 | 37 | 47 | 59 | 71 | 85 | | | | | | | | | | | | |
| 9 | — | 20 | 29 | 40 | 51 | 63 | 76 | 90 | 105 | | | | | | | | | | | |
| 10 | — | 22 | 32 | 43 | 54 | 67 | 81 | 96 | 111 | 128 | | | | | | | | | | |
| 11 | — | 24 | 34 | 46 | 58 | 71 | 86 | 101 | 117 | 134 | 153 | | | | | | | | | |
| 12 | — | 25 | 37 | 49 | 62 | 76 | 91 | 106 | 123 | 141 | 160 | 180 | | | | | | | | |
| 13 | — | 27 | 39 | 52 | 65 | 80 | 95 | 112 | 129 | 148 | 167 | 187 | 209 | | | | | | | |
| 14 | — | 28 | 41 | 55 | 69 | 84 | 100 | 117 | 135 | 154 | 174 | 195 | 217 | 240 | | | | | | |
| 15 | — | 30 | 44 | 58 | 72 | 88 | 105 | 123 | 141 | 161 | 181 | 203 | 225 | 249 | 273 | | | | | |
| 16 | — | 32 | 46 | 60 | 76 | 92 | 110 | 128 | 147 | 167 | 188 | 210 | 234 | 258 | 283 | 309 | | | | |
| 17 | — | 34 | 48 | 63 | 80 | 97 | 114 | 133 | 153 | 174 | 196 | 218 | 242 | 266 | 292 | 319 | 346 | | | |
| 18 | — | 35 | 51 | 66 | 83 | 101 | 119 | 139 | 159 | 180 | 203 | 226 | 250 | 275 | 302 | 329 | 357 | 386 | | |
| 19 | 20 | 37 | 53 | 69 | 87 | 105 | 124 | 144 | 165 | 187 | 210 | 234 | 258 | 284 | 311 | 339 | 367 | 397 | 428 | |
| 20 | 21 | 39 | 55 | 72 | 90 | 109 | 129 | 149 | 171 | 193 | 217 | 241 | 267 | 293 | 320 | 349 | 378 | 408 | 440 | 472 |

# 練習問題の解答

## 1章
1. たとえば，2005 年度における岡山市における大学生の平均勉強時間，2000 年における東京都の小学 6 年生男子児童の平均身長，名古屋市の世帯当たりの自家用車平均保有台数という母集団に対する標本としては，無作為に抽出された岡山市の大学生 500 人の勉強時間に関する調査結果，東京都の児童 5000 人の身長記録，名古屋市の 10000 世帯における保有台数があげられる．
2. 
   1) 最近 1 週間におけるわが国のサッカーホームチームの勝率
   2) 北海道における昨年度の雌牛の平均廃用年齢
   3) わが国の農村における最近 5 年間の年間タンパク質摂取量
   4) 2003 年度における関東地方における飲酒習慣のある成人男性のウエスト周囲長
   5) 2007 年における九州におけるジャージー牛酪農家の 1 か月あたりの牛乳生産量
4. $\sum_{i=1}^{3} x_i p_i$

## 2章
1. 本文中の(2.2.1)式から $f(x) = \dfrac{5!}{x!(5-x)!} 0.7^x (1-0.7)^{5-x}$．$x$ に 5，4，3，2，1 と 0 を代入すると答えが得られる．0.168，0.360，0.309，0.132，0.028 および 0.0024．
2. 各確率変数の標準化の問題である．標準化により $(-\infty, 10)$，$(14, 20)$，$(17, 22)$，$(25, +\infty)$ は，$(-\infty, -2.0)$，$(-1.2, 0.0)$，$(-0.6, 0.4)$，$(1.0, +\infty)$ となる．確率は 0.02275，0.38493，0.38117，0.15866．
3. 15.87%，10.57%
4. 2.28%
5. 試験交配につかわれる個体の遺伝子型は $rr$ であるので，もし対象個体の遺伝子型が $Rr$ であれば，その後代の遺伝子型は $Rr$（丸型）と $rr$（しわ型）が 1:1 になる．試験交配ではこれを利用する．$m$ 回の交配においてすべての後代が丸型になる確率は，2 項分布から $f(m) = \dfrac{m!}{m!\, 0!} 0.5^m (1-0.5)^0$ になる．このときは，$RR$ であるか $Rr$ かはわからない．$m$ 回の交配の中で $rr$ の後代が 1 個体でもできる確率は $\{1-f(m)\}$ であるので，$m$ 回の交配で $Rr$ と判定される確率は $1-f(m)$．したがって，$\{1-f(m)\}>0.95$，$\{1-f(m)\}>0.99$ から $m$ を求めればよい．答えは 5 回，7 回．

## 3章

1. 名義尺度：動物の雄と雌，毛色の黒と白，
   順序尺度：生ビールと発泡酒，教授と准教授と助教
   間隔尺度：地球の緯度と経度，年月日
   比（比率）尺度：重さ，長さ，体積，時間，容量

2. スタージェスの公式から $k ≒ 1+(\log_{10}350)/(\log_{10}2)=9.5$，よって，10個の階級に分けることになる．
   範囲は $R=191-152=39$ なので，階級幅は，$39/10≒4$ とすればよい．最小値が152だから，4 cm きざみで階級を取る．

3. この標本の平均は 73.4，標準偏差は 25.4 となる．
   P-P プロットの作成

   |  | 1 | 2 | 3 | 4 | 5 | 6 | 7 | 8 | 9 | 10 |
   |---|---|---|---|---|---|---|---|---|---|---|
   | 糖度 | 33 | 53 | 57 | 62 | 69 | 73 | 80 | 87 | 95 | 125 |
   | 標準化 $x_i$ | −1.59 | −0.80 | −0.65 | −0.45 | −0.17 | −0.02 | 0.26 | 0.54 | 0.85 | 2.03 |
   | 分位数 $y_i$ | 0.05 | 0.15 | 0.25 | 0.35 | 0.45 | 0.55 | 0.65 | 0.75 | 0.85 | 0.95 |
   | $P$ 値 $y_i'$ | 0.05 | 0.19 | 0.24 | 0.31 | 0.42 | 0.49 | 0.62 | 0.73 | 0.82 | 0.98 |

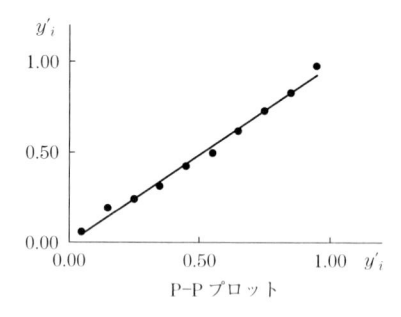

   P-P プロット

   Q-Q プロットの作成

   |  | 1 | 2 | 3 | 4 | 5 | 6 | 7 | 8 | 9 | 10 |
   |---|---|---|---|---|---|---|---|---|---|---|
   | 標準化 $x_{(i)}$ | −1.59 | −0.80 | −0.65 | −0.45 | −0.17 | −0.02 | 0.26 | 0.54 | 0.85 | 2.03 |
   | 分位数 $y_i$ | 0.05 | 0.15 | 0.25 | 0.35 | 0.45 | 0.55 | 0.65 | 0.75 | 0.85 | 0.95 |
   | Q 値 $x_i'$ | −1.62 | −0.96 | −0.61 | −0.34 | −0.11 | 0.11 | 0.34 | 0.61 | 0.96 | 1.62 |

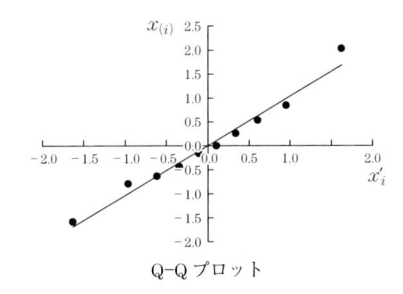

練習問題の解答　　　199

Q-Q プロット

　P-P プロット，Q-Q プロットの結果から，人の食事前後の血糖値の差はロジスティック曲線に当てはまるといえる．
**4．** データを昇順に並べ替え，累積確率 $y_i$，標準正規分布関数の逆関数（$x'_i$）を以下のように求める．

|   | 1 | 2 | 3 | 4 | 5 | 6 | 7 | 8 | 9 | 10 |
|---|---|---|---|---|---|---|---|---|---|---|
| $x_i$ | 9.9 | 10.7 | 11 | 11.5 | 11.5 | 13.7 | 13.7 | 14.9 | 15 | 16.4 |
| $y_i$ | 0.05 | 0.15 | 0.25 | 0.35 | 0.45 | 0.55 | 0.65 | 0.75 | 0.85 | 0.95 |
| $x'_i$ | $-1.64$ | $-1.04$ | $-0.67$ | $-0.39$ | $-0.13$ | 0.13 | 0.39 | 0.67 | 1.04 | 1.64 |

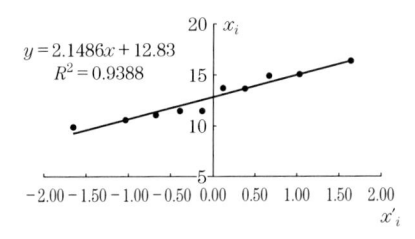

$y = 2.1486x + 12.83$
$R^2 = 0.9388$

　図示したように血中尿素態窒素のデータは正規分布に従うといえる．

# 4 章

**1．** 元の点数を $x_i$，点数を割り増したあとの点数を $y_i$ とするとき，$y_i = x_i + 10$ による変換により，$\bar{y} = \dfrac{\sum(x_i+10)}{n}$ から $\bar{y} = \dfrac{\sum x_i + 10n}{n} = \bar{x} + 10$ となる．

**2．** $\bar{y} = \dfrac{\sum y}{n}$ から $\bar{y} = a\dfrac{\sum x}{n} + b$ へと式を変形していく．

**3．** モードは，50〜59 の階級，平均は 43.5 歳．

**4．** 全頭数は 83 頭で，メジアンは 42 頭目の産子数である 9 頭になる．平均頭数は 8.95 頭．

**5．** 1）平均：206.0，メジアン：210，平均偏差：17.7，標準偏差：20.9

2) 平均：4.0，メジアン：4，平均偏差：1.71，標準偏差：2.0
6. $\bar{y} = \dfrac{\sum \dfrac{x-\bar{x}}{s_x}}{n}$ から $\bar{y} = \dfrac{\sum x - \bar{x}}{ns_x} = 0$

   $s_y^2 = \dfrac{\sum(y-\bar{y})^2}{n} = \dfrac{1}{n}\sum y^2$ から $\dfrac{1}{n}\sum\left(\dfrac{x-\bar{x}}{s_x}\right)^2 = \dfrac{\sum(x-\bar{x})^2}{ns_x^2} = \dfrac{s_x^2}{s_x^2} = 1$

7. 平均値：39.8，メジアン：40，分散：12.4，標準偏差：3.52，標準誤差：0.85，変動係数：0.088
8. 相関係数：0.758，回帰係数：0.481
9. 分散，共分散は変わらないので答えも同じ．
10. $y = 73.84 - 68.12x$
11. $\sum(y-\hat{y}) = \sum(y - bx - a)$ から $\sum y - b\sum x - na = n(\bar{y} - b\bar{x} - a) = 0 \cdots$（回帰式の平均値を通る性質から）

# 5章

1. $\chi_L^2 < \dfrac{(n-1)s^2}{\sigma^2}$ から $\sigma^2 > \dfrac{(n-1)s^2}{\chi_L^2}$

   また，$\chi_U^2 > \dfrac{(n-1)s^2}{\sigma^2}$ から $\sigma^2 < \dfrac{(n-1)s^2}{\chi_U^2}$ となる．

2. 
   |    | 95%          | 99%          |
   |----|--------------|--------------|
   | 1) | (85.7,114.3) | (79.4,120.6) |
   | 2) | (96.1,103.9) | (94.8,105.2) |

3. 95%：(0.750, 0.850)，99%：(0.735, 0.865)
4. $\beta$：(1.92, 2.08)
5. 分散の区間推定は，$8.5 < \sigma^2 < 27.1$ になるので，9 とは差がない．
6. 107 匹，427 匹
7. どのくらいの再発率になるかは，調査してみないとわからない．2項分布では比率 $p = 0.5$ のとき $p(1-p)$ が最大となるので，このときの標本数をつかえば，これよりも低い再発率に対しても適用できる．このとき必要な標本数は，±5% に対しては 385 人，±1% に対しては 9604 人である．

# 6章

1. $H_0$：天動説，$H_1$：地動説とし，天動説の矛盾点として地球は宇宙の中心ではないことを示せばよい．たとえば，太陽をまわる惑星の位置予測の正確性，月からみた地球の映像など．
2. $H_0$：創造説，$H_1$：進化説とし，創造説の矛盾点として種の連続性，サルとヒトとの DNA の小異など．
3. $H_0$：有罪仮説，$H_1$：無罪仮説とするとき，第 1 種の誤りは本来有罪である被告人を誤っ

練習問題の解答　　201

　　　て無罪とする過誤，第2種の誤りは本来無罪である被告人を誤って有罪にする過誤．
- 4. 1) 母集団における皮下脂肪厚を $\mu$ とするとき，$H_0:\mu=2$，$H_1:\mu\neq2$．
  2) 定期的に運動しているグループの母集団における内臓脂肪量を $\mu$，平均的な内臓脂肪量を $\mu_0$ とするとき，$H_0:\mu=\mu_0$，$H_1:\mu<\mu_0$．
  3) 和食を多く食べるグループの母集団における血圧を $\mu$，平均血圧を $\mu_0$ とするとき，$H_0:\mu=\mu_0$，$H_1:\mu\neq\mu_0$．
  4) 動物性タンパク質を多くとる群の母集団における罹患率を $\mu_1$，一般食群の罹患率の母集団を $\mu_2$ とするとき，$H_0:\mu_1=\mu_2$，$H_1:\mu_1\neq\mu_2$．
  5) 喫煙群の母集団における寿命を $\mu_1$，非喫煙群の母集団の寿命を $\mu_2$ とするとき，$H_0:\mu_1=\mu_2$，$H_1:\mu_1<\mu_2$．
- 5. 1) $-1.645$
  2) $(-1.96, 1.96)$
  3) $2.33$
  4) $(-2.58, 2.58)$

# 7章

- 1. 1) それぞれ $2.33$，$1.96$，$-1.645$，$-2.58$
  2) 自由度　6：$3.143$，$2.447$，$-1.943$，$-3.707$
     自由度　14：$2.624$，$2.145$，$-1.761$，$-2.977$
     自由度　20：$2.528$，$2.086$，$-1.725$，$-2.845$
  3) $0.01222$，$0.0268$
  4) $0.025$，$0.05$
- 2. 1) A：未知，B：正規，C：果物を1か月間摂取したときの改善効果，D：片側，E：$\mu=85.0$，F：$\mu<85.0$，G：$-1.645$，H：$R_L=(-\infty,-1.645)$，I：$z=\dfrac{78.1-85.0}{\sqrt{341/250}}=-5.91$，J：$-5.91<-1.645$，K：棄却，L：5，M：対立，N：改善効果がみられた
  2) 統計量：$-3.50$，自由度19の $t$ 分布表から判定点 $t_{0.005}$ は $-2.861$ だから，$-3.50\in R_L(-\infty,-2.861)$．したがって，有意水準1％で帰無仮説が棄却され，対立仮説が採択される．したがって，8gとは有意差があるという統計上の結論が得られる．
  3) 統計量：$-3.30$，自由度7の $t$ 分布表から判定点 $t_{0.025}$ は $-2.365$ だから，$-3.30\in R_L(-\infty,-2.365)$．したがって，有意水準5％で帰無仮説が棄却され，対立仮説が採択される．したがって，120 mmHgとは有意差があるという統計上の結論が得られる．
- 3. 1) A地域の群を1番目の群，B地域の群を2番目の群とすると，統計量：$-4.65$，正規分布表から判定点 $z_{0.005}$ は $-2.58$ だから，$-4.65\in R_L(-\infty,-2.56)$．したがって，有意水準1％で帰無仮説が棄却され，対立仮説が採択される．したがって，両地域の皮下脂肪厚には有意差があるという統計上の結論が得られる．

2) 対照群を1番目の群，塩分土壌区群を2番目の群とすると，統計量：6.871，自由度28の$t$分布表から判定点$t_{0.975}$は2.048だから，$6.867 \in R_U(2.048, \infty)$．したがって，有意水準5%で帰無仮説が棄却され，対立仮説が採択される．したがって，両群には有意差があるという統計上の結論が得られる．

3) フラボノイド摂取後の変化量から統計量を算出すると，統計量：$-2.782$，自由度5の$t$分布表から判定点$t_{0.05}$は$-2.015$だから，$-2.782 \in R_L(-\infty, -2.015)$．有意水準5%で帰無仮説が棄却され，対立仮説が採択される．したがって，両群には有意差があるという統計上の結論が得られる．

4) STZ群を1番目の群，対照群を2番目の群とし，まず母分散の比の検定を行うと，$F=12.63$となり両群の分散には有意差があった．したがって平均値の差の検定にはウェルチの方法を用いる．そこでは，統計量：6.55，近似的に自由度7.27の判定点$t_{0.99}$は2.970になる．$6.55 \in R_U(2.970, \infty)$．有意水準1%で帰無仮説が棄却され，対立仮説が採択される．したがって，STZ群には有意な血糖値の上昇があったという統計上の結論が得られる．

## 8章

1. 喫煙防止対策群の喫煙割合から統計量を算出すると，統計量：$-3.98$，正規分布表から判定点$z_{0.01}$が$-2.33$だから，$-3.98 \in R_L(-\infty, -2.33)$．有意水準1%で帰無仮説が棄却され，対立仮説が採択される．したがって，喫煙防止対策の効果がみられたという統計上の結論が得られる．

2. 男子の出生割合から統計量を算出すると，統計量：4.30，正規分布表から判定点$z_{0.975}$が1.96だから，$4.30 \in R_U(1.96, \infty)$．有意水準5%で帰無仮説が棄却され，対立仮説が採択される．したがって，出生割合に影響がみられたという統計上の結論が得られる．

3. 男性を1番目の群，女性を2番目の群とすると，統計量：$-0.54$，正規分布表から判定点$z_{0.025}$が$-1.96$だから，$-0.54 \in R_L(-\infty, -1.96)$．有意水準5%で帰無仮説が採択される．したがって，健康意識には性差はないという統計上の結論が得られる．

4. 30代を1番目の群，40代を2番目の群とすると，統計量：2.81，正規分布表から判定点$z_{0.995}$が2.58だから，$2.81 \in R_U(2.58, \infty)$．有意水準1%で帰無仮説が棄却され，対立仮説が採択される．したがって，30代と40代では運動に対する意識に差があるという統計上の結論が得られる．

## 9章

1. 1) 0.99，0.95，0.025，0.01に対する判定点は，それぞれ次のようになる．
   自由度 4：13.28，9.49，0.484，0.30
   自由度 10：23.21，18.31，3.25，2.56
   自由度 16：32.0，26.3，6.91，5.81

   2) 0.95，0.99に対して，①3.48，6.06，②2.91，4.71

**2.** 1) アフラトキシン濃度の分散から統計量を算出すると,統計量:36.96,カイ2乗分布表から自由度 19 の判定点 $\chi^2_{0.99}$ が 36.19 だから,$36.96 \in R_U(36.19, \infty)$. 有意水準 1%で帰無仮説が棄却され,対立仮説が採択される.したがって,この分散値は標準値にくらべて大きいという統計上の結論が得られる.

2) 測定トライアル値から統計量を算出すると,統計量:3.86,カイ2乗分布表から自由度 11 の判定点 $\chi^2_{0.99}$ が 24.72 だから,$3.86 \notin R_U(24.72, \infty)$. 有意水準 1%で帰無仮説が採択される.したがって,A さんの測定値のちらばりは標準値にくらべて大きいとはいえないという統計上の結論が得られる.

3) A:2つの分散が等しいか否か,B:F,C:2つの分散の違い,D:両側,E:$\sigma_1^2 = \sigma_2^2$, $\sigma_1^2 \neq \sigma_2^2$, F:24 と 19, G:2.45, H:$R_U = (2.45, \infty)$, I:$F = \frac{20}{9} = 2.22$, J:2.22<2.45, K:採択,L:5, M:帰無,N:2つの農場の分散には差がない.

4) 未熟者群を 1 番目の群,習熟者群を 2 番目の群とすると,統計量:2.00,自由度 10, 8 の F 分布表から判定点 $F_{0.95}$ が 3.35 だから,$2.0 \notin R_U(3.35, \infty)$. 有意水準 5%で帰無仮説が採択される.したがって,未熟者と習熟者の検温結果のバラツキには差がないという統計上の結論が得られる.

# 10 章

**1.** I.**検定の準備**

1) 検定仮説の設定

$H_0: \mu_{A1} = \mu_{A2} = \mu_{A3} = \mu_{A4} = \mu_{A5}$

$H_1: \mu_{A1} \neq \mu_{A2} \neq \mu_{A3} \neq \mu_{A4} \neq \mu_{A5}$

有意水準は $\alpha$(通常 5%)とする.

II.**ロジックの展開**

① 補正項を $CT = (\sum\sum x_i)^2 / sn = (22+17+34+30+36)^2 / 20 = 966.05$

② 全体の平方和 $SS_T = \sum\sum y_{ij}^2 - CT = (6^2 + 4^2 + \cdots\cdots + 9^2) - 966.05 = 78.95$

③ 処理間の平方和 $SS_A = \sum y_i^2 / n - CT = 1031.25 - 966.05 = 65.2$

④ 平方和 $SS_E$ = 全体の平方和 $SS_T$ − 処理間の平方和 $SS_A = 78.95 - 65.2 = 13.75$

⑤ 自由度の計算.

$SS_T$, $SS_A$, $SS_E$ S に対応する自由度をそれぞれ $df_T$, $df_A$, $df_E$ とすると

$df_T = sn - 1 = 19$

$df_A = ($処理の数$) - 1 = 5 - 1 = 4$

$df_E = 19 - 4 = 15$

⑥ 誤差分散を各試験区の反復数で割って平方根を取り,各区の標準誤差を求める.

$s_{\bar{x}} = \sqrt{0.917/4} = 0.479$

⑦分散分析表の作成

| 変動因 | 自由度 | 平方和 | 平均平方 | $F$ 値 | |
|---|---|---|---|---|---|
| 処理 | 4 | 65.20 | 16.3 | 17.78 | $F_{(4,15,0.05)}=3.06$ |
| 誤差 | 15 | 13.75 | 0.917 | | |
| 合計 | 19 | 78.95 | | | |

## III．結論の導出

検定の結果，処理の効果は有意であり，帰無仮説は否定される．

⑧処理の効果間の差をみるため，テューキーの検定を行う．

標準誤差は $s_x=$ 処理平均値の標準誤差 $=\sqrt{\dfrac{0.917}{4}}=0.479$

$Q$ 表から $Q$ 値を求める．誤差平均平方の自由度（15）と水準数（5）だが，表にないので補間法により計算する．$Q_{(5,14,0.05)}=4.4066$，$Q_{(5,16,0.05)}=4.3327$ から $Q_{(5,15,0.05)}=4.3672$．

$D=s_x\, Q_{(5,15,0.05)}=0.479\times 4.3672=2.092$

各水準の平均値の差を $D$ 値と比較する．結果は表のとおり．

|  | $A_5$ | $A_4$ | $A_3$ | $A_2$ |
|---|---|---|---|---|
| $A_1$ | 3.5* | 2 | 3* | $-1.25$ |
| $A_2$ | 4.75* | 3.25* | 4.25* | |
| $A_3$ | 0.5 | $-1$ | | |
| $A_4$ | 1.5 | | | |

## 2．I．検定の準備

1) 検定仮説の設定

$H_0$：$\mu_{A1}=\mu_{A2}$

$\mu_{B1}=\mu_{B2}$

$\mu_{A1B1}=\mu_{A1B2}=\mu_{A2B1}=\mu_{A2B2}$

$H_1$：$\mu_{A1}\neq\mu_{A2}$

$\mu_{B1}\neq\mu_{B2}$

$\mu_{A1B1}\neq\mu_{A1B2}\neq\mu_{A2B1}\neq\mu_{A2B2}$

有意水準は $\alpha$（通常5％）とする．

## II．ロジックの展開

1) 1元配置法による計算

① $CT$ を求める（総和と総数から）

$CT=733.6^2/28=19{,}220.32$

②全体の平方和 $SS_T$ を求める．
 $SS_T=(34.5^2+\cdots+13.5^2)-CT=1,907.82$
③飼料間の平方和 $S_{AB}$ を求める．
 $SS_{AB}=(227.6^2+\cdots+137.4^2)/7-CT=911.89$
④繰り返し誤差，つまり個体差の平方和 $SS_E$ を求める．
 $SS_E=SS_T-SS_{AB}=995.93$
⑤自由度を計算する．
 $df_T=abn-1=2\times2\times7=28-1=27$
 $df_{AB}=ab-1=2\times2-1=3$
 $df_E=ab(n-1)=2\times2\times(7-1)=24$
 $a$ は $A$ 因子の水準数，$b$ は $B$ 因子の水準数，$n$ は反復数．
2) 2元配置法による計算
⑥補助表を作る．表のタテの和を並べ替えたもの．

| $n=7$ | $B_1$ | $B_2$ | タテの和 |
|---|---|---|---|
| $A_1$ | 227.6 | 218.3 | 445.9 |
| $A_2$ | 150.3 | 137.4 | 287.7 |
| ヨコの和 | 377.9 | 355.7 | 733.6 |

⑦飼料エネルギー間の平方和 $SS_A$ を求める．
 $SS_A=(445.9^2+287.7^2)/(2\times7)-CT=20114.15-19220.32=893.83$
⑧飼料蛋白質間の平方和 $SS_B$ を求める．
 $SS_B=(377.9^2+355.7^2)/(2\times7)-CT=19237.921-19220.32=17.60$
⑨交互作用の平方和 $SS_{A\times B}$ を求める．
 $SS_{A\times B}=SS_{AB}-SS_A-SS_B=911.89-893.83-17.60=0.46$
⑩自由度を計算する．
 $df_A=a-1=1$
 $df_B=b-1=1$
 $df_{A\times B}=(a-1)(b-1)=1$
⑪分散分析表を作る．

| 要因 | 自由度 | 平方和 | 平均平方 | $F$ 値 |
|---|---|---|---|---|
| 飼料間　AB | 3 | 911.89 | 303.96 | 7.3** |
| エネルギー効果　A | 1 | 893.83 | 893.96 | 21.5** |
| タンパク質効果　B | 1 | 17.60 | 17.60 | 0.4 |
| 交互作用　A×B | 1 | 0.46 | 0.46 | 0.01 |
| 個体差（誤差）$E$ | 24 | 995.93 | 41.50 | |
| 全体 | 27 | 1,907.82 | | |

Ⅲ．結論の導出

$F(1,24,0.05)=4.26$ なのでエネルギーの効果は有意だが，タンパク質の効果は有意でない．この場合，水準数が 2 なので水準間の差の検定は必要ない．

# 11 章

1. 植物実験：圃場などでの育成試験では，近接した地域は離れた地域よりも地力が似ているので，ブロックとして地域的に近接した範囲を選ぶ．
   動物実験：動物の年齢，体重，血統などを組分けの基準とすることができる．
   工業実験：器械加工では工作機別，工番別，化学工業ではバッチ別，原料銘柄別など．
2. 3 品種のトウモロコシの収量比較を 4 ブロックの乱塊法で実験する場合，以下の表のように割り付ける．

| ブロック1 | ブロック2 | ブロック3 | ブロック4 |
|---|---|---|---|
| 品種 A | 品種 B | 品種 C | 品種 A |
| 品種 B | 品種 A | 品種 B | 品種 C |
| 品種 C | 品種 C | 品種 A | 品種 B |

3. 泌乳牛を使った飼料の効果を見る試験を少ない頭数で行う場合，例えば 3 頭の雌牛を使い，3 つの乳期ステージ（1 か月ごと）に区切って 3 種類の飼料の泌乳量や乳成分に対する効果を見る試験など．
4. 分散分析の結果は表のようになる．

| 変動因 | df | SS | MS | $F$ 値 | $F$ 表 |
|---|---|---|---|---|---|
| A | 2 | 0.67 | 0.33 | 0.14 | $F_{(2,2,0.05)}=19.0$ |
| B | 2 | 42.0 | 21.0 | 9.00 | $F_{(2,2,0.01)}=99.0$ |
| C | 2 | 88.67 | 44.33 | 19.00 | |
| 誤差 | 2 | 4.67 | 2.33 | | |
| 計 | 8 | 460.92 | | | |

$F$ 検定の結果，5% 水準で薬物の効果が認められた．

テューキーの方法による平均値の差の検定を行う．平均値の標準偏差 $s_x$ は，
$$s_x = \sqrt{2.33/3} = 0.881287$$
$$Q_{(3,2,0.05)} = 8.33205$$
$$D = Q \times s_x = 7.341825$$

平均値の大きさの順に並べて差をとり比較すると次表に示すようになり，

|  | 水準平均 | $C_3$ との差 | $C_2$ との差 |
|---|---|---|---|
| $C_1$ | 18.00 | 7.67** | 3.33 |
| $C_2$ | 21.33 | 4.34 |  |
| $C_3$ | 25.67 |  |  |

$C_1$ と $C_3$ との間に5％水準で有意な差が認められ，薬物に対する免疫応答に差があることが明らかとなった．

## 12章

**3．** 1) $y_{ij} = \mu + \alpha_i + e_{ij}$ $(i=1\sim 5)$
2) $y_{ijkl} = \mu + \alpha_i + \beta_j + \gamma_k + e_{ijkl}$ $(i=1,2, j=1\sim 4, k=1\sim 3)$
3) $y_{ijk} = \mu + \alpha_i + \beta_{ij} + e_{ijk}$ $(i=1\sim 3)$
4) $y_{ijk} = \mu + \alpha_i + \beta_j + \alpha\beta_{ij} + b_1 x_{ijk} + b_2 x_{ijk}^2 + e_{ijk}$ $(i=1\sim 5, j=1\sim 7)$
5) $y_{ij} = \mu + \alpha_i + b_1 x_{ij} + b_2 z_{ij} + e_{ij}$ $(i=1\sim 8)$

**4．** 1) $[3\ \ 3\ \ -2\ \ -2\ \ -2]$
2) $[1\ \ 1\ \ 1\ \ 1\ \ -4]$
3) $[1\ \ -1\ \ 0\ \ 0\ \ 0], [1\ \ 0\ \ -1\ \ 0\ \ 0], [1\ \ 0\ \ 0\ \ -1\ \ 0],$
$[1\ \ 0\ \ 0\ \ 0\ \ -1], [0\ \ 1\ \ -1\ \ 0\ \ 0], [0\ \ 1\ \ 0\ \ -1\ \ 0],$
$[0\ \ 1\ \ 0\ \ 0\ \ -1], [0\ \ 0\ \ 1\ \ -1\ \ 0], [0\ \ 0\ \ 1\ \ 0\ \ -1],$
$[0\ \ 0\ \ 0\ \ 1\ \ -1]$

## 13章

**1．** 帰無仮説の設定からはじめる．有意水準は $\alpha = 0.05$ である．

**Ⅰ．帰無仮説** $H_0$：分離比は3：1である．
$H_1$：分離比は3：1と異なる．

**Ⅱ．ロジックの展開**

期待値　黒毛：$110 \times 3/4 = 82.5$
赤毛：$110 \times 1/4 = 27.5$

$$\chi_{adj}^2 = \frac{(|80-82.5|-0.5)^2}{82.5} + \frac{(|30-27.5|-0.5)^2}{27.5} = 0.048 + 0.145 = 0.194$$

自由度：$df = 2-1 = 1$

**Ⅲ．結論の導出**

0.194はカイ2乗分布表の3.84（$df=1, p=0.05$）より小さいため，帰無仮説は棄却できず，3：1の分離比とは異なるとはいえない．

**2．** 各群標本数が20をこえているので，正規分布を検定に使用する．非飲酒群について統計量の平均と分散は563.5と2348.0，統計量は−2.14となる．両側検定5％の判定点を

正規分布表から読み取ると，$R_L = (-\infty, -1.96)$ が得られる．この統計量は下側棄却域にあるので，帰無仮説は棄却される．したがって，両群の γ-GTP には有意水準 5% で有意差があるという統計上の結論が得られる．

3. 下記の順位表から標本数の少ない試験区の順位和 $S_1 = 17$ が得られる．有意水準 5%，$m_1 = 5$，$n_2 = 6$，の判定点を数表から読み取ると，$(20, 40)$ が得られる．順位和 17 はこの範囲のそとに位置するので，帰無仮説の棄却域に位置する．したがって，両群には有意水準 5% で有意差があるという統計上の結論が得られる．

| 対照区 | 8 | 9 | 11 | 4 | 10 | 7 |
|---|---|---|---|---|---|---|
| 試験区 | 3 | 1 | 2 | 6 | 5 | |

4. 下記の順位表から統計量 6.456 が得られる．自由度 2，有意水準 5% の判定点をカイ 2 乗分布の数表から読み取ってくると，判定点 5.991 が得られる．統計量はこの判定点より大きいので，帰無仮説の棄却域に位置する．したがって，異なる飼料給与による効果には有意水準 5% で有意性がみられたという統計上の結論が得られる．

| A | 18 | 10 | 17 | 15 | 16 | 8 | |
|---|---|---|---|---|---|---|---|
| B | 5 | 7 | 2 | 11 | 9 | | |
| C | 12 | 6 | 1 | 3 | 14 | 4 | 13 |

# 索 引

## 欧 文

BMI 106
$F$ 検定 21, 122, 153
$F$ 分布 21, 112, 122
P-P プロット 32
Q-Q プロット 32, 33
SEM 48
$t$ 検定 118
$t$ 分布 17, 59, 81, 88, 92, 95
$z$ 変換 60

## あ 行

1因子分散分析 119, 180
一般化逆行列 158
一般線形仮説 160
一般線形モデル 159
一般線形モデル分析 155, 169
因子 118
因子間の分散 119
因子内（誤差）分散 119
インターセプト 163

ウィルコクスンの順位和検定 177
ウェルチの方法 95

エクセル 36
枝分かれ配置モデル 164
枝分かれ分類 150
円周率 74

## か 行

回帰 30, 49
回帰係数 52, 61
回帰分析モデル 157
回帰モデル 163
階級 26, 42
階数 160, 163
カイ2乗分布 19, 64, 109, 175, 180
ガウス分布 14
確率-確率プロット 32
確率実験 9
確率プロット 31
確率分布 9
確率変数 9
確率密度関数 10, 11, 41, 73
片側検定 71
傾き 52
カテゴリー 175
カテゴリー変数 25
間隔尺度 25, 170
頑健 170
完全無作為化法 138, 139
観測度数 176
ガンマ関数 18

幾何モデル 72
棄却域 71, 77
危険率 58, 71
期待値 11, 13, 42
帰無仮説 70, 76
求積の問題 73
共分散 49
共分散分析 156
共分散分析モデル 157
共分散モデル 164

行列 158
局所管理 137
近交系 171

偶然誤差 137, 138, 176
区間推定 56
クラスカル・ウォリスの検定 180
繰り返しのある2因子分散分析 128
繰り返しのない2因子分散分析法 143
クローズドコロニー 171
クロス表 170

経験分布関数 31
系統誤差 137, 138
決定係数 52
検出力 78
検定 67, 68
検定法 69

交互作用 127
交互作用モデル 127, 165
交絡 156
誤差項 120
ゴセット 18
固定効果 119

## さ 行

採択域 71, 77
最頻値 42
サブクラス 162
サブモデル 160

散布図　30
散布度　30

シェフェ　166
事象　9,71
実験解析法　136
実験計画法　117,136
実験配置法　136
重回帰　163
重心　42
従属変数　52
集団平均　119,156,163
自由度　59,64,123,130
主効果　119
主効果モデル　162
順序尺度　25
順序統計量　43,44
信頼区間　56
信頼区間の目標値　64
信頼係数　56,58

水準　118
推定　38
推定可能性　162
数値変数　26
巣ごもり分類　152
スタージェスの公式　28
スチーブンス　25
スチューデントの $t$ 分布　18, 81

正規確率プロット　32,35
正規プロット　32
正規分布　4,14,89,91,102,104, 178
正規分布の確率密度関数　75
切片　163
線形従属　170
線形対比　167,169
線形補間　97
線形モデル　155
全体平均　119,122,128
全体平方の分割　121

尖度　29
全分散　119

相関　30
相関係数　31,51,60
相関図　30
相関表　30
相互作用　127
相対度数　27
測定の尺度　24

### た　行

第1種の誤り　78,118
対応関係　88
大数の法則　6
第2種の誤り　78
対比　167
代表値　30
タイプⅠSS　161
タイプⅡSS　161
タイプⅢSS　161
タイプⅣSS　161
対立仮説　70,76
多因子分散分析法　127
多項式回帰モデル　166
多次元データ　30
多重共線性　170
多重比較　123,145,166
多重比較検定　118
単調非減少関数　10

中位数　43
中央値　43
中心極限定理　4
直交　169
直交対比　169
直交配置　162
ちらばり　108

対比較　166
つり合い型データ　155

定数あてはめ法　159

適合度検定　175
テューキー-クラマー　166
テューキーの方法　123
点推定　39

統計モデル　119
統計量　38,69,72
同時推測　123
等分散性の検定　96
独立変数　52
度数　26
度数分布表　26,27

### な　行

2因子分散分析法　127
2項分布　13

ノンパラメトリック法　70,173

### は　行

パーセンタイル　43
排反　71
排反関係　76
背理法　75
背理法ロジック　76
ばらつき　108,119
パラメトリック法　70,173
範囲　43
判定点　73
反復　137
比尺度　25

ヒストグラム　26
非正規性　170
標準化　19,80
標準誤差　47,61
標準正規分布　11,15,58
標準偏差　44
標本　2,38
標本数　63
標本分散　45
標本平均　40
比率　61

フィッシャーの $z$ 変換　60
フィッシャーの3原則　136
不つり合い型データ　155, 161
不偏性　47
不偏分散　46
フルモデル　160
ブロック　137, 141
ブロック因子　147
分位数　43
分位点-分位点プロット　32
分散　11, 35, 45, 62
分散の特性　11
分散分析　118
分散分析の考え方　119
分散分析表　122, 126, 129, 133, 145, 117, 155
分散分析モデル　156
分布関数　10, 11

平均　11, 35, 59
平均値　40
平均値の標準誤差　48
平均平方　122, 130
平均偏差　44
平方和　120, 128
ベーレンス・フィッシャー問題

95
変動係数　48
変量効果　119
変量誤差　156

母集団　2, 38, 67
母数　38, 56, 70
母数効果　119, 156
補正項　121
母分散　45
母平均　85
ボンフェロニ　166

**ま 行**

密度関数　11

無作為化　137
無作為抽出　3

名義尺度　25, 176
メジアン　43
モード　42
モンテカルロ法　75

**や 行**

有意水準　58, 71

ユークリッドの証明　76

予測式　53

**ら 行**

ラテン方格法　138, 140, 147
乱塊法　138, 140, 141
ランク　160, 163

離散分布　13
離散分布をする変数　42
リダクション法　159
両側検定　71

累積相対度数　27
累積度数　27
累積度数分布　31
累積分布関数　10, 31

連続分布　11
連続分布をする変数　42

ロジスティック関数　32, 34

**わ 行**

歪度　29

### 著者略歴

**及川 卓郎**（おいかわ たくろう）

- 1955年　宮城県に生まれる
- 1981年　東北大学大学院農学研究科
　　　　　博士前期課程修了
- 現　在　岡山大学大学院自然科学
　　　　　研究科教授
　　　　　農学博士

**鈴木 啓一**（すずき けいいち）

- 1950年　宮城県に生まれる
- 1979年　東北大学大学院農学研究科
　　　　　博士課程修了
- 現　在　東北大学大学院農学研究科教授
　　　　　農学博士

---

### ステップワイズ生物統計学

定価はカバーに表示

2008年5月10日　初版第1刷
2018年2月25日　　　第7刷

| | |
|---|---|
| 著　者 | 及　川　卓　郎 |
| | 鈴　木　啓　一 |
| 発行者 | 朝　倉　誠　造 |
| 発行所 | 株式会社 朝　倉　書　店 |

東京都新宿区新小川町 6-29
郵便番号　162-8707
電　話　03（3260）0141
Ｆ Ａ Ｘ　03（3260）0180
http://www.asakura.co.jp

〈検印省略〉

© 2008 〈無断複写・転載を禁ず〉

壮光舎印刷・渡辺製本

ISBN 978-4-254-42032-6　C 3061　　Printed in Japan

**JCOPY** ＜(社)出版者著作権管理機構 委託出版物＞

本書の無断複写は著作権法上での例外を除き禁じられています。複写される場合は、そのつど事前に、(社)出版者著作権管理機構（電話 03-3513-6969、FAX 03-3513-6979、e-mail: info@jcopy.or.jp）の許諾を得てください。

## 好評の事典・辞典・ハンドブック

| 書名 | 編著者 | 判型・頁数 |
|---|---|---|
| 火山の事典（第2版） | 下鶴大輔ほか 編 | B5判 592頁 |
| 津波の事典 | 首藤伸夫ほか 編 | A5判 368頁 |
| 気象ハンドブック（第3版） | 新田 尚ほか 編 | B5判 1032頁 |
| 恐竜イラスト百科事典 | 小畠郁生 監訳 | A4判 260頁 |
| 古生物学事典（第2版） | 日本古生物学会 編 | B5判 584頁 |
| 地理情報技術ハンドブック | 高阪宏行 著 | A5判 512頁 |
| 地理情報科学事典 | 地理情報システム学会 編 | A5判 548頁 |
| 微生物の事典 | 渡邉 信ほか 編 | B5判 752頁 |
| 植物の百科事典 | 石井龍一ほか 編 | B5判 560頁 |
| 生物の事典 | 石原勝敏ほか 編 | B5判 560頁 |
| 環境緑化の事典 | 日本緑化工学会 編 | B5判 496頁 |
| 環境化学の事典 | 指宿堯嗣ほか 編 | A5判 468頁 |
| 野生動物保護の事典 | 野生生物保護学会 編 | B5判 792頁 |
| 昆虫学大事典 | 三橋 淳 編 | B5判 1220頁 |
| 植物栄養・肥料の事典 | 植物栄養・肥料の事典編集委員会 編 | A5判 720頁 |
| 農芸化学の事典 | 鈴木昭憲ほか 編 | B5判 904頁 |
| 木の大百科［解説編］・［写真編］ | 平井信二 著 | B5判 1208頁 |
| 果実の事典 | 杉浦 明ほか 編 | A5判 636頁 |
| きのこハンドブック | 衣川堅二郎ほか 編 | A5判 472頁 |
| 森林の百科 | 鈴木和夫ほか 編 | A5判 756頁 |
| 水産大百科事典 | 水産総合研究センター 編 | B5判 808頁 |

価格・概要等は小社ホームページをご覧ください．